热电联产机组技术丛书

U0315005

锅炉设备与运行

王乃华　李树海　张　明　等编著

黄新元　审　阅

中国电力出版社

www.cepp.com.cn

内 容 提 要

本书系统地介绍了热电厂较普遍使用的高压煤粉锅炉及循环流化床锅炉的结构、原理、特性及运行等，内容包括锅炉机组概述，燃料、燃烧计算及锅炉热平衡，煤粉制备，燃烧过程和燃烧设备，锅炉受热面，锅炉辅助系统及设备，锅炉运行，循环流化床锅炉的原理和结构及循环流化床锅炉的启动与运行等。

本书可供热电联产从业技术人员和管理人员阅读，也可作为热能工程、环境设备与工程等专业的师生及相关设计、施工、研究人员的参考书。

图书在版编目 (CIP) 数据

锅炉设备与运行/王乃华等编著. —北京：中国电力出版社，2008.1（2019.6重印）

（热电联产机组技术丛书）

ISBN 978-7-5083-5993-9

Ⅰ. 锅⋯ Ⅱ. 王⋯ Ⅲ. 火电厂-锅炉运行 Ⅳ. TM621.2

中国版本图书馆 CIP 数据核字（2007）第 121949 号

中国电力出版社出版、发行

（北京三里河路6号 100044 http://www.cepp.com.cn）

三河市百盛印装有限公司印刷

各地新华书店经售

*

2008年1月第一版 2019年6月北京第四次印刷

787毫米×1092毫米 16开本 12.5印张 298千字

印数 6001—7000册 定价 **48.00**元

热电联产机组技术丛书
编 委 会

Preface

前　言

　　提高能源的利用效率，合理利用能源是关系到国民经济发展、建设节约型社会、实施循环经济的重要内容，而且影响到生态环境和人类的生存，也是从事能源研究的学者和工程技术人员重点研究的课题。热电联产和集中供热就是可以达到上述目的的重要技术规划和措施之一。热电联产，已经问世一百多年，我国发展热电联产也走过了半个多世纪的路程。由于热电联产对于节能和环境保护意义重大，尤其是在 21 世纪的今天，世界各国非常重视。1997 年制定的《中国 21 世纪议程》和《中华人民共和国节约能源法》、2000 年制定的《中华人民共和国大气污染防治法》等法规，都明确鼓励发展热电联产。2000 年原国家计划委员会、经济贸易委员会、建设部、环境保护总局联合下发的《关于发展热电联产的规定》，是指导我国热电联产发展的纲领性文件。国家发展和改革委员会 2004 年颁布的《节能中长期专项规划》中，明确把热电联产列入 10 项重点工程。规划指出：在严寒地区、寒冷地区的中小城市和东南沿海工业园区的建筑物密集、有合理热负荷需求的地方将分散的小供热锅炉改造为热电联产机组；在工业企业（石化、化工、造纸、纺织和印染等用热量大的工业企业）中将分散的小供热锅炉改造为热电联产机组；分布式电热（冷）联产的示范和推广；对设备老化、技术陈旧的热电厂进行技术改造；以秸秆和垃圾等废弃物建设热电联产供热项目的示范；对热电联产项目给予技术、经济政策等配套措施；到 2010 年城市集中供热普及率由 2002 年的 27％提高到 40％，新增供暖热电联产机组 40GW。形成年节能能力 3500 万 t 标准煤。

　　《国家中长期科学和技术发展规划纲要》中也把能源的综合利用放在了首要位置，在与热电联产技术有关的部分，指出应重点突破基于化石能源的微小型燃气轮机及新型热力循环等终端的能源转换技术、储能技术、热电冷系统综合技术，形成基于可再生能源和化石能源互补、微小型燃气轮机与燃料电池混合的分布式终端能源供给系统。

　　到 2003 年底，全国已建成 6MW 及以上供热机组 2121 台，总装机容量达到 43.7GW。预计到 2020 年，中国热电联产机组容量将达到 200GW，年节约 2 亿 t 标准煤，减少 SO_2 排放 400 万 t 以上，减少 NO_x 排放 130 万 t，减少 CO_2 排放 718 亿 t。热电联产将为能源节约、环境保护、经济和社会发展做出重大贡献。

　　《热电联产机组技术丛书》的出版，是应时之作，是应需之作。该套丛书由七个分册组成，包括《热电联产技术与管理》、《热力网与供热》、《锅炉设备与运行》、《汽轮机设备与运行》、《电气设备与运行》、《化学水处理设备与运行》和《热工过程监控与保护》。内容涉及到热电联产机组的最新技术、管理知识；涉及到热力网的运行与管理维护，国内外的发展与政策，环境保护与节约能源，热电联产生产工艺中具体过程和设备的工作原理、基本结构、工作过程、运行分析、事故处理、最新进展等；涉及到供热的可靠性分析；涉及到供热的分户计量；涉及到代表最新技术发展趋势的热力设备和热工过程的计算机控制技术等。可以说，热电联产的每一个重要环节均涉及到了。其中，不少内容是第一次出现在科技专著上。丛书主要面向热电联产的运行、检修、管理人员，从设备的结构、原理到运行以及事故处理，从系统组成到管理控制，从运行监督到经济性分析、可靠性分析等，既有传统的热力设备理论基础作为铺垫，又有现代科学技术的融入，兼顾到了各个层面，还介绍了具体的运行实例和事故实例。

　　该套丛书既体现了丛书的系统性、专业性、权威性，又体现了实用性。

　　随着我国对节约能源和环境保护的重视，热电联产事业将会得到更快的发展，热电联产技术水平也会获得快速提升，一批大容量、高参数的热电联产机组也将逐步建成投产。该套丛书的出版，将对发展热电联产，提高热电联产企业运行、检修技术和管理水平，具有重要意义！

丛书编委会

编 者 的 话

本书是《热电联产机组技术丛书》之一。国家"十一五"发展规划明确提出了建设资源节约型、环境友好型社会，与传统的热电分产相比，热电联产具有显著的节能环保效应。也正因为此，国家发展和改革委员会在2004年11月发布的《节能中长期专项规划》中，将发展热电联产作为我国"十一五"期间组织实施的十项节能重点工程之一。

热电联产机组范围广、品种多，不仅包括100MW以下的非再热汽轮发电机组，而且包括一些300MW左右的再热机组。如何使得这些热电联产机组在现有的基础上最大限度地扬长避短、避免浪费，成了当前的首要任务，这也是本书的编写初衷。

本书由王乃华、李树海、张明、张宁、范惠栋、滕斌、厉彦明编著。本书由黄新元教授审阅，在审阅中，黄教授提出了许多宝贵的意见，在此谨表示衷心感谢！

在资料收集过程中，得到了山东里彦电厂、山东省武所屯生建电厂、齐星集团热电厂和聊城热电有限公司藏青、张先柱、高玉川、刘吉亮、张广路等有关领导和同志的大力支持，在此一并表示感谢！

由于部分设备所搜集厂家资料不全，加之编者水平所限，疏漏之处在所难免，敬请广大读者批评指正。

编 者

2007 年 12 月

目 录

第一章

锅 炉 机 组 概 述

第一节 锅 炉 工 作 过 程

蒸汽锅炉是利用燃料燃烧所释放出的热量加热工质生产具有一定压力和温度的蒸汽的设备，按其用途分为电站锅炉和工业锅炉。电站锅炉是指电力工业中专门用于生产电能的发电厂锅炉。用于国民经济其他部门的锅炉，常称为工业锅炉。本书主要介绍中小型电站锅炉。

锅炉设备包括锅炉本体设备和锅炉辅助设备。锅炉本体设备主要由燃烧设备、蒸发设备、对流受热面、锅炉墙体构成的烟道和钢架构件等组成。锅炉的燃烧设备包括燃烧室、燃烧器和点火装置。蒸发设备主要由汽包、下降管和水冷壁等组成。对流受热面是指布置在锅炉对流烟道内的过热器、省煤器和空气预热器。锅炉的辅助设备主要包括通风设备、给水设备、燃料运输设备、制粉设备、除尘设备、除灰设备、锅炉辅机等，如给水泵、送风机、引风机、磨煤机、除尘器、烟囱、灰渣泵、安全阀、水位计等。图1-1所示为中小型电站锅炉的示意图，其工作过程如下：

煤斗中的煤通过给煤机送至磨煤机，在磨煤机中对煤进行干燥

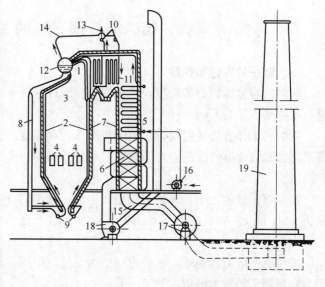

图 1-1　中小型电站锅炉示意图

1—锅炉；2—水冷壁；3—炉膛；4—燃烧器；5—省煤器；6—空气预热器；7—炉墙；8—下降管；9—水冷壁下联箱；10—过热器联箱；11—过热器；12—汽包；13—蒸汽引出管；14—饱和蒸汽管；15—烟道；16—给水泵；17—引风机；18—送风机；19—烟囱

（利用空气预热器引来的热空气进行干燥）和磨碎。磨成的煤粉进入粗粉分离器，经分离后，合格的煤粉进入煤粉仓或排粉机，然后由给粉机或排粉机将煤粉送往炉膛燃烧。不合格的煤粉经回粉管送回磨煤机再重新磨制。

空气由进风道引入送风机，经送风机升压后送入空气预热器，被加热成热空气，然后通过热风道将其中一部分送至磨煤机，进入制粉系统用以干燥和输送煤粉，另一部分热空气直接送至燃烧器。

煤粉与空气通过燃烧器进入燃烧室，进行燃烧放热，燃烧产生的高温火焰和烟气在燃烧室加热水冷壁中的水，然后高温烟气依次流过过热器、省煤器和空气预热器，加热这些受热面内的工质（汽、水和空气），在传热过程中烟气的温度逐渐降低。此后利用除尘器清除烟

气中携带的大量飞灰，最后由引风机将烟气送往烟囱，排入大气。

　　燃料燃烧后生成的灰渣，一部分落入燃烧室下部的灰渣斗中；另一部分被烟气带走，在除尘器中大部分飞灰被分离出来，落入除尘器下部的灰斗中，然后由除灰装置将灰渣和细灰送往储灰场。

　　给水由给水泵送至锅炉房，先进入省煤器，在省煤器中加热提高温度后进入汽包，然后沿着下降管流至水冷壁下联箱，再进入水冷壁管。在水冷壁管内水吸收燃烧室中高温火焰和烟气的辐射热，一部分水汽化为蒸汽，在水冷壁内成为蒸汽和水的混合物，汽水混合物沿水冷壁上升又进入汽包。在汽包中利用汽水分离设备对汽水混合物进行汽水分离，分离出来的水沿着下降管进入水冷壁继续吸热，如此循环。分离出来的蒸汽从汽包顶部的饱和蒸汽引出管引至过热器，在过热器中饱和蒸汽被加热成为过热蒸汽，然后经主蒸汽管道送往汽轮机做功。

第二节　锅炉的类型

一、锅炉的容量和参数

　　锅炉的容量即锅炉蒸发量，是指锅炉在设计条件下，长期连续运行所能达到的最大蒸发量，单位是 t/h（或 kg/s）。

　　锅炉的工作参数是指锅炉送出蒸汽的压力和温度。设计时所规定的压力和温度称为额定蒸汽压力和额定蒸汽温度。对于具有再热器的锅炉，蒸汽参数中还包括再热蒸汽流量、压力和温度。

　　按照蒸发量的大小，锅炉有小型、中型、大型之分，但它们之间没有固定的分界。一般来讲 420t/h 以下的锅炉为小型锅炉，420t/h 以上至 1000t/h 以下为中型锅炉，1000t/h 以上为大型锅炉。

　　按照蒸汽压力的高低，锅炉可以分为低压、中压、高压、超高压、亚临界压力、超临界压力和超超临界压力锅炉，见表 1-1。

表 1-1　　　　　　　　　　主要国产锅炉的某些容量和参数

压力级别	蒸汽压力（MPa）	蒸汽温度（℃）	给水温度（℃）	锅炉容量（t/h）	配套机组容量（MW）
中　压	3.8	450	150，172	35，75 130	6，12 25
高　压	9.8	510，540	215	220，410	50，100
超 高 压	13.7	540/540 555/555	240	400，670	125，200
亚临界压力	16.7 17.5，18.1	540/540 540/540	260 290	1025 1025，2008	300，600

　　注　蒸汽温度中的分子/分母分别为过热蒸汽温度和再热蒸汽温度。

二、按照燃烧方式分类

　　按照燃料的燃烧方式锅炉一般分层燃炉、室燃炉和循环流化床锅炉。

1. 层燃炉

层燃炉具有炉排，煤块或者其他固体燃料主要在炉排上的燃料层燃烧。燃烧所需空气由炉排下送入，穿过燃烧层进行燃烧反应。部分未燃尽的可燃气和被气流吹起的细粒燃料，仍可在燃料层上的炉膛空间继续燃烧。这类锅炉多为小容量、低参数的工业锅炉。

2. 室燃炉

燃料在室燃炉中主要在炉膛空间悬浮燃烧。液体燃料炉、气体燃料炉以及煤粉炉均属于室燃炉，这是电厂锅炉的主要燃烧方式。在燃烧煤粉的室燃炉中由于排渣方式不同，又可分为固态排渣煤粉炉和液态排渣煤粉炉。

3. 循环流化床锅炉

锅炉的底部布置有布风板，空气以高速穿过布风板，均匀进入布风板上的床料层中，床料中的物料为固体颗粒和少量煤粒。煤粒进入炉膛后立即被大量的高温床料加热。当高速空气穿过时，床料上下翻滚，形成"流化"状态。在流化过程中煤粒与空气有良好的混合接触，燃烧快、效率高。燃料颗粒离开炉膛后，经循环灰分离器和回送装置再不断地送回炉内燃烧。循环流化床锅炉床层温度一般控制在 $800\sim950℃$ 左右。

三、按照水的循环方式分类

锅炉的受热面，包括加热水的省煤器、使水汽化的蒸发受热面和加热蒸汽的过热器，一侧由烟气侧吸收热量，另一侧把热量传给水或者蒸汽。不论哪种受热面，都应能随时把热量带走以保证受热面金属的正常工作，所以内部工质需不断流动。水在省煤器中和蒸汽在过热器中均为单相工质，只是一次通过受热面。给水流经省煤器的阻力要求给水泵的压头来克服，故省煤器进口的压力高于蒸发受热面中的压力。过热器中蒸汽的流动阻力是由压力降来克服的，即在过热器进口和出口之间也有压力差。

流经蒸发受热面的工质为水和汽的混合物。汽水混合物可能一次或者多次流经蒸发受热面，对于结构不同的锅炉，推动汽水混合物流动的方式也不一样，按此可把锅炉分为几种类型：自然循环锅炉、强制循环锅炉和直流锅炉。图 1-2 所示为不同类型锅炉的示意。

自然循环锅炉，如图 1-2（a）所示，给水经给水泵送入省煤器，受热后进入汽包，水从汽包流向不受热的下降管，下降管的工质是单相的水。当水进入蒸发受热面后，因不断受热而使部分水变成蒸汽，故蒸发受热面内的工质为汽水混合物。由于汽水混合物的密度小于水的密度，因此，下联箱的左右两侧因工质密度不同而形成压力差，推动蒸发受热面的汽水混合物向上流动进入汽包，并在汽包内进行汽水分离。分离出的蒸汽由汽包顶部送至过热器，分离出的水则和省煤器来的水混合后再次进入下降管，继续循环。这种循环流动完全是由于蒸发受热面受热而自然形成的，故称自然循环。每千克水每循环一次只有一部分转变为汽，或者说每千克水要循环几次才能完全汽化。循

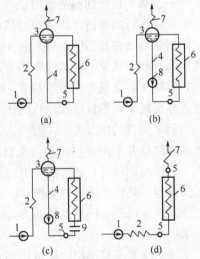

图 1-2　锅炉蒸发受热面内
工质流动的类型

（a）自然循环锅炉；（b）强制循环锅炉；
（c）控制循环锅炉；（d）直流锅炉
1—给水泵；2—省煤器；3—汽包；4—下降管；5—联箱；6—蒸发受热面；7—过热器；8—循环泵；9—节流圈

环水量要大于生成的蒸汽量，单位时间内的循环水量同生成汽量之比称为循环倍率。自然循环锅炉的循环倍率为 4～30。

如果在循环回路中加装循环水泵，就可以增强工质的流动推动力，这种循环方式称作强制循环，如图 1-2（b）所示。若强制循环锅炉在上升管入口加装节流圈，分配各管流量，则称为控制循环，如图 1-2（c）所示。在强制循环锅炉的循环回路中，循环流动压头要比自然循环时增强很多，故可以更自由地布置蒸发管。在自然循环锅炉中，为了维持受热蒸发管中工质的良好流动，常使蒸发管为垂直或近于垂直的布置，并使汽水混合物由下向上流动；但在强制循环锅炉中，蒸发管既可垂直也可水平布置，其中的汽水混合物既可向上也可向下流动，因而可更好地适应锅炉结构的要求。强制循环锅炉的循环倍率约为 3～10。

如图 1-2（d）所示，直流锅炉没有汽包，工质一次通过蒸发部分，即循环倍率等于 1。直流锅炉的另一个特点是：在省煤器、蒸发部分和过热器之间没有固定不变的分界点，水在受热蒸发面中全部转变为蒸汽，沿工质整个行程的流动阻力均由给水泵克服。直流锅炉既可用于临界压力以下，也可设计为超临界。

一般来讲，高压和超高压锅炉机组采用自然循环方式，亚临界压力锅炉大部分采用自然循环和强制循环，也有一部分采用直流锅炉。

第三节　锅炉的安全经济技术指标

在火力发电厂中，锅炉是三大主要设备之一，因此锅炉运行的安全性和经济性对电厂的生产非常重要。

一、锅炉运行的经济性指标

锅炉运行的经济性用锅炉的热效率和净效率来表示。

锅炉热效率是指锅炉有效利用热与单位时间内所消耗燃料的输入热量的百分比。它可用正平衡热效率或反平衡热效率来表示，具体计算方法可参见本书第二章。锅炉热效率是毛效率，其物理意义是工质吸收热量占输入热量的百分比，它反映了燃烧和传热过程的完善程度，亦反映了锅炉设计和运行的优劣。

但从蒸汽的角度考虑，因为：①只有供出的蒸汽才是锅炉的有效产品，自用蒸汽及排污水的吸热量并不向外供出，而是自身消耗或损失掉了；②为了使锅炉能正常运行、产生蒸汽，除使用燃料外，还要消耗电力用于供煤、制粉以及供水、通风、除尘等过程，此外，还需要其他的耗能工质（如自来水、压缩空气等）供日常生产使用，也即还需要生产这些耗能工质的能量消耗（一般也是电力）。所以，锅炉运行的经济指标，除锅炉热效率外，还有一个锅炉净效率。

锅炉净效率是指扣除了锅炉机组运行时的自用能量消耗（热耗和电耗）以后的锅炉效率。一台锅炉机组运行时自身需用的热耗有吹灰和除渣用的热耗、锅炉排污水的热损失热耗、燃用液体燃料时的热耗以及重油加热及雾化的热耗等。而用于锅炉机组自身电耗方面，则要考虑送风机、引风机、排粉风机、一次风机、给粉机、原煤给煤机、磨煤机以及电除尘器等的电耗。对于单元机组，还要计入给水泵的电耗（不仅是主给水泵，还包括增压泵），而非单元机组水泵的电耗可按与锅炉给水量成正比计算。此外，在计算锅炉净效率时，还要考虑锅炉车间自身电耗，这部分电耗是由锅炉车间内所有运行锅炉共同均分的。这方面需要计算油系统、水处理系统、燃料输送和处理系统以及锅炉车间办公室的取暖设备、照明设备及淋浴设备所消耗的热能和电能等。

二、锅炉运行的安全性指标

锅炉运行时的安全性指标不能进行专门的测量，而用下列三个间接指标来衡量：

1. 锅炉连续运行小时数

锅炉连续运行小时数是指两次被迫停炉进行检修之间的运行小时数。国内一般中型电站锅炉的平均连续运行小时数在 4000h 以上，大型电站锅炉则应在 7000h 左右。

2. 锅炉的可用率

锅炉可用率是指在统计期间内，锅炉总运行小时数及总备用小时数之和与该期间总时数的百分比，即

$$可用率 = \frac{总运行小时数 + 总备用小时数}{统计期间总小时数} \times 100\% \tag{1-1}$$

3. 锅炉事故率

锅炉事故率是指在统计期间内，锅炉总事故停炉小时数与总运行小时数、总事故停炉小时数之和的百分比，即

$$事故率 = \frac{总事故停炉小时数}{总运行小时数 + 总事故停炉小时数} \times 100\% \tag{1-2}$$

锅炉的可用率和事故率可按一个适当长的周期来计算，我国火力发电厂锅炉通常以一年为一个统计周期。目前，国内一般比较好的指标是：可用率约为 90%，事故率约为 1%。

第四节　典型高压锅炉介绍

本节以某 NG-220/100-M 型锅炉为例进行介绍，锅炉结构如图 1-3 所示。

一、锅炉的技术规范

1. 锅炉工作参数

额定蒸发量	220t/h
额定蒸汽温度	540℃
过热蒸汽出口压力	9.81MPa
过热蒸汽进口压力	11.28MPa
汽包工作压力	12.97MPa
给水温度	217℃

2. 煤质资料（薛村混煤）

收到基碳 C_{ar}	64.89
收到基氢 H_{ar}	2.83
收到基氧 O_{ar}	2.4
收到基氮 N_{ar}	0.98
收到基硫 S_{ar}	1.08
收到基灰分 A_{ar}	21.82
收到基水分 M_{ar}	6.0

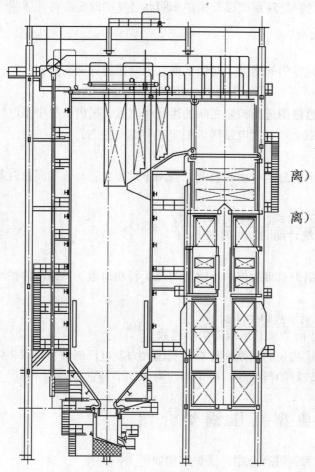

图 1-3　220t/h 锅炉整体布置

干燥无灰基挥发分 V_{daf}	15.72
可磨性系数 K_{kM}	1.36
低位发热量 $Q_{net,ar}$	23859
灰变形温度 DT	1330
灰软化温度 ST	1500
灰熔化温度 FT	>1500

3. 锅炉基本尺寸

炉膛宽度（两侧水冷壁中心线间距离）	7570mm
炉膛深度（前后水冷壁中心线间距离）	7570mm
锅筒中心线标高	35150mm
锅炉最高点标高（过热器连接管）	39350mm
锅炉运转层标高	8000mm
锅炉最大宽度（包括平台）	20000mm
锅炉钢架左右侧柱中心线间距离	18000mm
锅炉最大深度（包括平台）	26400mm
锅炉钢架前后两柱中心线间距离	24000mm

二、锅炉结构

该锅炉为单锅筒、自然循环、集中下降管、Ⅱ型布置的固态排渣煤粉炉，露天布置，锅炉前部为炉膛，四周布满膜式水冷壁。炉顶、水平烟道及转向室设置顶棚和包墙管，尾部竖井烟道中交错布置两级省煤器和空气预热器。

锅炉构架采用双框架全钢结构，按 7 度地震烈度设计。炉膛、过热器和上级省煤器全悬吊在顶板梁上，尾部空气预热器和下级省煤器放置在后部柱和梁上。

锅炉采用直流煤粉燃烧器正四角切向布置，假想切圆直径为 600mm，采用钢球磨煤机，中间储仓热风送粉系统。除渣设备采用水力除渣装置。

1. 锅筒及汽水分离装置

锅筒外径为 1800mm，壁厚为 100mm，锅筒全长为 13194mm，设计材料为 19Mn5。锅筒及其内部装置总重约 61t。

锅筒正常水位在锅筒中心线下 180mm 处，最高水位和最低水位离正常水位各 50mm。

锅内采用单段蒸发系统。锅筒内布置有旋风分离器、清洗孔板、顶部波形板分离器和顶部多孔板等内部设备。他们的作用在于充分分离汽水混合物中的水，并清洗蒸汽中的盐，平衡汽包蒸汽负荷，以保证蒸汽品质。

锅筒内装有 42 只 ϕ315 的旋风分离器，分前后两排沿锅筒筒身全长布置。旋风分离器分组装配，这样可以保证旋风筒负荷均匀，获得较好的分离效果。

汽水混合物从切向进入旋风分离器，在筒内作旋转流动，由于离心力的作用，水滴被甩向四周筒壁沿壁下流，而蒸汽则在筒内向上流动。在上升过程中同时进行重力分离，分离出的水在筒底经导叶盘平稳地流入水空间。为了防止水由四壁向上旋转流动时混入蒸汽流中，在旋风筒顶部加装溢水槽，水可以通过溢水槽流到筒外。蒸汽在旋风分离器内向上流动，通过梯形波形板分离器（顶帽）使气流出口速度均匀，并可把蒸汽携带的湿分进一步分离出来。

经过旋风分离器粗分离后的蒸汽进入清洗装置，被省煤器来的全部给水清洗，借以降低蒸汽中携带的盐分和硅酸根含量。经过清洗后的蒸汽在汽空间又经过一次重力分离，然后经顶部百页窗和多孔板再一次分离水滴后，蒸汽被引出锅筒进入过热器。

由于采用了大口径集中下降管，为防止下水管入口处产生旋涡斗，在下降管入口处装有栅格。此外，为保证蒸汽品质良好，在锅筒内部还装有磷酸盐加药管，连续排污管和紧急放水管。锅筒采用 2 组链片吊架，悬吊于顶板梁上，对称布置在锅筒两端，每组吊架由链片及吊杆组成。

2. 炉膛和水冷壁

考虑到燃用多种煤种的可能性并应用四角燃烧的需要，炉膛断面设计成正方形。深度和宽度均为 7570mm。炉膛四周布满了 $\phi60\times5$mm，节距为 80mm 的鳍片管焊成的膜式水冷壁，形成一个完全密封的炉膛。水冷壁采用过渡管接头（$\phi60\times5$mm/$\phi45\times5$mm）单排引入上、下集箱。在炉膛前、后和两侧的四面墙中，每面墙各有上升管 94 根。前墙和两侧墙各有 $\phi133\times10$mm 的引出管 10 根，后墙（包括斜底包墙）引出管为 $\phi108\times8$mm，共 16 根。每面墙沿宽度分为 4 个管屏。

集中下降管从锅筒最低点引出 4 根 $\phi377\times25$mm 的大直径管至运转层以下，再通过分配集箱引出 40 根 $\phi133\times10$mm 的管子分别引入水冷壁各下集箱。每根集中下降管供给炉膛一个角部的 4 个管屏，因此整个水冷壁可分为 4 个循环回路。

炉膛水冷壁的质量主要通过上集箱用吊杆悬于顶部梁格上，斜后水冷壁则由穿过水平烟道的引出管悬吊于顶部梁格上。受热后，整个炉膛一起向下膨胀。水冷壁外侧四周沿高度方向每隔 3m 左右设置一圈刚性梁，以增加水冷壁的刚度，同时承受炉内压力的一定波动。

后水冷壁在炉膛出口处向内凸出形成折焰角，以改善炉膛上部空气动力场，前、后水冷壁下部内折形成灰渣斗。

在炉膛四角布置了 4 只角式煤粉燃烧器。根据运行和检修的需要，在水冷壁上装设有看火孔、打焦孔、吹灰孔、测试孔、人孔、防爆门等必要的门孔装置。

3. 燃烧设备

该锅炉采用角置直流式燃烧器。燃烧器布置在炉膛的正四角，炉内假想切圆直径为600mm。燃烧器设计数据见表 1-2。

表 1-2　　　　　　　　　　　　　　某 220t/h 锅炉燃烧器设计数据

名　　称	一次风	二次风	三次风
风比（%）	25	51.54	19.46
风速（m/s）	25	45	45
风温（℃）	259	352	75

上二次风喷口倾角在燃烧调试时可以上、下摆动一定角度，以便调整燃烧工况及炉膛火焰中心。一次风口加装钝体，使煤粉着火及时，燃烧稳定，同时也提高了锅炉对低负荷的适应能力。

锅炉采用人工点火，点火油枪为蒸汽雾化油喷嘴结构。油枪布置在每组燃烧器的下二次风口中。点火油枪容量为 675kg/h，油压为 0.049～0.196MPa，蒸汽压力为 1.27MPa，蒸汽耗量为 202.5kg/h。

4. 过热器和汽温调节

该锅炉采用辐射和对流相结合、多次交叉混合、两级喷水调温的典型过热器系统。过热器由炉顶过热器、包墙管、屏式过热器和两级对流过热器 4 部分组成。屏式过热器位于炉膛折焰角前上部，两级对流过热器均布置在水平烟道中。

饱和蒸汽自锅筒顶部由 10 根 $\phi133 \times 10mm$ 的连接管引入顶棚管入口集箱，通过由 75 根 $\phi51 \times 5.5mm$ 鳍片管组成的顶棚管进入竖井后包墙下集箱，经过直角弯头，蒸汽进入竖井两侧包墙管下集箱（右），包墙管沿竖井两侧向上到侧包墙管上集箱，每侧通过 3 根 $\phi133 \times 10mm$ 的连接管由侧包墙管上集箱的后部引至前部，再从水平烟道两侧引下至侧包墙下集箱（前），通过 6 根 $\phi133 \times 10mm$ 的连接管引至竖井前包墙管下集箱，蒸汽由下向上流过前包墙管进入包墙管出口集箱，然后通过 7 根 $\phi108 \times 8mm$ 的连接管把蒸汽引入二级过热器的入口集箱。这样，炉顶、水平烟道两侧和转向室都全部由过热器管包敷起来，成为一整体以便密封和膨胀。蒸汽由二级过热器入口集箱以逆流方式通过第二级对流过热器，从第二级对流过热器出口集箱两端引出，经直角弯头进入一级减温器，蒸汽经减温后进入屏式过热器。由屏式过热器出来的蒸汽以左右两侧交叉的方式进入第一级过热器两侧管系（一级过热器冷段），蒸汽逆流经过两侧管系后进入二级减温器。在二级减温器中蒸汽除进行减温外，又进行一次左右交叉混合，经减温、混合的蒸汽顺流流经第一级过热器中间管系（一级过热器热段），汽温达到额定温度而进入一级过热器出口集箱，并通过 8 根 $\phi133 \times 13mm$ 的连接管引入集汽集箱，并从集汽集箱一端引出。

顶棚管、包墙管采用 $\phi51 \times 5.5mm$ 的鳍片管，第二级对流过热器蛇形管采用 $\phi38 \times 4.5mm$，材料为 20 号的钢管。第一级对流过热器蛇形管采用 $\phi42 \times 5mm$，材料为 12Cr1MoV 的钢管。屏式过热器采用 $\phi42 \times 5mm$ 管子，为管夹管结构，该结构可靠，膨胀应力较小。为安全起见，屏式过热器的夹管及最外两管圈采用钢研 102，其余采用 12Cr1MoV。屏式过热器沿宽度方向布置成 12 片，横向节距为 600mm。一、二级对流过热器横向节距为 100mm。

蒸汽温度调节采用给水喷水减温。减温器分两级布置。第一级喷水点布置在第二级对流过热器与屏式过热器之间，为粗调，计算喷水量为 8.53t/h，温降为 20.3℃。第二级喷水点布置在一级过热器冷段与热段之间，为细调，计算喷水量为 3.5t/h，温降为 14.9℃。经二次喷水调温，保证了锅炉负荷在 70%～100% 额定负荷范围内达到额定的过热蒸汽温度。喷水减温器由笛形喷管、混合套管和外壳组成。过热器的所有部件均通过吊杆悬吊在顶部梁格上。

5. 省煤器

省煤器布置在尾部竖井中，双级布置，水与烟气呈逆流。上、下两级省煤器均采用顺列布置，这样便于吹灰，提高吹灰效果。下级省煤器沿烟道宽度方向分成左右对称两部分，又沿烟道深度方向分为前后两部分，形成左右两侧进水的 4 组管束。上下两级省煤器都由 $\phi32\times4mm$ 的 20 号钢制成，为双管圈。上级省煤器横向排数为 73 排，节距为 70mm。下级省煤器横向排数为 36 排，节距 95mm。给水进入下级省煤器，经过炉外 12 根 $\phi76\times6mm$ 的连接管左右交叉到上级省煤器，再以 38 根 $\phi42\times5mm$ 的引出管引至省煤器出口集箱，然后用 12 根 $\phi76\times6mm$ 的连接管引至锅筒。

上级省煤器采用悬吊结构，全部质量通过 $\phi42\times5mm$ 引出管悬吊在顶梁格上，下级省煤器采用支撑结构，蛇形管借助于撑架支撑在横梁上，横梁穿出炉墙支撑在护板上。

为了减轻烟道内飞灰对受热面管子的磨损，在上、下两级省煤器蛇形管组上面两排和下级下段管组的上面两排及两侧靠炉墙的管子上均装设防磨盖板，蛇形管弯头处装设了防磨罩。

6. 空气预热器

空气预热器采用立式管箱结构，分两级布置。上级一个行程，下级三个行程。考虑到低温引起的局部腐蚀，将最下面的一个行程设计成单独管箱，以便于检修更换。第二、三个行程构成一个管箱，中间用隔板隔开。在各个行程之间有连通箱连接，构成一个连续的密封的空气通道。空气预热器烟风道均有涨缩接头，用以补偿热状态下的相对膨胀。

由于结构和系统的要求，空气预热器在水平界面上烟道分成前后两部分，空气自下级前后墙引入，经上级前、后墙引出。

空气预热器管为 $\phi40\times1.5mm$ 的薄壁碳钢管，其横向节距为 60mm，纵向节距为 40mm。

上级空气预热器高 3.5m。下级空气预热器分上、下两部分，上部高 5m，下部高 2m，总高为 7m。空气从管间流过，而烟气则从管内流过。在每个管箱的上部装有 200mm 长的耐磨套管，以减轻飞灰对受热面管子的磨损。在防磨短管间浇注耐火混凝土。为防止空气预热器的振动，在管箱中装有防振隔板。

7. 锅炉范围内管道

给水母管引入给水操纵台后，通过给水操纵台实现对锅炉给水的调节和控制。给水操纵台分成三条管路：DN175、DN100、DN50，分别为 100%、70% 负荷以及升火管路。由给水操纵台来的给水从端部进入 $\phi219\times25mm$ 的分配集箱，再通过 12 根 $\phi76\times6mm$ 的连接管从锅炉两侧进入下级省煤器集箱。

锅炉装有各种监督、控制装置，如各种水位表、水位自动控制装置、压力表、紧急放水管、加药管、连续排污管和调整燃料用的压力冲量装置。所有水冷壁下集箱、集中下降管设有定期排污。

过热器集箱上部装有两台脉冲式安全装置，其中一个冲量取自锅筒，另一个冲量取自集汽集箱。集汽集箱上还装有生火排汽管路、反冲洗管路和疏水管路。

减温器和集汽集箱上均装有热电偶管座，供监督及自动控制用。在锅炉各最高点装有空气阀，最低点装有疏水阀和排污阀。

为了监督给水、锅炉水和蒸汽品质，装设了给水、锅炉水、饱和蒸汽和过热蒸汽取样和冷却装置。

在锅筒至给水分配集箱间装有 $\phi76\times6mm$ 的再循环管，供锅炉升火时保护省煤器用。为了缩短启动时间，提高经济性，在水冷壁下集箱装有邻炉加热装置。

8. 除渣设备

在炉膛冷灰斗的底部装有两个单面出渣的水力排渣装置。在每个除渣口设有 DGS-40 型单辊碎渣机一台。

9. 吹灰、打焦装置

为能及时清除炉内可能产生的结焦，在炉膛燃烧区和前后水冷壁至冷灰斗转角处开有打焦孔，在冷灰斗喉口处的两侧水冷壁上也开有打焦孔。

为了清除炉膛内各处的积灰，沿炉膛的不同高度布置了四层 D3-26 型短伸缩式吹灰器 21 只。屏式过热器区域以及一级过热器与二级过热器之间，各布置了 2 只 CIA-4 型长伸缩式吹灰器。在尾部共布置了 10 只 G 型固定旋转式吹灰器，其中上级省煤器 2 只，下级省煤器 8 只。吹灰介质均为蒸汽，压力为 0.78～1.96MPa，温度≤350℃。

10. 炉墙和密封

由于炉膛采用膜式水冷壁，上级省煤器前均采用鳍片包墙管，所以均采用敷管炉墙，外层敷设外护板。在下级省煤器区域由于烟气温度低，所以采用护板框外铺设保温材料的结构，以便检修。

炉膛除采用膜式水冷壁结构外，冷灰斗、折焰角处均采用密封塞块以使前后墙与侧墙焊封。另外，水冷壁冷灰斗出口处采用水封密封结构，保证了整个炉膛有良好的密封性能。炉顶及其他包墙管均采用 $\phi 51 \times 5.5$mm 鳍片管、节距为 100mm 的膜式壁结构，使得穿墙密封易于处理，同时又具有良好的密封性能。过热器密封装置中采用塞块、梳形板、梳形罩等结构进行密封。在上级省煤器和上级空气预热器之间，为适应膨胀、减少泄漏，采用迷宫式沙封结构。

11. 构架和平台扶梯

该锅炉构架为双框架结构的全钢构架。设计中考虑了地震烈度 7 度对构架的影响。为抵抗水平地震力，在炉膛四周的构架上布置有斜向拉条。尾部采用一般的金属焊接框架结构。

平台扶梯均以适应运行和检修的需要而设置。平台与楼梯采用栅架结构，平台宽度为 1000mm，楼梯宽度为 800mm，坡度为 45°。

平台与撑架允许承受有效负荷为 19.6MPa，但同时受负荷的面积不得超过锅炉本体平台总面积的 20%，未经允许不得附加其他负荷。此外，不允许不加补偿地切割平台。

燃料、燃烧计算及锅炉热平衡

第二章

第一节 锅 炉 燃 料

燃料是锅炉设计的主要依据，也是锅炉运行的基础。不同的燃料要采用不同的燃烧设备和运行方式。因此，为确保锅炉安全、经济运行，了解燃料的成分和性质具有重要意义。

我国锅炉用燃料主要有煤、石油制品和天然气等。我国的燃料政策是：电站锅炉以燃煤为主，并且尽量燃用劣质煤。本章内容以介绍煤为主。

一、煤的组成成分

煤是包括有机成分和无机成分等物质的混合物，其化学组成和结构十分复杂。煤的主要成分是碳（C）、氢（H）、氧（O）、氮（N）、硫（S）、灰分（A）及水分（M），一般通过元素分析和工业分析可以确定各种物质的百分含量。

（一）煤的成分分析基准

煤的成分通常用质量分数表示，即

$$C+H+O+N+S+A+M=100\% \tag{2-1}$$

其中 C、H、O、N、S、A、M 分别表示煤中的碳、氢、氧、氮、硫、灰分及水分的质量分数。煤中水分和灰分的含量会随外界条件的变化而变化，其他成分的百分含量也会随之变化。所以，在说明煤中各成分的百分含量时，必须同时注明各成分的基准。常用的基准有以下四种：

1. 收到基

以收到状态的煤为基准，包括全部水分和灰分在内的燃煤成分总量，用下标"ar"（as received）表示，即

$$C_{ar}+H_{ar}+O_{ar}+N_{ar}+S_{ar}+A_{ar}+M_{ar}=100\% \tag{2-2}$$

2. 空气干燥基

以与空气湿度达到平衡状态的煤为基准，用下标"ad"（air dry basis）表示，即

$$C_{ad}+H_{ad}+O_{ad}+N_{ad}+S_{ad}+A_{ad}+M_{ad}=100\% \tag{2-3}$$

3. 干燥基

以假想无水状态的煤为基准，用下标"d"（dry basis）表示，即

$$C_d+H_d+O_d+N_d+S_d+A_d=100\% \tag{2-4}$$

4. 干燥无灰基

以假想无水、无灰状态的煤为基准，用下标"daf"（dry ash free）表示，即

$$C_{daf}+H_{daf}+O_{daf}+N_{daf}+S_{daf}=100\% \tag{2-5}$$

（二）元素分析成分

煤中元素分析成分是指煤中的碳、氢、氧、氮、硫、灰分和水分的含量。

1. 碳（C）

碳是燃料中的主要可燃元素，一般占燃料成分的 15％～85％。煤的埋藏年代越久，含

碳量越高。1kg 纯碳完全燃烧生成二氧化碳，可放出 33727kJ 的热量，而 1kg 纯碳不完全燃烧时生成 CO，仅放出 9270kJ 的热量。煤中的碳一部分与氢、氧、硫、氮等结合成挥发性的有机化合物，称为挥发分；其余则呈游离状态，称为固定碳。固定碳要在较高的温度下才能着火燃烧，因此，煤中固定碳的含量越高，就越难燃烧。碳燃烧生成的 CO_2 是温室气体，会破坏臭氧层，导致全球气候变暖。

2. 氢（H）

煤中氢的含量为 2%～6%，氢的发热量很高，1kg 氢气的低位发热量为 120370kJ。含氢高的煤很易点燃，燃烧也快。氢的燃烧产物是水，对环境无任何不利影响。

3. 氧（O）和氮（N）

氧和氮是有机物的不可燃成分。氧常与燃料中的氢气或碳处于化合状态，减少可燃成分，是一种不利元素。氧在各种煤中的含量差别很大。年代浅的煤含氧较多，最高可达40%。随着埋藏年代的增加，氧含量逐渐减少。煤中氮的含量约为 0.5%～2%。氮在高温下形成氮氧化物（NO_x），会造成大气污染。

4. 硫（S）

煤中硫以三种形态存在：有机硫、黄铁矿硫和硫酸盐硫。硫酸盐硫不能燃烧，可燃硫只包括前两种形态。1kg 硫燃烧后生成 9050kJ 热量。煤中硫含量一般在 1%～5%。硫含量增多，会造成锅炉高、低温受热面烟气侧的腐蚀和堵灰。硫燃烧生成的 SO_2 对人体有害，大气中 SO_2 会氧化成 SO_3 并最终形成酸雨，酸雨对工业、农业都有十分不利的影响。因此，应采取脱硫措施，减少其危害。

5. 灰分（A）

灰分是煤完全燃烧后生成的固态残余物的统称，其主要成分是由硅、铝、铁和钙，以及少量镁、钛、钠和钾等元素组成的化合物。煤中灰分含量一般为 10%～50%。

灰分不仅降低发热量，影响着火及燃烧的稳定性，而且容易形成结渣、沾污、磨损、堵灰，影响锅炉运行的经济性和安全性。

6. 水分（M）

水分也是燃料中的不可燃成分，不同燃料水分含量变化很大。水分增加，影响燃料的着火和燃烧速度，增大烟气量，增加排烟热损失，加剧尾部受热面的腐蚀和堵灰。水分增加也会增加煤粉制备的难度。

（三）工业分析成分

把煤的成分分为水分（M_{ad}）、灰分（A_{ad}）、挥发分（V_{daf}）和固定碳（FC_{ad}）四项，称为工业分析。工业分析成分的测定按照 GB/T 212—2001《煤的工业分析方法》进行。

1. 水分的测定

煤中水分分为外部水分和内部水分。外部水分是指可以在空气中自然干燥而去除的水分，内部水分是指煤在含有水蒸气的空气中达到平衡状态时的水分，外部水分和内部水分的总和称为全水分。测定内部水分时，称取粒度为 0.2mm 以下的空气干燥煤样（1±0.1）g置于预先通入干燥氮气并已加热到 105～110℃ 的干燥箱中，烟煤干燥 1h，无烟煤干燥 1～1.5h，然后根据煤样的质量损失计算出水分的百分含量。

2. 灰分的测定

称取一定质量的空气干燥煤样，放入马弗炉内，然后以一定的速度加热到（815±10）℃，灼烧到恒重，并冷却至室温后称重，以残留物质占煤样原质量的百分数作为灰分。

3. 挥发分的测定

称取 (1 ± 0.1)g 空气干燥煤样，放入带盖的瓷坩埚中，在 (900 ± 10)℃的温度下，隔绝空气加热 7min，以所失去的质量占煤样原质量的百分数减去该煤样的水分 (M_{ad}) 即为挥发分。挥发分实际上是煤中有机物分解而析出的气体产物。挥发分的含量与碳化程度有关，碳化程度很深的无烟煤，挥发分只有 $2\%\sim10\%$，而地质年代较浅的褐煤，挥发分可达 $37\%\sim60\%$。挥发分的主要成分是各种碳氢化合物、氢、一氧化碳、硫化氢等可燃气体，其热值在 $17000\sim71000$kJ/kg 之间。挥发分是煤中最有利的可燃成分，对锅炉的工作有很大影响。挥发分着火温度较低，煤颗粒在挥发分析出后成为疏松多孔的焦炭球，易于燃尽，燃烧损失较少。反之，挥发分较少的煤着火困难，也不容易燃烧完全。故挥发分含量成为煤分类的重要指标。

4. 固定碳含量的计算

挥发分析出后，剩下的是焦炭，焦炭就是固定碳和灰分。因此，固定碳可以按式（2-6）计算，即

$$FC_{ad}=100-(M_{ad}+A_{ad}+V_{ad}) \tag{2-6}$$

式中 FC_{ad}——分析煤样的固定碳含量，%。

各基准所包括元素分析成分和工业分析成分的关系如图 2-1 所示。

尽管燃料有不同基准，各成分在不同基准下的数值不同，但是 1kg 煤的各成分的绝对含量是不变的，所以各不同基准的成分之间可以按照一定的规律相互换算。换算方法详见有关锅炉书籍。

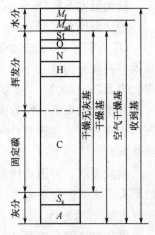

图 2-1 燃料的基准及各成分的关系

二、煤的某些特性

（一）发热量

发热量是煤的主要特征之一。发热量有高位发热量和低位发热量两种。

高位发热量是指 1kg 煤完全燃烧时放出的全部热量，包含燃烧产生的烟气中水蒸气凝结所放出的汽化潜热。但是，在一般的锅炉排烟温度（110~160℃）下，烟气中的水蒸气不会凝结。在这种情况下，即 1kg 煤完全燃烧时放出的全部热量扣除水蒸气的汽化潜热后所得到的热量称为低位发热量。两者之间关系为

$$Q_{net,ar}=Q_{gr,ar}-r\left(9\frac{H_{ar}}{100}+\frac{M_{ar}}{100}\right) \tag{2-7}$$

式中 $Q_{gr,ar}$——煤的收到基高位发热量，kJ/kg；

$\quad\quad Q_{net,ar}$——煤的收到基低位发热量，kJ/kg；

$\quad\quad r$——水的汽化潜热，$r=2510$kJ/kg。

煤发热量的大小取决于煤中可燃质的多少，目前主要依靠氧弹式热量计来测量，亦可根据元素分析结果利用经验公式（2-8）近似计算，即

$$Q_{net,ar}=339C_{ar}+1030H_{ar}-109(O_{ar}-S_{ar})-25M_{ar} \quad kJ/kg \tag{2-8}$$

各种煤的发热量差别很大，为了便于比较电厂煤耗，采用标准煤的概念，把收到基低位发热量 $Q_{net,ar}=29308kJ/kg$ 的煤称为标准煤。电厂煤耗常以标准煤计算。

（二）灰的性质

1. 灰的熔融性

当燃料在炉内燃烧时，在高温的火焰中心，灰分呈熔化或软化状态，具有黏性。这种具有黏性的灰粒如果接触到受热面管子或炉墙，就会黏结于其上，即所谓结渣。轻者影响受热面传热，重者迫使锅炉停炉打渣。因此，燃料灰分的熔融性对锅炉设计和正常运行有很大的影响。

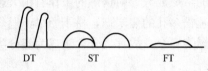

图 2-2　灰锥变化过程

灰分的熔融性通常用灰熔点来表示。灰熔点的测定一般采用角锥法，其操作和要求如下：把灰样制成三角锥体，锥高为 20mm，底边为 7mm 长的等边三角形，锥体的一棱面垂直于底面；将灰锥托板送入硅碳管高温炉中加热，以规定的温度升温，炉内保持弱还原性气氛；随时观察灰锥的形态变化（见图 2-2），记录灰锥的三个熔融特征温度。

变形温度 DT（Deformation Temperature），锥顶变圆或开始倾斜；

软化温度 ST（Softening Temperature），锥顶弯至底或萎缩成球形；

熔化温度 FT（Fusing Temperature），锥体呈流体状态能沿平面流动。

DT、ST、FT 这三个温度表示燃料中灰分的熔化特性，均可称为灰熔点。对大部分煤来说，其灰分的这三个温度约为 $1000\sim1600℃$，当 ST＞1430℃时，称为具有难熔灰分的煤，当 ST＜1200℃，称为具有易熔灰分的煤。

灰熔点的高低，一方面取决于灰的成分，另一方面也与灰的气氛有关。在氧化性气氛中灰熔点将升高，在还原性气氛中灰熔点降低。锅炉运行中常利用这一特点分析和解决锅炉内结焦问题。

实践表明，对固态排渣煤粉炉，当灰的软化温度 ST＞1350℃时，造成炉内结渣的可能性不大。为了避免炉膛出口处结渣，炉膛出口烟温应至少比 ST 低 $50\sim100℃$。

2. 灰的沾污性

煤灰对高温受热面（包括炉膛水冷壁、高温过热器等）的沾污倾向可以用基于煤灰成分的沾污系数 R_F 来衡量，即

$$R_F=\frac{Fe_2O_3+CaO+MgO+Na_2O+K_2O}{SiO_2+Al_2O_3+TiO_2}Na_2O \tag{2-9}$$

式中各成分为质量百分数，推荐的判断指标：$R_F＜0.2$，为轻微沾污；$R_F=0.2\sim0.5$，为中等沾污；$R_F=0.5\sim1.0$，为强沾污；$R_F＞1.0$，为严重沾污。

三、煤的分类

煤的成分随着地质年代长短的变化是有规律的。埋藏年代越久，挥发分含量越少，碳的含量越多。我国动力用煤常以干燥无灰基挥发分（V_{daf}）为主要依据进行分类，大致可以分为无烟煤、贫煤、烟煤、褐煤等。由于它们的成分和特性不同，在燃烧中的反应也显著不同，只有清楚了解它们的特性，才能获得最佳的运行性能。

1. 无烟煤

无烟煤是生成年龄最老的煤种，其挥发分含量最低（$V_{daf}\leqslant9\%$），因而着火困难，不易

燃尽。燃烧时能见青蓝色火焰，焦炭无黏结性。含碳量很高，一般 $C_{ar} > 40\%$，最高可达 90%。由于其灰分、水分含量较少（$A_{ar} = 6\% \sim 25\%$，$M_{ar} = 1\% \sim 5\%$），所以无烟煤发热量较高，$Q_{net,ar} = 20930 \sim 32500 kJ/kg$。

2. 贫煤

贫煤的碳化程度略低于烟煤，其挥发分 $9\% < V_{daf} \leqslant 19\%$。发热量低于无烟煤，其性能介于无烟煤和烟煤之间。贫煤着火也困难，燃烧时发出很短的黄色火焰，一般不结焦。

3. 烟煤

烟煤的挥发分含量较高，范围也较广，一般 $V_{daf} = 19\% \sim 40\%$。灰分 $A_{ar} = 7\% \sim 30\%$，水分 $M_{ar} = 1\% \sim 5\%$，发热量 $Q_{net,ar} = 20000 \sim 30000 kJ/kg$。有一部分烟煤含灰量较大，$A_{ar}$ 达到 40% 以上，发热量低于 16700kJ/kg，这部分煤（包括 $A_{ar} > 35\%$ 的洗中煤）称为劣质烟煤。

烟煤由于其各成分适中，是较好的动力用煤。烟煤容易着火和燃烧，要防止储存时发生自燃，制粉系统要考虑防爆措施。对于劣质烟煤还要考虑受热面的积灰、结渣和磨损问题。劣质烟煤的着火稳定性和燃烧效率也是运行中要重点注意的问题。

4. 褐煤

褐煤炭化程度较短，外表呈棕褐色，似木质。褐煤由于挥发分高，$V_{daf} > 40\%$，容易着火和燃烧。褐煤灰分、水分较大，运行中存在磨损和燃尽问题。褐煤发热量一般不超过 17000kJ/kg。对于褐煤，还应该注意储存和制粉中发生自燃问题。

由于褐煤发热量较低，不便于远距离运输，适宜坑口电站应用。

除了上述几种主要煤种外，固体动力燃料还有泥煤、油页岩、煤矸石等。泥煤是一种比褐煤地质年代更短的低级煤，发热量很低（$Q_{net,ar} = 8000 \sim 10000 kJ/kg$），分布在我国西南、浙江等地。油页岩是一种片状含油页岩，其挥发分和灰分都极高，发热量低（$Q_{net,ar} = 6000 \sim 11000 kJ/kg$）。煤矸石是夹在煤层中含有可燃物的坚硬石块，发热量只有 $4000 \sim 8000 kJ/kg$，无法单独在锅炉内燃烧，只能与其他煤种掺烧。

第二节　燃　烧　计　算

一、空气需要量

1. 理论空气量

理论空气量是指 1kg 收到基燃料实现完全燃烧理论上必需的干空气量，用符号 V^0 来表示。理论空气量的计算由燃料中各可燃成分（C、H、S）在燃烧时所需空气相加而成，即

$$V^0 = 0.0889(C_{ar} + 0.375S_{ar}) + 0.265H_{ar} - 0.033O_{ar} \quad m^3/kg(标准状态) \quad (2\text{-}10)$$

式（2-10）表明，理论空气量仅与煤的成分有关。不同的煤，完全燃烧所需要的理论空气量是不相同的；而同一种煤在不同的锅炉中燃烧，理论空气量则完全相同。

2. 过量空气系数

在锅炉的实际燃烧过程中，空气与燃料不可能充分理想混合，燃料中可燃元素不可能都有机会与氧分子进行反应。故实际供给的空气量应比理论空气量多一些，以使燃烧反应能在有多余氧的情况下充分进行。实际供给的空气量 V（m^3/kg，标准状态）与理论空气量 V^0（m^3/kg，标准状态）的比值称为过量空气系数，即

$$\alpha = \frac{V}{V^0} \tag{2-11}$$

一般认为，锅炉内的燃烧过程均在炉膛出口处结束，所以可用炉膛出口处的过量空气系数 α_1'' 代表空气量对燃烧过程的影响。

对于在负压下工作的锅炉机组，外界冷空气会通过锅炉的不严密处漏入炉膛以及其后的烟道中，致使烟气中过量空气增加，相对于 1kg 燃料而言，漏入空气量 ΔV 与理论空气量 V^0 之比称为漏风系数，以 $\Delta \alpha$ 表示，即

$$\Delta \alpha = \frac{\Delta V}{V^0} \tag{2-12}$$

由于存在漏风，锅炉烟道内的过量空气系数沿烟气流程是逐渐增大的。炉膛后任一烟道截面处的过量空气系数为

$$\alpha = \alpha_1'' + \sum \Delta \alpha \tag{2-13}$$

式中 $\sum \Delta \alpha$——炉膛出口与计算烟道截面间各段烟道漏风系数的总和。

漏入烟道的冷空气使烟气温度水平降低，烟气和受热面之间热交换变差，排烟温度升高；漏风还增加了烟气容积，其结果是造成锅炉排烟热损失和引风机电耗都增大，降低了锅炉运行的经济性。对于电站煤粉锅炉，一般炉膛漏风系数每增加 $0.1 \sim 0.2$，排烟温度升高 $3 \sim 8℃$，锅炉效率降低 $0.2\% \sim 0.5\%$；漏风系数每增加 0.1，送风机、引风机电耗增加 0.2%。因此，无论在锅炉设计或运行中都应该采取有效措施减少漏风。

二、燃烧产物容积

1. 理论烟气容积 V_y^0

理论烟气容积是指相应于 1kg 的煤，供应空气量为理论空气量（$\alpha = 1$）时，完全燃烧后产物的容积。理论烟气容积的成分包括煤中碳、硫与氧反应生成的 CO_2 和 SO_2（合称 RO_2），煤中氢与氧反应生成的 H_2O，煤中水分和空气中水蒸气转移到烟气中形成的 H_2O，煤和空气中带入的 N_2。

经推导，理论烟气容积 V_y^0 为

$$V_y^0 = V_{RO_2} + V_{N_2}^0 + V_{H_2O}^0 \tag{2-14}$$

$$V_{RO_2} = V_{CO_2} + V_{SO_2} = 1.866 \frac{C_{ar} + 0.375 S_{ar}}{100}$$

$$V_{N_2} = 0.79 V^0 + 0.8 \frac{N_{ar}}{100}$$

$$V_{H_2O}^0 = 0.111 H_{ar} + 0.0124 M_{ar} + 0.161 V^0$$

式中 V_{RO_2}——RO_2 在标准状态下的理论容积，m^3/kg；

$\quad\quad V_{N_2}$——N_2 在标准状态下的理论容积，m^3/kg；

$\quad\quad V_{H_2O}^0$——标准状态下水蒸气的理论容积，m^3/kg。

标准状态下理论烟气容积 V_y^0 是包含水分的，若扣除理论烟气容积中 H_2O 的容积，则称为理论干烟气容积 V_{gy}^0，显然有

$$V_{gy}^0 = V_y^0 - V_{H_2O}^0 = V_{RO_2} + V_{N_2}^0 \quad m^3/kg \tag{2-15}$$

2. 实际烟气容积 V_y

实际烟气容积是指相应于 1kg 的煤,供应空气量超过理论空气量($\alpha>1$)时,燃烧产物的容积。在这种情况下,烟气中的成分除了 RO_2、H_2O 和 N_2 外,还有空气中未参加反应的过剩 O_2,实际烟气容积可以看作由两部分组成,一部分是相应于理论空气量产生的理论烟气容积 V_y^0,另一部分是直接转移到烟气中的过剩空气,这部分容积为

$$\Delta V = (\alpha-1)V^0 + 0.0161(\alpha-1)V^0$$

实际烟气容积 V_y 为

$$V_y = V_y^0 + \Delta V \tag{2-16}$$

在烟气分析中,经常用到干烟气容积的概念,即

$$V_{gy} = V_y - V_{H_2O} = V_{gy}^0 + (\alpha-1)V^0 \tag{2-17}$$

烟气中灰浓度 μ 用式(2-18)计算,即

$$\mu = \frac{A_{ar}\alpha_{fh}}{100G_y} \tag{2-18}$$

$$G_y = 1 - \frac{A_{ar}}{100} + 1.306\alpha V^0$$

式中 G_y——1kg 燃料烟气的质量,kg/kg;

　　α_{fh}——烟气携带出炉膛的飞灰占总灰量的份额,对固态排渣煤粉炉,$\alpha_{fh} \approx 0.9$。

3. 空气和烟气焓的计算

不论是空气还是烟气,其焓值均以 1kg 计算燃料为准,且都从 0℃ 算起,即 0℃ 时各焓值为 0。理论空气焓值($\alpha=1$)计算公式为

$$H_k^0 = 1.0161V^0(c\vartheta)_k \quad \text{kJ/kg} \tag{2-19}$$

式中 $(c\vartheta)_k$——每标准立方米湿空气在温度为 ϑ 时的焓,可查有关数据手册。

烟气焓按下式计算

$$H_y = H_y^0 + (\alpha-1)H_k^0 + H_h \quad \text{kJ/kg} \tag{2-20}$$

$$H_y^0 = V_{RO_2}^0 (c\vartheta)_{RO_2} + V_{N_2}^0 (c\vartheta)_{N_2} + V_{H_2O}^0 (c\vartheta)_{H_2O}$$

灰焓:
$$H_h = \frac{A_{ar}\alpha_{fh}}{100}(c\vartheta)_h$$

飞灰焓只有当 $1000\dfrac{A_{ar}\alpha_{fh}}{Q_{net,ar}}>1.43$ 时,才需加以计算。

式中 $(c\vartheta)_{RO_2}$、$(c\vartheta)_{N_2}$、$(c\vartheta)_{H_2O}$——各成分在温度为 ϑ 时的焓值。

　　　　$(c\vartheta)_h$——每千克灰的焓值。

三、过量空气系数的测定

过量空气系数对炉内完全燃烧程度和锅炉经济运行有很大影响,准确而迅速地测定过量空气系数,是保证锅炉经济运行的重要手段。过量空气系数的测定是通过烟气分析来进行的。烟气分析的内容是测定干烟气中各气体组成的含量。三原子气体和氧的容积占干烟气容积的百分数,用 RO_2 和 O_2 表示,即

$$RO_2 = \frac{V_{RO_2}}{V_{gy}} \times 100\%$$

$$O_2 = \frac{V_{O_2}}{V_{gy}} \times 100\% = \frac{0.21(\alpha-1)V^0}{V_{gy}^0 + (\alpha-1)V^0} \times 100\%$$

由于 V^0、V^0_{gy} 只取决于燃料的元素分析成分，当燃料一定时，O_2 只是过量空气系数 α 的函数，它们之间存在一一对应的关系，所以通过 O_2 的测定，就能确定过量空气系数。电厂常用氧化锆氧量计测量烟气中的氧量。经推导可得

$$\alpha \approx \frac{21}{21 - O_2} \qquad (2\text{-}21)$$

也可以得到

$$\alpha \approx \frac{(RO_2)_{max}}{RO_2} \qquad (2\text{-}22)$$

$$(RO_2)_{max} = \frac{21}{1 + \beta}$$

$$\beta = 2.35 \frac{H_{ar} - 0.126 O_{ar} + 0.038 N_{ar}}{C_{ar} + 0.375 S_{ar}}$$

式中 β——燃料特性系数。

由式（2-22）可知，当燃料一定时，α 与 RO_2 也存在一一对应的关系，通过 RO_2 的测定也能确定 α。

燃料种类的变化对 $\alpha = f(CO_2)$ 的影响远远大于对 $\alpha = f(O_2)$ 的影响。因此，采用测量烟气中含氧量监督过量空气系数，受煤种变化影响很小。

应该说明的是，过量空气系数 α 是当地参数，在哪里测得的 O_2 量，计算出的就是哪里的 α 值。所以，也可以利用运行中测定 α 来判断锅炉的漏风情况。锅炉漏风按式（2-23）计算，即

$$\Delta\alpha = \alpha'' - \alpha' \qquad (2\text{-}23)$$

式中 $\Delta\alpha$——所测受热面或烟道的漏风系数；

   α'、α''——所测受热面或烟道进、出口的过量空气系数，按（2-21）计算。

第三节   锅炉机组热平衡

锅炉机组的作用是使燃料燃烧，放出热量，用以产生蒸汽。送入锅炉的燃料不可能全部燃烧，燃烧所放出的热量也不可能全部用以产生蒸汽。这部分未被利用的热量称为热损失。所谓锅炉机组热平衡，是指送入锅炉的总热量与工质吸收的有效利用热量以及全部热损失之间的热量收支平衡。通过热平衡可以指出燃料包含的热量有多少被有效利用，有多少成为热损失，这些热损失又表现在哪些方面，同时可以求得锅炉热效率和燃煤量。锅炉热平衡示意图如图 2-3 所示。

一、热平衡方程

热平衡计算均按 1kg 煤为基准。在锅炉机组稳定的热力状态下，1kg 燃料带入炉内的热量、锅炉有效利用热量和热损失之间的关系为

$$Q_r = Q_1 + Q_2 + Q_3 + Q_4 + Q_5 + Q_6 \qquad (2\text{-}24)$$

式中 Q_r——送入锅炉的热量，kJ/kg；

       Q_1——有效利用热量，kJ/kg；

       Q_2——排烟热损失，kJ/kg；

       Q_3——化学未完全燃烧热损失，kJ/kg；

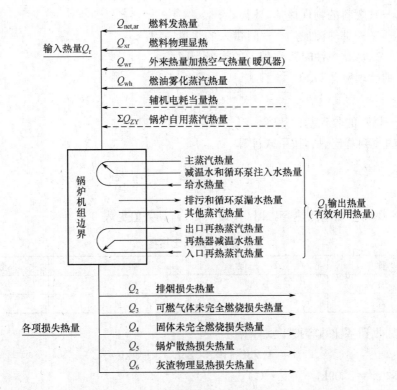

图 2-3 锅炉热平衡示意图

Q_4——机械未完全燃烧热损失，kJ/kg；

Q_5——锅炉散热损失，kJ/kg；

Q_6——其他热损失，kJ/kg。

若以送入锅炉热量的百分率来表示，即为

$$100\% = q_1 + q_2 + q_3 + q_4 + q_5 + q_6 \tag{2-25}$$

$$q_1 = \frac{Q_1}{Q_r} \times 100\%$$

$$q_2 = \frac{Q_2}{Q_r} \times 100\%$$

通过热平衡可以计算出热效率 η 为

$$\eta = \frac{Q_1}{Q_r} \times 100\% = q_1 = 100\% - (q_2 + q_3 + q_4 + q_5 + q_6) \tag{2-26}$$

上述方程中的各项，对于运行中的锅炉，要按照试验数据来计算。在新设计锅炉时，要根据已有的运行经验数据来选取。由于热平衡方程中不包括非稳定热损失，如当锅炉点火时，各部分的炉壁的温度逐渐升高所吸收的热量等，因此，热平衡方程只适用于稳定状态。

二、送入锅炉的热量 Q_r

燃煤或燃油锅炉送入锅炉的热量 Q_r 包括燃料收到基低位发热量、燃料的物理显热、外部热源加热空气时带入的热量、雾化燃油时的蒸汽带入的热量，即

$$Q_r = Q_{net,ar} + Q_{xr} + Q_{wr} + Q_{wh} \tag{2-27}$$

式中 $Q_{net,ar}$——燃料收到基低位发热量，kJ/kg；

Q_{xr}——燃料的物理显热，kJ/kg；

Q_{wr}——外部热源加热空气时带入的热量，kJ/kg；

Q_{wh}——雾化燃油时蒸汽带入的热量，kJ/kg。

1. 燃料的物理显热 Q_{xr}

$$Q_{xr} = c_r^{ar} t_r \tag{2-28}$$

式中　c_r^{ar}——燃料的收到基比热容，kJ/（kg·℃）。

对于煤的收到基比热容按下式计算

$$c_r^{ar} = c_r^d \frac{100 - M_{ar}}{100} + 4.19 \frac{M_{ar}}{100}$$

式中　c_r^d——燃料干燥基比热容，kJ/（kg·℃），其数值见表 2-1。

表 2-1　　　　　　　　　　　　　　燃料干燥基比热容

名　　称	数　　值	名　　称	数　　值
无烟煤、贫煤	0.92	褐煤	1.13
烟煤	1.09	油页岩	0.88

燃料油的收到基比热容按下式计算

$$c_r^{ar} = 1.738 + 0.0025 t_r \quad \text{kJ/(kg·℃)}$$

或者近似地取 $c_r^{ar} = 2.09$ kJ/（kg·℃）。

对于燃煤锅炉，燃料的物理显热 Q_{xr} 相对较小，如果没有外界热量加热燃料时，只有当燃料水分 $M_{ar} \geqslant \dfrac{Q_{net,ar}}{630}$ 时才考虑这部分热量，在这种情况下，取燃料温度 t_r 为 20℃。

2. 外部热源加热空气时带入的热量 Q_{wr}

如果空气在进入锅炉前采用外界热量进行预热，如在暖风器中利用汽轮机抽汽加热空气，此时空气带入的热量可按式（2-29）计算，即

$$Q_{wr} = \beta (H_k^0 - H_{lk}^0) \tag{2-29}$$

式中　β——通过暖风器的空气量与理论空气量之比；

H_k^0——锅炉进口理论空气焓，kJ/kg；

H_{lk}^0——理论冷空气焓，kJ/kg。

3. 雾化燃油时蒸汽带入的热量 Q_{wh}

$$Q_{wh} = G_{wh}(h_{wh} - 2500) \tag{2-30}$$

式中　G_{wh}——燃油雾化所用蒸汽量，kg/kg；

h_{wh}——雾化蒸汽的焓，kJ/kg。

对于燃煤锅炉，如果燃料和空气都没有利用外界热量进行预热，且燃煤水分 $M_{ar} < \dfrac{Q_{net,ar}}{630}$，那么输入热量 $Q_r = Q_{net,ar}$。

三、机械未完全燃烧热损失 q_4

机械未完全燃烧热损失是指部分固体燃料颗粒在炉内未能燃尽就被排出炉外造成的热损失。这些未燃尽的颗粒可能随炉渣从炉膛中排出，或以飞灰形式随烟气一起逸出，或者经过炉排漏入灰斗中。不同的燃烧方式，机械未完全燃烧热损失包含的内容也不相同。

对于煤粉炉：
$$Q_4 = Q_4^{fh} + Q_4^{lz}$$
$$q_4 = q_4^{fh} + q_4^{lz}(\%)$$

对于层燃炉：
$$Q_4 = Q_4^{fh} + Q_4^{lz} + Q_4^{lm}$$
$$q_4 = q_4^{fh} + q_4^{lz} + q_4^{lm}(\%)$$

式中　　Q_4^{fh}（q_4^{fh}）——烟气携带的飞灰中未燃尽的碳粒造成的机械未完全燃烧热损失，kJ/kg（%）；

　　　　Q_4^{lz}（q_4^{lz}）——锅炉排出的炉渣中未参加燃烧或未燃尽的碳粒造成的机械未完全燃烧热损失，kJ/kg（%）；

　　　　Q_4^{lm}（q_4^{lm}）——层燃炉中，部分煤粒未经燃烧或未燃尽漏过炉排落入灰坑造成的机械未完全燃烧热损失，kJ/kg（%）。

对于运行中的锅炉，机械未完全燃烧热损失 q_4 可以通过热平衡试验来测定；设计时，对于室燃锅炉可按表 2-2 数据选取。

表 2-2　　　　　　　　　　　机械未完全燃烧热损失 q_4 的选取

燃料种类	q_4（%）	燃料种类	q_4（%）
油　、气	0	贫　煤	3
褐　煤	1	无烟煤	4
烟　煤	2		

机械不完全燃烧热损失是燃煤锅炉的主要热损失之一，通常仅次于排烟热损失。固态排渣煤粉炉的 q_4 一般在 0.5%～5.0% 之间。影响这项热损失的主要因素有燃烧方式、燃料性质、过量空气系数、煤粉细度、炉膛结构以及运行工况等。

煤粉炉中机械未完全燃烧热损失主要是飞灰中含有可燃物引起的。为了使煤粉燃烧完全，必须保证：足够的煤粉细度；组织好炉内气流，使气流充满整个炉膛，空气和煤粉能充分混合；炉膛容积热负荷不能太大，保证煤粉在炉膛内有足够的停留时间；保证炉内有足够高的温度水平，以提高燃烧速率。

炉膛出口过量空气系数 α_l'' 对机械未完全燃烧热损失也有影响。当过量空气系数 α_l'' 过小时，部分煤粉不能与空气充分混合，使 q_4 增加。但 α_l'' 也不能太大，不然气流速度过高、减少了煤粉在炉内的停留时间，反而会使 q_4 增加。

四、化学未完全燃烧热损失 q_3

燃料燃烧时，可燃成分不一定都能生成完全燃烧产物 CO_2、SO_2 和 H_2O。在烟气中常有未完全燃烧气体，如 CO、H_2 和 CH_4 等，故有部分化学能未转化为热能。这项热损失称为化学未完全燃烧热损失，可以用式（2-31）计算，即

$$Q_3 = V_{gy}(106.4CO + 107.9H_2 + 358.2CH_4)\left(1 - \frac{q_4}{100}\right) \quad kJ/kg \qquad (2-31)$$

$$q_3 = \frac{Q_3}{Q_r} \times 100\%$$

式中　CO、H_2、CH_4——干烟气中一氧化碳、氢和甲烷的容积百分含量，可以通过烟气分析测定。

在计算中乘以 $\left(1 - \dfrac{q_4}{100}\right)$ 是因为有机械未完全燃烧热损失存在，每千克燃料中只有

$\left(1-\dfrac{q_4}{100}\right)$千克燃料参与燃烧并生成烟气，故应对生成的干烟气容积进行修正。

燃用固体燃料时，气体未完全燃烧产物只有一氧化碳。在一般煤粉炉中，q_3 不超过 0.5%；燃油、燃气炉的 q_3 可达 1.0%～1.5%；层燃炉的 q_3 可达 1%～3%。化学未完全燃烧热损失与燃料性质、炉膛过量空气系数、炉膛结构以及运行工况等因素有关。一般燃用挥发分较多的燃料，炉内可燃气体增多，易出现不完全燃烧。过量空气系数过小，氧气供应不足，会使 q_3 增大。过量空气系数过大，又会使炉温降低，不利于燃烧反应的进行，也会使 q_3 增大。炉膛容积过小、烟气在炉内流程过短时，会使一部分可燃气体来不及燃尽就离开炉膛，从而使 q_3 增大。如果炉膛内气流组织不好，燃料和空气得不到良好的混合，火焰不能充满炉膛时，也会使 q_3 增大。当锅炉低负荷运行时，炉膛温度水平降低，燃烧缓慢，q_3 增大。

五、排烟热损失 q_2

烟气离开锅炉的最后受热面时，温度还相当高，该烟温称为排烟温度，以 θ_{py} 表示。排烟的热量随烟气排入大气而得不到利用，造成排烟热损失。排烟的热量并非全部来自煤的输入热量，其中包括冷空气带入炉内的热量。因此，在计算排烟热损失时，应扣除这部分热量。排烟热损失为

$$Q_2 = (H_{py} - \alpha_{py} H_{lk}^0)\left(1-\frac{q_4}{100}\right)\quad \text{kJ/kg} \tag{2-32}$$

$$q_2 = \frac{Q_2}{Q_r} \times 100\%$$

式中　α_{py}——排烟处过量空气系数，可以根据烟气分析求得；

　　　H_{py}——在相应过量空气系数 α_{py} 及排烟温度 θ_{py} 情况下的排烟焓，kJ/kg；

　　　H_{lk}^0——$\alpha = 1.0$ 时每千克燃料在冷空气温度 t_{lk}（一般取 30℃）下的焓，kJ/kg。

排烟热损失是各项热损失中最大的一项，对于大中型煤粉炉，一般 $q_2 = 4\%～8\%$；层燃炉，$q_2 = 10\%～15\%$。

影响排烟热损失的主要因素是排烟焓 H_{py}，而排烟焓又取决于排烟温度和排烟容积。

排烟温度 θ_{py} 越高，则排烟损失越大。一般 θ_{py} 每增加 12～15℃，q_2 增加约 1%。降低排烟温度可以减少排烟热损失，但锅炉最后受热面的传热温差减小，需要更多受热面，其结果使锅炉金属耗量增大，通风阻力也随之增大，而且为了布置更多的受热面，锅炉的外形尺寸也需加大。应该根据排烟热损失和受热面金属消耗费用，通过技术经济比较确定合理的排烟温度。目前电厂锅炉的排烟温度 θ_{py} 一般在 110～160℃之间，工业锅炉的排烟温度要高些。

排烟热损失还和燃料性质有关。当燃用水分和硫分较高的煤时，为了避免或减轻低温受热面腐蚀，不得不采用较高的排烟温度，同时燃煤水分增大，排烟容积也增加，结果都使排烟热损失变大。炉膛出口过量空气系数 α_l'' 以及沿烟气流程各处烟道的漏风，都会影响排烟过量空气系数 α_{py}，因而也会影响排烟热损失。漏风使排烟容积增大，因此排烟热损失 q_2 也增大。锅炉运行中，当某些受热面上发生结渣、积灰或结垢时，烟气与这部分受热面的传热量减少，锅炉的排烟温度也会升高。因此，为了保证锅炉经济运行，必须经常保持受热面清洁。

综上所述，炉膛出口过量空气系数 α_1'' 不仅影响排烟热损失 q_2，而且也影响到化学和机械未完全燃烧损失 q_3 和 q_4，如图 2-4 所示。在一定限度内减小 α_1''，将使 q_2 降低，但 q_3 和 q_4 会增大。最合理的炉膛出口过量空气系数 α_1'' 应当使（$q_2+q_3+q_4$）为最小，一般通过燃烧调整试验来确定。

六、散热损失 q_5

锅炉机组运行时，炉膛和烟道四周炉墙外表面，以及汽包、联箱、各种管路系统绝热层外表面都具有较高的温度，要向大气中散热，因此形成散热损失。

散热损失的数值与炉墙、保温材料的厚度、保温性能有关。锅炉保温越好，散热损失越小。散热损失还和锅炉外壁面积及蒸发量有关，锅炉容量越大，外表面积也越大，因而散失热量的绝对值也越大。由于锅炉容量的增加，相对单位蒸发量外表面积减少，则 q_5 也随之减小。

锅炉机组在额定负荷下的散热损失可按图 2-5 所示曲线查取，也可以按式（2-33）计算，即

$$q_5^e = 5.82\,(D^e)^{-0.38} \tag{2-33}$$

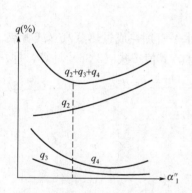

图 2-4　最佳过量空气系数的确定

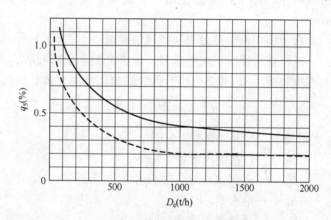

图 2-5　额定负荷下锅炉散热损失曲线

（虚线供考核锅炉本体设计热效率）

对同一台锅炉，当运行中锅炉负荷发生变化时，锅炉散热量的绝对值变化很小，因此，负荷越小，相对的散热损失越大。这是因为锅炉外表面积并不随负荷的降低而减少，同时散热表面的温度变化也不大，所以 q_5 与锅炉负荷近似成反比关系。在非额定工况下，相应的散热损失由式（2-34）确定，即

$$q_5 = q_5^e \frac{D^e}{D} \tag{2-34}$$

式中　D^e、D——锅炉的额定蒸发量和运行蒸发量，t/h；

q_5^e、q_5——额定蒸发量和运行蒸发量下的散热损失。

七、其他热损失 q_6

其他热损失主要指冷却热损失和灰渣物理热损失。锅炉的某些部件，如尾部受热面的横梁等，它们一方面吸收烟气的热量，另一方面又被水或空气冷却，而水或空气带走的热量又不能送回锅炉系统中应用，从而造成冷却热损失。但是，一般来说，这部分热损失很少，可

以忽略。灰渣物理热损失，即炉渣、飞灰与沉降灰排出锅炉设备时所带走的显热占输入热量的百分率，按式（2-35）计算，即

$$q_6 = \frac{A_{ar}}{100Q_r}\left[\frac{\alpha_{lz}(t_{lz}-t_0)c_{lz}}{100-c_{lz}^c} + \frac{\alpha_{fh}(\theta_{py}-t_0)c_{fh}}{100-c_{fh}^c} + \frac{\alpha_{cjh}(t_{cjh}-t_0)c_{cjh}}{100-c_{cjh}^c}\right] \tag{2-35}$$

式中　q_6——灰渣物理热损失，%；

t_{lz}——由炉膛排出的炉渣温度，℃；

t_{cjh}——由烟道排出之沉降灰温度，可取为沉降灰斗上部空间的烟气温度，℃；

c_{lz}、c_{fh}、c_{cjh}——炉渣、飞灰及沉降灰的比热，kJ/（kg·K）；

α_{lz}、α_{fh}、α_{cjh}——炉渣、飞灰及沉降灰的份额，%；

c_{lz}^c、c_{fh}^c、c_{cjh}^c——炉渣、飞灰及沉降灰中可燃物份额，%。

当不能直接测量 t_{lz} 时，固态排渣煤粉炉取 600～800℃；液态排渣时可取 $t_{lz}=t_3+100$（其中 t_3 为煤灰的熔化温度，℃），也可取用事先协商一致的数据。

当燃煤的折算灰分小于 10%（即 $A_{zs}=\frac{4187A_{ar}}{Q_{net,ar}}<10\%$）时，固态排渣火室炉可忽略炉渣的物理热损失；液态排渣炉、旋风炉可忽略飞灰的物理热损失。对燃油及燃气锅炉，$q_6=0$。

八、锅炉机组热效率和燃料消耗量

燃料带入锅炉机组的热量，大部分被工质所吸收，将给水一直加热成过热蒸汽（或者热水或饱和蒸汽），这部分热量称为锅炉机组的有效利用热量 Q_1，其值按式（2-36）计算，即

$$Q_1 = \frac{D_{gr}(h''_{gr}-h_{gs}) + D_{zr}(h''_{zr}-h'_{zr}) + D_{pw}(h'-h_{gs})}{B} \tag{2-36}$$

式中　B——燃料消耗量，kg/s；

D_{gr}——过热蒸汽流量，kg/s；

h''_{gr}——过热蒸汽焓，kJ/kg；

h_{gs}——给水焓，kJ/kg；

D_{zr}——再热蒸汽流量，kg/s；

h''_{zr}、h'_{zr}——再热蒸汽出、入口蒸汽焓，kJ/kg；

D_{pw}——排污水流量，kg/s；

h'——汽包压力下的饱和水焓，kJ/kg。

工业锅炉排污水流量与过热蒸汽流量的比值 D_{pw}/D_{gr} 有时达 5%～10%，排污水带走的热量必须考虑；凝汽式电站中，锅炉的排污量不超过其蒸发量的 1%～2%，此时该项热量可以略去不计。

根据锅炉机组的有效利用热量 Q_1、输入热量 Q_r 和燃料消耗量 B，可以计算锅炉机组的热效率 η_{gl}；或者已知输入热量 Q_r、有效利用热量 Q_1 和热效率 η_{gl}，可以求出锅炉的燃料消耗量 B

$$\eta_{gl} = \frac{Q_1}{Q_r}\times100\% = \frac{100}{BQ_r}D_{gr}(h''_{gr}-h_{gs}) + D_{zr}(h''_{zr}-h'_{zr}) + D_{pw}(h'-h_{gs}) \tag{2-37}$$

$$B = \frac{100}{\eta_{gl}Q_r}D_{gr}(h''_{gr}-h_{gs}) + D_{zr}(h''_{zr}-h'_{zr}) + D_{pw}(h'-h_{gs}) \quad \text{kg/s} \tag{2-38}$$

在进行燃料计算时，假设燃料是完全燃烧的，但由于有机械不完全燃烧热损失 q_4，实际上 1kg 入炉燃料只有 $\left(1-\frac{q_4}{100}\right)$kg 燃料参与燃烧反应。因此实际燃烧所需空气的容积以及

生成烟气的容积均应相应减少。为此，在计算这些容积时要考虑对燃料进行修正，即按所谓计算燃料消耗量 B_j 进行

$$B_j = B\left(1 - \frac{q_4}{100}\right) \quad \text{kg/s} \tag{2-39}$$

在燃料供应和制粉系统的计算中，应按照实际燃料消耗量 B 进行计算。

九、锅炉机组热平衡试验

在锅炉运行中，进行热平衡试验的目的是：

（1）确定锅炉机组热效率 η_{gl}；

（2）确定锅炉机组各项热损失，拟订提高锅炉机组热效率的措施；

（3）确定各项参数（如过量空气系数、排烟温度、过热蒸汽温度）与锅炉负荷的关系。

锅炉机组热效率可以用正平衡法和反平衡法来确定。

所谓正平衡法，即在热平衡试验中，直接确定锅炉机组输出有效利用热量 Q_1 和输入热量，按式（2-37）求得锅炉机组的热效率。正平衡法要求锅炉在比较长的时间内保持稳定工况，这是较为困难的。而且正平衡法只能确定锅炉机组热效率，不能确定锅炉机组的各项热损失，因此电厂锅炉通常采用反平衡法。

用反平衡法确定锅炉机组热效率的方法，是通过测量首先确定各项热损失 q_2、q_3、q_4、q_5 和 q_6，再按式（2-26）确定热效率。为了确定各项热损失，需要测量许多数据，如排烟过量空气系数 α_{py}、排烟温度 θ_{py}、烟气成分、灰中的含碳量、煤的元素分析和发热量等。反平衡试验不要求严格保证锅炉出力不变，同时能求出各项热损失，是常用的方法。

第三章

煤 粉 制 备

第一节 煤 粉 的 性 质

一、煤粉的一般特性

磨细的煤粉，外形很不规则，煤粉颗粒大小在 $0 \sim 1000 \mu m$ 之间，其中 $20 \sim 60 \mu m$ 的颗粒最多。

煤粉由于颗粒细小，具有较好的流动性能，可采用气力方便地在管内输送。若煤粉仓内粉位太低，则易出现自流现象，大量煤粉自动穿过给粉装置，流入一次风管造成堵塞。

因煤粉中吸附了大量空气，极易慢慢氧化，当达到着火温度后便会引起自燃。煤粉和空气的混合物在适当的浓度和温度下会发生爆炸。当煤的挥发分高、煤粉细时，尤应加以注意。

煤粉的水分对煤粉的流动性与爆炸性有较大的影响，水分过高，流动性差，输送困难，且易引起粉仓搭桥，同时也影响着火和燃烧。水分过低易引起自燃或爆炸，同时干燥耗能增加。磨煤机出口的煤粉水分还与磨煤机出口的煤粉细度及煤粉温度有关，较可靠的数值应该通过试验或参照同类机组运行数据确定。一般要求烟煤磨制后的煤粉最终水分 M_{mf} 约等于 M_{ad}，无烟煤的 M_{mf} 约等于 $0.5 M_{ad}$，褐煤的 M_{mf} 约等于 $M_{ad} + 8$。

二、煤粉的细度

煤粉的粗细程度用煤粉细度 R_x 表示，用一组由细金属丝编织的方孔筛子进行筛分测定。R_x 的定义为经筛分后残留在孔径为 x 的筛子上的煤粉的质量占煤粉总质量的百分数，即

$$R_x = \frac{a}{a+b} \times 100\% \tag{3-1}$$

式中 a、b——留在筛子上和通过筛孔（孔径为 x）的煤粉质量。

筛余量 a 越大，R_x 越大，表明煤粉越粗。电厂中通常用煤粉细度有 R_{90} 和 R_{200}。煤粉越细，着火越迅速完全，q_4 损失越小，锅炉效率越高，但对于制粉系统，磨煤消耗的电能越多。因此，合理确定煤粉细度可以使得锅炉的不完全燃烧热损失（主要是 q_4）和制粉电耗之和最小，该煤粉细度称为经济煤粉细度。

经济煤粉细度通过试验来确定。在试验中，找到不完全燃烧热损失 q_4 和制粉电耗 q_m 与煤粉细度 R_x 之间的关系，并确定 $q_4 + q_m$ 曲线的最小点所对应的煤粉细度。

影响煤粉经济细度的因素有煤和煤粉的质量、燃烧方式等。例如：燃煤的挥发分较高，煤粉可粗些；制粉系统磨制的煤粉均匀性指数大，引起机械不完全燃烧热损失的大颗粒煤粉少，煤粉的平均粒度可以大些；炉膛的燃烧热强度大，进入炉内的煤粉易于着火、燃烧及燃尽，允许煤粉粗些。

三、煤粉的颗粒组成特性

磨煤机磨制出来的煤粉不但粒度大小不一，而且煤粉颗粒的均匀程度也不一样。用不同孔径的筛子筛分煤粉可以得到煤粉细度与筛孔直径的关系 $R_x = f(x)$，称为煤粉颗粒组成

特性，用式（3-2）表示，即

$$R_x = 100\mathrm{e}^{-bx^n} \tag{3-2}$$

式中　b——细度系数，b 越大，则 R_{90} 越大，表明煤粉越细。

n——煤粉均匀性指数，n 值较大时，煤粉中细粉和粗粉所占的份额都少，表明煤粉颗粒大小比较均匀。

对于一定的磨煤设备，在 $x=60\sim200\mu\mathrm{m}$ 范围内可以认为 n 为常数。但随着磨制时间的增加，煤粉将磨得更细，即 b 值增加。

当 b 和 n 值确定后，煤粉在任意一个粒度区间的质量份额或者粒度分布就唯一确定了。由 b 和 n 可以解出一组 R_{90} 和 R_{200}，同样表明煤粉的颗粒分布。

煤粉中大颗粒多，会增加机械不完全燃烧热损失；而煤粉磨得过细又会徒然增加磨煤电耗和金属磨损。因此，在磨煤设备运行中应力求得到具有最大可能均匀性指数 n 值的煤粉。均匀性指数 n 与磨煤机及分离器的类型以及它们的运行工况有关。各种磨煤机及制粉系统所对应的煤粉均匀性指数见表 3-1。

表 3-1　　　　　　　　　　　　　各种制粉设备的 n 值

磨煤机型式	粗粉分离器类型	n 值	国外数据
筒式钢球磨煤机	离心式	0.8～1.2	0.7～1.0
	回转式	0.95～1.1	
中速磨煤机	离心式	0.86	1.1～1.3
	回转式	1.2～1.4	
风扇磨煤机	惯性式	0.7～0.8	0.9
	离心式	0.8～1.3	
	回转式	0.8～1.0	

四、煤的可磨性系数

煤被磨碎成煤粉的难易程度取决于煤本身的结构。由于煤本身的结构特性不同，各种煤的机械强度、脆性有很大的区别，因此其可磨性就不同。一般用可磨性系数表示煤被磨成煤粉的难易程度。GB 2565—1998《煤的可磨性指数试验方法》规定：煤的可磨性试验采用哈德格罗夫（Hardgroove）法测定哈氏可磨指数 HGI。其方法为：将经过空气干燥、粒度为 $0.63\sim1.25\mathrm{mm}$ 的煤样 50g，放入哈氏可磨性试验仪（见图 3-1）。施加在钢球上的总作用力为 284N，驱动电动机进行研磨，旋转 60n。将磨得的煤粉用孔径为 0.71mm 的筛子在震筛机上筛分，并称量筛上与筛下的煤粉量，用式（3-3）计算哈氏可磨指数，即

$$\mathrm{HGI} = 13 + 6.93G \tag{3-3}$$

式中　G——孔径为 0.71mm 的筛子筛下的煤样质量，由所用总煤样质量减去筛上筛余量求得，g。

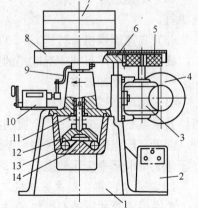

图 3-1　哈氏可磨性试验仪

1—机座；2—电气控制盒；3—涡轮盘；4—电动机；5—小齿轮；6—大齿轮；7—重块；8—护罩；9—拨杆；10—计数器；11—主轴；12—研磨环；13—钢球；14—研磨碗

我国动力用煤的可磨性系数范围一般为 25～129。通常认为 HGI 大于 86 的煤为易磨煤，HGI 小于 62 的煤为难磨煤。

Hardgroove 法在欧美普遍采用。我国原来应用苏联全热工研究所（вти）指定的方法。它将煤的可磨性系数定义为：将质量相等的标准煤和试验煤由相同的初始粒度磨制成细度相同的煤粉时，所消耗能量的比值。由于要将两批煤磨制成相同的细度很难做到，实际应用时改用：在消耗相同能量的条件下，将标准煤和试验煤所得的细度进行比较，求得煤的 вти 可磨性系数 K_{km}，其计算公式为

$$K_{km} = \left(\frac{\ln \dfrac{100}{R_{90}^{b}}}{\ln \dfrac{100}{R_{90}^{s}}} \right)^{1/p} \tag{3-4}$$

式中　p——试验用磨煤机特性系数，对于上述球磨机，$p=1.2$；

R_{90}^{s}——试验煤样细度，%；

R_{90}^{b}——标准煤样细度，%。

苏联标准规定顿巴斯无烟煤屑为标准煤。经空气干燥的 50g 粒度为 1.25～3.2mm 的煤样在容器为 1.3L 的钢筒磨煤机中磨制 6min 后，其细度 $R_{90}=69.6\%$。

哈氏可磨指数与苏联 вти 可磨性系数之间可用式（3-5）换算，即

$$K_{km} = 0.0034 \, (HGI)^{1.26} + 0.61 \tag{3-5}$$

第二节　磨　煤　机

磨煤机是制粉系统中的重要设备，其作用是将具有一定尺寸的煤块干燥、破碎并磨制成煤粉。磨煤机的型式很多，通常按磨煤部件的转速高低分为三种类型，即

（1）低速磨煤机。转速 $n=16～25r/min$，如筒式钢球磨煤机。

（2）中速磨煤机。转速 $n=50～300r/min$，如平盘磨煤机、球式中速磨煤机、MPS 磨煤机等。

（3）高速磨煤机。转速 $n=500～1500r/min$，如风扇磨煤机、竖井磨煤机等。

我国燃煤电厂目前广泛应用的是筒式钢球磨煤机，其次是中速磨煤机和风扇磨煤机。

一、筒式钢球磨煤机

筒式钢球磨煤机简称球磨机，它具有煤种适应性广、磨制煤粉较细和运行维护方便等优点。其缺点是磨煤电耗多、金属磨损量大。已有的钢球磨煤机有单进单出式和双进双出式两种。前者多配以中间储仓式制粉系统，在老电厂中应用较多。后者多配以直吹式制粉系统，在新建大型电厂中应用较多。

1. 单进单出筒式钢球磨煤机

单进单出筒式钢球磨煤机的结构如图 3-2 所示。其磨煤部件为一直径为 2～4m、长为 3～10m 的圆筒，筒内装有适量直径为 25～60mm 的钢球。筒体内壁衬波浪形锰钢护甲。筒身两端是架在大轴承上的空心轴颈，一端是热空气与原煤的进口，另一端是空气与煤粉混合物的出口。

筒体由低速同步电动机带动旋转，钢球和煤块被筒内护甲带到一定高度，然后落下将煤

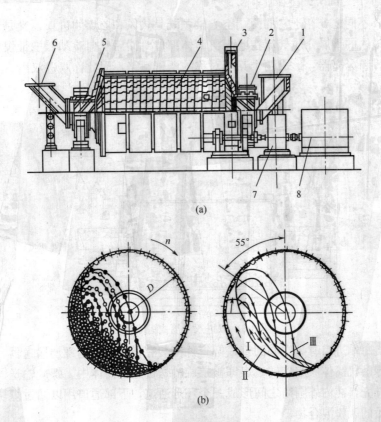

图 3-2　单进单出钢球式磨煤机

(a) 结构简图；(b) 工作原理

1—进料装置；2—主轴承；3—传动齿轮；4—转动筒体；

5—螺旋管；6—出料装置；7—减速器；8—电动机；

Ⅰ—压力研磨；Ⅱ—摩擦研磨；Ⅲ—冲击破碎

击碎，并使煤受到挤压和研磨。磨好的煤粉被干燥的热空气从筒体带出。运行过程中，筒体转速与干燥空气的流速要适当。筒体转速过低，钢球提升高度太小，磨煤机的出力会减小；转速过高，钢球和煤在离心力的作用下紧贴筒壁，并随筒体一起旋转，也会使磨煤出力减小。干燥热空气流速过低，使入口端存煤过多，钢球会集中在出口端。气速过高，则会出现相反的现象。这两种情况都会使磨煤机出力降低，还将影响输出煤粉颗粒的大小。磨煤机的存煤对出力有重要影响，随着存煤量的增加，煤位升高，磨煤出力提高。运行中通过控制磨煤机的进出口风压差，保持煤位在较佳位置。此外，护甲形状、钢球装载量等也是影响球磨机工作的重要因素。

球磨机磨煤时的功率消耗与无煤空载时的功率消耗相差无几。磨制无烟煤时，磨煤功率消耗甚至低于空载功率消耗。磨制其他煤种时，磨煤功率消耗仅比空载增加 5%。因此，球磨机宜连续满负荷运行。

2. 双进双出筒式钢球磨煤机

双进双出球磨机的结构与单进单出球磨机类似，如图 3-3 所示。其筒体是一个装有锰钢或者铬钼钢护甲的圆筒，两端为空心轴，分别支撑在两个主轴承上。其工作原理也与单进单出球磨机类似。不同之处在于它的两端空心轴颈既是热风和原煤的进口，又是气粉混合物的出口，从两端进入的干燥介质气流在磨煤机筒体部位对冲后反向流动，携带煤粉从两个空心轴流出，进入煤粉分离器，形成两个互相对称的严密回路，因此称双进双出。

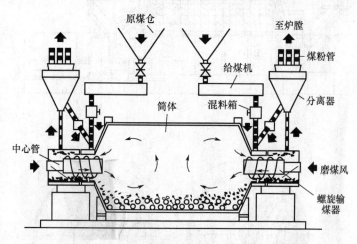

图 3-3　双进双出筒式钢球磨

这种球磨机每端进口有一空心圆管，圆管外围装有弹性固定的螺旋输送器，螺旋输送器和空心圆管随球磨机筒体一起旋转，煤即被螺旋输送机送到筒体中。螺旋输送器的外侧是一个固定的圆筒外壳，在内外圆筒之间形成一个环形通道，下部通道用以通过煤块，上部通道用以通过磨制后的风粉混合物。

与单进单出球磨机一样，运行中磨煤机的存煤量不随负荷变化。筒内的存煤量约为钢球质量的 15％，相当于磨煤机额定出力的 1/4。双进双出球磨机的出力不是靠直接调整给煤机来控制，而是靠调整通过磨煤机的一次风量控制的。由于筒内存有大量的煤粉，当加大一次风阀门的开度时，风的流量及带出的煤粉流量同时增加，而且风煤比（即煤粉浓度）始终保持稳定。所以，其响应锅炉负荷变化的时间非常短，相当于燃油锅炉。这是双进双出球磨机独有的特点。

双进双出式钢球磨煤机具有一般磨煤机所无法比拟的优越性。它对不同煤种的适应能力更强，能磨制坚硬、腐蚀性强的煤，能稳定地保持一定的风煤比，低负荷时能减小煤粉细度，且出力大，可靠性高。运行实践表明，双进双出式钢球磨煤机的可靠性高于锅炉本体的可靠性。

二、中速磨煤机

目前国内电厂锅炉上应用最多的三种中速磨煤机为中速碗式磨煤机（又称 RP 磨煤机，改造型为 HP 磨煤机）、辊-环式磨煤机（MPS 磨煤机）和球-环式磨煤机（E 型磨煤机）。它们的结构如图 3-4～图 3-6 所示。

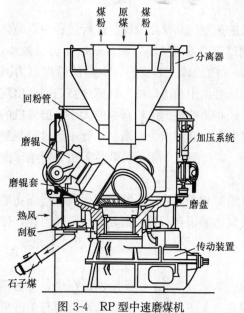

图 3-4　RP 型中速磨煤机

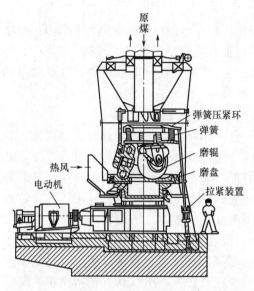

图 3-5　MPS 磨煤机

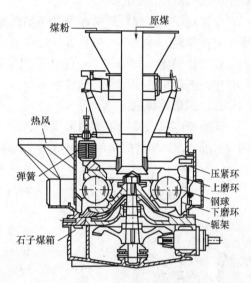
图 3-6　E 型中速磨煤机

　　三种磨煤机的研磨部件各不相同，但它们具有相同的工作原理及类似的结构。由图可见，三种磨煤机沿高度方向自上而下可以分为四部分：驱动装置、碾磨部件、干燥分离空间及煤粉分离和分配装置。工作过程为：由电动机驱动，通过减速装置和垂直布置的主轴带动磨盘或磨环转动。原煤经落煤管进入两组相对运动的碾磨件的表面，在压紧力的作用下受到挤压和研磨，被粉碎成煤粉。磨成的煤粉随碾磨部件一起旋转，在离心力和不断被碾磨的煤和煤粉的推挤作用下被甩至风环上方。热风（干燥剂）经装有均流导向叶片的风环整流后以一定的风速进入环形干燥空间，对煤粉进行干燥，并将煤粉带入磨煤机上部的煤粉分离器。不合格的煤粉在煤粉分离器中被分离下来，经锥形分离器底部返回碾磨区重磨，合格的煤粉经煤粉分配器由干燥器带出磨煤机外，进入一次风管，直接通过燃烧器进入炉膛参加燃烧。煤中夹带的难以磨碎的煤矸石、石块等在磨煤过程中也被甩至风环上方，因风速不足以将它们夹带而落下，通过风环落入杂物箱。从杂物箱中排出的称为石子煤。

　　RP 型碗式磨煤机（见图 3-4）采用浅碗型磨盘，三个独立的锥形磨辊相隔 120° 安装于磨盘上方，磨辊与磨盘之间不直接接触，间隙可调。小型 RP 磨煤机用弹簧对磨辊加压，大型的则采用液力—气动加载装置。

　　MPS 磨煤机（见图 3-5）采用具有圆弧形凹槽滚道的磨盘，磨辊边缘也呈圆弧形。三个磨辊相对布置在相距 120° 的位置上。磨辊尺寸大，在水平方向具有一定的自由度，可以摆动，能自动调整碾磨的位置。在碾磨过程中磨辊由磨盘摩擦力带动旋转。磨煤的碾磨力来自磨辊、弹簧架及压力架的自重和弹簧的预压缩力。弹簧的预压缩力依靠作用在弹簧压盘上的液压缸加载系统实现。

　　E 型磨煤机（见图 3-6）的碾磨部件为上下磨环和夹在中间的大钢球。钢球可以在磨环之间自由滚动，磨煤时不断改变旋转轴线位置，在整个工作寿命中钢球始终保持球的圆度，以保证磨煤机性能不变，使磨煤机出力不会因钢球磨损而减少。小型 E 型磨煤机用弹簧加载，大容量的采用液压—气动加载装置，它通过上磨环对钢球施加压力。液压—气动加载装置能在碾磨部件使用寿命期限内自动维持磨环上的压力为定值，从而降低因碾磨件磨损对磨煤出力和煤粉细度的影响。

中速磨煤机的煤种适应性虽然不如低速球磨机那样广泛，但在适当的煤种范围内却比球磨机有质量轻、占地小、投资省、耗电低、金属磨耗低和噪声小等优点。因此，在煤种适宜而且煤源比较固定的条件下，优先采用中速磨煤机是合理的。我国电站锅炉有很多燃用烟煤，中速磨煤机的应用将会日益增多。

三、风扇磨煤机

风扇磨煤机大多用于燃用褐煤的锅炉。一般转速在 400r/min 以上，属高速磨煤机。如图 3-7 所示，风扇磨煤机的结构与风机类似，由叶轮和蜗壳组成。只是叶轮和叶片很厚，蜗壳内壁装有护板。叶轮、叶片和护板都由锰钢等耐磨钢材制造，是主要的磨煤部件。煤粉分离器在叶轮的上方，与外壳连成一个整体，结构紧凑。风扇磨煤机本身的排粉风机在对原煤进行粉碎的同时能产生 1500～3500Pa 的风压，用以克服系统阻力，完成干燥剂吸入、煤粉输送的任务，所以具有结构简单、尺寸小、金属耗量少的优点。

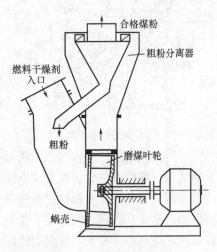

图 3-7 风扇磨煤机简图

在风扇磨煤机中，煤的粉碎过程既受机械力的作用，又受热力作用的影响。从风扇磨煤机入口进入的原煤与被风扇磨煤机吸入的高温干燥介质混合，在高速转动的叶轮带动下一起旋转，煤的破碎过程和干燥过程同时进行。叶片对煤粒的撞击、叶轮与煤粒的磨损、运动煤粒对蜗壳上护甲的撞击和煤粒之间的撞击等机械作用起主要的粉碎作用。同时，由于水分较高而且具有强塑性的褐煤等被高温干燥剂加热后，塑性降低，脆性增加，易于破碎。部分含有较高水分的煤粒在干燥过程中会自动破裂。随着破裂过程的进行，煤粒表面积增大，使干燥过程进一步深化，更有利于破碎。

风扇磨煤机中的煤粒几乎都处于悬浮状态下，热风与煤粒的混合十分强烈，对煤粉干燥能力很强，所以风扇磨煤机与其他型式的磨煤机相比，能磨制更高水分的褐煤和烟煤。

风扇磨煤机的缺点在于叶轮、叶片磨损快，检修周期短。但是，另一方面，风扇磨煤机同时具有磨煤、干燥、干燥介质吸入和煤粉输送等功能，煤粉分离器与磨煤机连成一体，它的制粉系统比其他型式磨煤机的制粉系统简单，设备少，投资省。

第三节 制 粉 系 统

制粉系统有直吹式和中间储仓式两类。直吹式制粉系统是将磨煤机磨制的煤粉直接送入炉膛燃烧，因此要求磨煤量必须与锅炉燃煤量保持一致。中间储仓式制粉系统，先将磨制的煤粉存储在煤粉仓里，然后根据锅炉负荷的需要，将煤粉送入炉膛。

一、直吹式制粉系统

常用的直吹式制粉系统有中速磨煤机直吹式制粉系统、双进双出钢球磨煤机直吹式制粉系统以及风扇磨煤机直吹式制粉系统。

1. 中速磨煤机直吹式制粉系统

根据排粉风机设置的位置不同，中速磨煤机直吹式制粉系统分成正压系统和负压系统。如果排粉机装在磨煤机之后使整个制粉系统处于负压下工作，这样的制粉系统称为负压直吹式制粉系统；如果排粉机装在磨煤机之前，整个制粉系统处于正压下工作，这样的制粉系统称为正压直吹式制粉系统。

如图 3-8（a）所示，在负压系统中，原煤从原煤仓落下，经给煤机送入磨煤机。由空气预热器出来的热风分成两股：一股作为二次风由燃烧器喷入炉膛；一股作为干燥剂送入磨煤机，在制粉系统内干燥煤粉，然后经过排粉机和一次风箱作为一次风输送细煤粉进入炉膛。气粉混合物在粗粉分离器中将粗粉分离出来，回到磨煤机再磨。这种制粉系统的特点是将排粉机放在磨煤机后面，磨煤机保持负压。

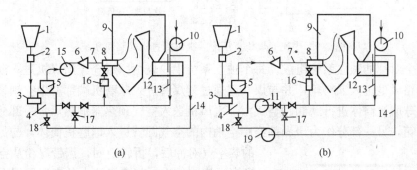

图 3-8　中速磨煤机直吹式制粉系统

（a）负压系统；（b）正压热一次风机系统

1—原煤仓；2—自动磅秤；3—给煤机；4—磨煤机；5—煤粉分离器；6——次风箱；
7—煤粉管道；8—燃烧器；9—锅炉；10—送风机；11—热一次风机；
12—空气预热器；13—热风管道；14—冷风管道；15—排粉风机；
16—二次风风箱；17—冷风门；18—密封风门；19—密封风机

在正压系统中，磨煤机放在排粉机之后，磨煤机处于正压状态，由密封风机对制粉系统进行密封。这种系统在国外进口机组中使用较多。

图 3-8（b）所示为中速磨煤机正压热一次风机直吹式制粉系统。热一次风机布置在空气预热器与磨煤机之间，输送的是经过空气预热器加热的热空气。由于空气温度高，比体积大，因此比输送同质量的冷空气的风机体积大，电耗高，且风机运行效率低，还存在高温侵蚀。

国产大容量电站锅炉一般采用正压冷一次风机直吹式系统。图 3-9 所示锅炉应用三分仓回转式空气预热器。独立的一次风经空气预热器的一次风通道加热后再进入磨煤机，与两分仓空气预热器相比，漏风量减少。该系统配置有自动控制系统，具有根据锅炉负荷变化、主信号自动调节给煤量和进入磨煤机的干燥介质（热风）流量的功能，也可根据磨煤机出口气粉混合物温度，自动调整冷、热调温空气门，控制磨煤机的进口风温。

2. 双进双出钢球磨煤机直吹式制粉系统

双进双出钢球磨煤机由于有区别于单进单出钢球磨煤机的许多特点，因此多配直吹式制粉系统，如图 3-10 所示。该系统亦采用了冷一次风机正压直吹方式。

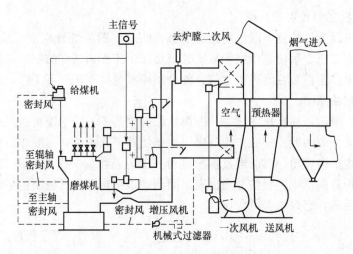

图 3-9　中速磨煤机正压冷一次风机直吹式制粉系统

　　它由两个对称的独立系统组成。每个独立系统中，煤由原煤仓经给煤机进入混料箱。同时，高温旁路风也进入混料箱，并与煤一起通过落煤管进入球磨机端部的中空轴，再由螺旋输送机送入球磨机筒体进行磨制。空气由一次风机送入空气预热器加热后，一部分作为旁路风进入混料箱，另一部分作为干燥剂经中空轴内的空气圆管进入球磨机筒体，与另一端进入的热空气对冲后，折转返回，携带煤粉从空心轴内的环形通道中排出，与落煤管中的旁路风混合，一起进入粗粉分离器。分离出来的粗粉经回粉管进入落煤管到球磨机重新磨制。由粗粉分离器出来的气粉混合物作为一次风直接送入炉内燃烧。

　　旁路风的主要作用是，在低负荷时，加大旁路风风量使输粉一次风管道和煤粉分离器内保持较佳风速、风量，避免煤粉沉积和分离效果下降。

　　3. 风扇磨煤机直吹式制粉系统

　　磨制褐煤的风扇磨煤机大多采用热风干燥直吹式制粉系统，如图 3-11（a）所示。磨制高水分褐煤的风扇磨煤机采用炉烟和热空气的混合物作为干燥剂的直吹式制粉系统，如图 3-11（b）所示。

　　采用热风和高、低温炉烟混合物作为干燥剂有如下优点：①由于干燥剂内炉烟占有一定比例，降低了氧的浓度，有利于防止高挥发分褐煤煤粉发生爆炸；②炉烟较多，可以降低燃烧器区域的温度水平，避免燃用低灰熔点褐煤时炉内结渣；③当燃煤水分变动幅度较大时，只改变高、低温炉烟的比例，就能满足制粉系统干燥的需要，而一次风温和一、二次风之间的比例关系可保持相对稳定，减轻了水分变动对炉内燃烧的影响。

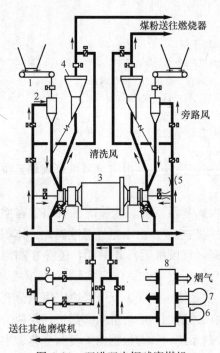

图 3-10　双进双出钢球磨煤机
正压直吹式制粉系统

1—给煤机；2—混料箱；3—双进双出磨煤机；
4—粗粉分离器；5—风量测量装置；
6—一次风机；7—二次风机；
8—空气预热器；9—密封风机

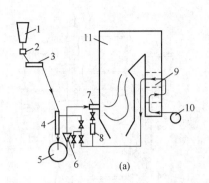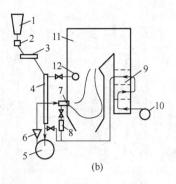

图 3-11 风扇式磨煤机直吹式制粉系统

（a）热风干燥；（b）热风炉烟联合干燥

1—原煤仓；2—自动磅秤；3—给煤机；4—下行干燥管；5—磨煤机；6—煤粉分离器；7—燃烧器；
8—二次风箱；9—空气预热器；10—送风机；11—锅炉；12—抽烟口

二、中间储仓式制粉系统

钢球磨煤机中间储仓式制粉系统如图 3-12 所示。它比直吹式制粉系统增加了细粉分离器、煤粉仓和螺旋输粉机等设备。原煤和干燥用热风在下行干燥管内相遇后，一同进入磨煤机。磨制好的煤粉由干燥剂从磨煤机内带出，输送至粗粉分离器。经分离，粗粉返回磨煤机重新磨制，合格的煤粉继续由干燥剂输送至细粉分离器。在这里约有 90% 的煤粉被分离出来，经锁气器和筛网落入煤粉仓或经螺旋输粉机送往其他锅炉的煤粉仓中。再按照锅炉需要由可调节的给粉机给入一次风管，由一次风送入炉内燃烧。

由细粉分离器上部出来的干燥剂（也称作磨煤乏气）还含有约 10% 的极细煤粉。磨煤乏气可作为一次风输送煤粉进入炉膛，如图 3-12（a）所示，这种系统称为磨煤乏气送粉系统。当燃用无烟煤、贫煤和劣质烟煤时，为稳定着火燃烧，常利用热空气作为一次风输送煤粉，这种系统称为热风送粉系统，如图 3-12（b）所示。此时携带细粉的磨煤乏气由排粉机提高压头后经燃烧器中专门的喷口送入炉内燃烧，称为三次风。

中间储仓式制粉系统，利用再循环管（图 2-12 中 13）来协调磨煤、干燥和燃烧三方面所需风量。例如，当燃用挥发分高而水分不大的烟煤时，由于容易燃烧允许煤粉磨制的粗些，因而要求较大的磨煤通风量。挥发分高，也要求有较大的一次风量。而此时干燥所需热量较少，即要求干燥风量要小些或磨煤机入口干燥剂的温度要低些。这样，磨煤、干燥和燃烧三方面所需的风量就出现了矛盾。如果采用向热风中掺入冷风的方法降低磨煤机入口干燥剂的温度从而增加磨煤通风量，其结果必然要减少流经空气预热器的空气量，导致排烟温度升高，锅炉效率降低，因此是不经济的。为此在中间储仓式制粉系统内装置再循环管，将部分磨煤乏气从排粉机后返回磨煤机，然后再回至排粉机进行再循环。这样既可降低磨煤机入口干燥剂温度，增加磨煤机通风量，又能兼顾燃烧所需一次风的要求，协调了磨煤风量、干燥风量和一次风量。

三、直吹式和中间储仓式制粉系统比较

（1）直吹式系统简单、设备部件少，输粉管路阻力小，因此制粉系统输粉电耗较小；储仓式系统中，因为锅炉和磨煤机之间有煤粉仓，所以磨煤机的运行出力不必与锅炉负荷随时配合，即磨煤机出力不受锅炉负荷变动的影响，磨煤机可以一直维持在经济工况下运行。但

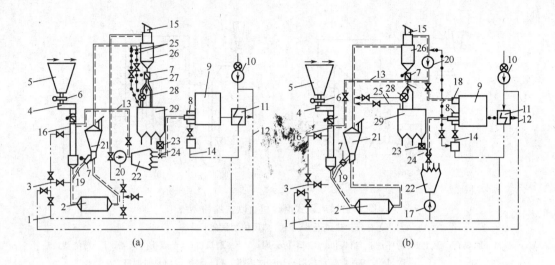

图 3-12　单进单出钢球磨煤机中间储仓式制粉系统

(a) 乏气送粉；(b) 热风送粉

1—热风管；2—磨煤机；3—冷风入口；4—给煤机；5—原煤仓；6—闸板；7—锁气器；8—燃烧器；9—锅炉；
10—送风机；11—空气预热器；12—压力冷风管；13—再循环管；14—二次风管；15—防爆门；16—下行干燥管；
17—热一次风机；18—三次风；19—回粉管；20—排粉机；21—粗粉分离器；22—一次风箱；23—给粉机；
24—混合器；25—排湿管；26—煤粉分离器；27—转换挡板；28—螺旋输送机；29—煤粉仓

储仓式制粉系统的输粉电耗要高些。

（2）负压直吹式系统中，燃烧需要的全部煤粉都经过排粉机，因此它的磨损较快，发生振动和需要检修的可能性就大。而在储仓式制粉系统中，只有含少量细粉的乏气流经排粉机，故它的磨损较轻，工作较安全。

（3）储仓式制粉系统中，磨煤机的工作对锅炉影响较小。即使磨煤设备发生故障，煤粉仓内积存的煤粉仍可供锅炉需要。同时，其他系统中多余的煤粉，亦可经过螺旋输粉机输送至发生故障系统的煤粉仓中，不致使锅炉停止运行，提高了系统的可靠性。因此在决定磨煤设备的容量时，系统的储备系数可比直吹式系统取得小一些。直吹式系统中，磨煤机的工作直接影响锅炉的运行工况，锅炉机组的可靠性相对低一些，因此直吹式系统需要有较大的裕量。

（4）储仓式制粉系统部件多，管路长，初投资和系统的建筑尺寸都较直吹式制粉系统大。

（5）当锅炉负荷变动时，或者当各燃烧器所需煤粉增减时，对储仓式制粉系统只需要调节给粉机就能适应需要，既方便又灵敏；双进双出钢球磨煤机直吹式制粉系统靠调整通过磨煤机的一次风量控制，可以保持风粉比不变，也比较灵敏。但是中速磨煤机直吹式制粉系统或风扇磨煤机直吹式制粉系统要从改变给煤量开始，经过整个系统才能改变煤粉量，因此惯性较大。另外，直吹式制粉系统的一次风管是在分离器之后分支通往各燃烧器的，燃料量和空气量的调节手段都设置在磨煤机之前。同一台磨煤机供粉的各燃烧器间，在运行中没有调整燃料和空气分配比例的手段，容易出现风粉不均匀。

第四节 制粉系统其他部件

一、粗粉分离器

干燥剂自磨煤机带出的粉粒实际上是粗细不等的。此外，为了保证干燥、降低制粉电耗以及其他一些原因，往往在带出的煤粉中不可避免地会有一些不利于完全燃烧的大颗粒煤粉。因此，在磨煤机后一般都装有粗粉分离器，它的作用是使较粗的粉粒被分离出来，送回磨煤机继续磨细，使通过分离设备的煤粉细度都合乎锅炉的要求。粗粉分离器的另一个作用是调节煤粉细度，以便在运行中当煤种改变或者磨煤出力（或干燥剂量）改变时能保证一定的煤粉细度。

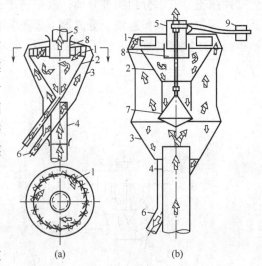

图 3-13 离心式粗粉分离器
(a) 原型型；(b) 改进型
1—折向挡板；2—内锥；3—外锥；4—进口管；
5—出口管；6—回粉管；7—锁气器；
8—出口调节筒；9—平衡重锤

制粉系统中所用的粗粉分离器是利用重力、惯性力和离心力的作用把较粗的煤粉分离出来。

1. 离心式粗粉分离器

当携带煤粉的气流作旋转运动时，粗粉在离心力的作用下会脱离携带气流而被分离出来。旋转越强，分离出来的粗煤粉就越多，气流携带走的煤粉就越细。在分离器中，利用气流通过折向挡板或分离器部件本身的旋转来形成气流的旋转运动。显然，运行中改变挡板的角度或旋转部件的转速就可改变气流的旋转强度，借此来调节煤粉的细度。

图 3-13 所示为国内应用最多的配用钢球磨煤机的离心式粗粉分离器。它由内锥体、外锥体、回粉管和可调折向挡板等组成。由磨煤机出来的气粉混合物以 15～20m/s 的速度自下而上从入口进入分离器，如图 3-13 (a) 所示。在内外锥体之间形成的环形空间内，由于流通截面扩大，其速度逐渐减至 4～6m/s，最粗的煤粉在重力作用下首先从气流中分离出来，经外锥体回粉管返回磨煤机重磨。带粉气流则进入分离器的上部，经过沿整个圆周装设的切向挡板产生旋转运动，借离心力使较粗的粉粒进一步分离落下，由内锥体底部的回粉管返回磨煤机。气粉混合物则由上部出口管引出。

应该指出，分离器后引出的气粉混合物中还有一些较粗的粉粒，被分离出的回粉中也会带一些细粉，这种现象无论是对磨煤机或者锅炉的工作都是不利的。为了减少回粉中细粉的含量和气粉混合物中粗粉的含量（即提高分离效率），改进型粗粉分离器［图 3-13 (b)］将内锥体的回粉锁气器装在分离器内。这一方面可使入口气流增加撞击分离，另一方面也使内锥体回粉在锁气器出口受到入口气流的吹扬，再次进行分离，减少回粉中夹带的细粉。

离心式粗粉分离器结构比较复杂，阻力也较大。但分离器后煤粉较细，而且颗粒比较均匀，煤粉细度调节幅度较宽。

2. 回转式粗粉分离器

图 3-14 所示为回转式粗粉分离器。分离器上部有一个用角钢或扁钢做叶片的转子，由电动机驱动旋转。气粉混合物进入分离器的下部，因通流截面扩大，气流速度降低，在重力作用下粗粉被分离。在分离器上部，气流被转子带动旋转，粗粉受到较大的离心力作用再次被分离，沿筒壁下落经回粉管返回磨煤机重磨。当气流沿叶片间隙通过转子时，煤粉颗粒受到叶片撞击又有部分粗粉被分离。改变转子的转速可调节煤粉细度。转速越高，分离作用越强，气流带出的煤粉越细。分离器下部还装有切向引入的二次风，可使回粉再次受到吹扬，减少回粉中夹带的细粉，提高分离效率。

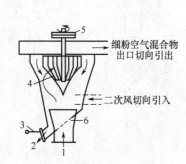

图 3-14　回转式粗粉分离器
1—煤粉空气混合物进口；2—粗粉出口；
3—锁气器；4—转子；5—皮带轮；
6—进粉管

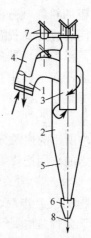

图 3-15　细粉分离器
1—气粉混合物入口管；2—分离器圆柱体部分；3—内套筒；4—干燥剂出口管；5—分离器圆锥体部分；6—煤粉斗；7—防爆门；8—煤粉出口

二、细粉分离器

在中间储仓式制粉系统中，把煤粉从气粉混合物中分离出来是靠细粉分离器来完成的，其工作原理如图 3-15 所示。自粗粉分离器来的气粉混合物切向进入分离器圆柱体上部，一面作旋转运动，一面向下流动。燃煤颗粒受离心力的作用被甩向四周，沿筒壁落下。当气流转折向上进入内套筒时，再次分离出煤粉。分离出的煤粉经下部煤粉斗和锁气器进入煤粉仓。

三、给煤机

给煤机的任务是根据磨煤机或者锅炉负荷的需要调节给煤量，并把原煤均匀地送入磨煤机中。国内电厂应用较多的有圆盘式、刮板式和皮带式给煤机等。

圆盘式给煤机如图 3-16 所示。原煤自落煤管落到旋转圆盘的中央，以自然倾斜角向四周散开。电动机驱动圆盘带动原煤一起转动。煤被刮板从圆盘上刮下，落入通往磨煤机的下煤管。给煤量可以通过改变刮板的位置以增加或者减少被刮煤层的面积或者改变圆盘的转速，或改变可调套筒的上下位置以增加或减少圆盘上燃料的体积来调节。

圆盘给煤机结构紧凑、漏风小。但它对煤种的适应性差，如遇高水分或杂物较多的煤时易发生堵塞。

刮板给煤机是利用装在链条上的刮板来刮移燃料的，如图 3-17 所示。改变链条的转速

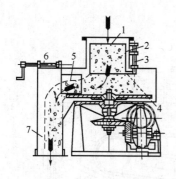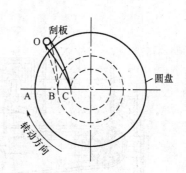

图 3-16　圆盘式给煤机及给煤量调节示意图

1—进煤管；2—调节套筒；3—调节套筒的操纵杆；4—圆盘；5—调节刮板；6—刮板
位置调节杆；7—出煤管

或煤层的厚度均可调节给煤量。刮板给煤机由于调节范围大、煤种适应性广、密封性好和漏风小等优点而得到广泛应用。

电子重力式皮带给煤机主要由机体、给煤皮带机构、称重机构、链式清理刮板、断煤及堵煤信号装置、清扫输送装置、电子控制柜及电源动力柜组成。结构如图 3-18 所示，该给煤机一般处于正压下运行，采用全封闭装置。原煤经给煤皮带机构送入磨煤机，给煤皮带制有边缘，内侧中间有凸筋，而各皮带的运动具有良好的导向性。称重机构位于给煤机的进煤与出煤口之间，由三个称重托辊和一对负荷传感器以及电子装置所组成。该给煤机控制系统根据锅炉负荷所需的给煤率信号，控制驱动电动机的转速进行调节，使实际给煤率与所需要的给煤率一致。在称重机构下部装有链式清理刮板机构，将煤刮至出口排出，以清除称重机构下的积煤。在给煤皮带的上方有断煤信号，当皮带上无煤时，便启动原煤仓的振动器，另有堵煤信号装在给煤机的出口，若煤流堵塞，则停止给煤机的运行。

由于这种给煤机具有先进的皮带转速测定装置、精确度高的称重机构、良好的过载保护以及完善的检测装置等特点，所以得到了广泛的应用。

四、给粉机

在仓储式制粉系统中，煤粉仓里的煤粉是通过给粉机按需要量送入一次风管再吹入炉膛的。炉膛内稳定的燃烧在很大程度上取决于给粉量的均匀性以及给粉机适应负荷变化的调节性能。图 3-19 所示为应用广泛的叶轮式给粉机。给粉量的调节是靠改变给粉机的转速来实现的。自煤粉仓落下的煤粉在给粉机上部不断受到转板的推拨和松动，自上落粉口落下，由上叶轮将煤粉拨至中落粉口（与上落粉口布置于给粉机轴线的两侧），再由下叶轮拨至煤粉出口，落到一次风管中。运行中煤粉仓内保持粉位不低于一定高度，否则由于一次风管压力较高，空气有可能穿过给粉机吹入粉仓，破坏正常供粉。

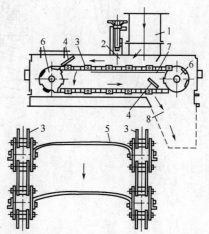

图 3-17　刮板式给煤机

1—进煤管；2—煤层厚度调节板；3—链条；
4—导向板；5—刮板；6—链轮；7—上台板；
8—出煤管

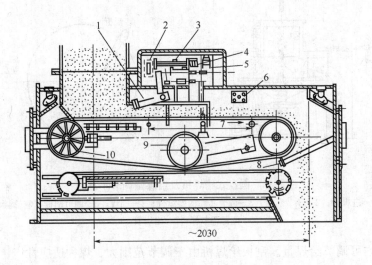

图 3-18　电子重力式皮带给煤机

1—可调节的平煤门；2—电磁开关；3—游码；4—游码动作电动机；5—重量修正电动机；
6—事故按钮；7—称重段；8—刮煤板；9—张紧轮；10—主动轮

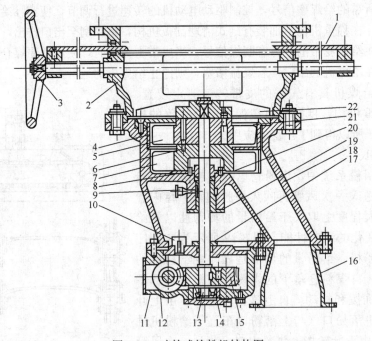

图 3-19　叶轮式给粉机结构图

1—闸板；2—上部件；3—手轮；4—壳体；5—供给叶轮；6—传动销；7—测量叶轮；8—圆座；
9—油杯；10—放气塞；11—蜗轮壳；12—蜗杆；13—主轴；14—轴承；15—蜗轮；16—出粉管；
17—减速箱上盖；18—下部体；19—压紧帽；20—油封；21—衬板；22—刮板

第五节　制　粉　系　统　运　行

某 220t/h 锅炉采用单进单出钢球磨煤机、中间储仓式热风送粉系统。其主要设备规范如下：

粗粉分离器

型式：H-CB-I 轴向型

数量：2 只

直径：3400mm

细粉分离器

型式：HG-X$_{BY}$Z 型

数量：2 只

直径：2150mm

排粉机

型式：6-24NO17D

风量：45500m³/h

风压：10.572kPa（全压）

转速：1480r/min

磨煤机

型式：DTM290/470 型

出力：16t/h

转速：19.34r/min

钢球装载量：35t

给煤机

型号：ZMHD40

出力：9～60t

给粉机

型式：叶轮式 GF-6 型

出力：2～6t/h

转速：21～81r/min

螺旋输粉机

型式：GX-400 型

螺旋直径：400mm

转速：115r/min

输送长度：37m

一、制粉系统启动和停运

（一）制粉系统启动前的检查

1. 给煤机启动前的检查

链条式给煤机：

（1）给煤机内无杂物，链条、刮板完整无弯曲现象，落煤管畅通，挡煤棍齐全并关闭。

(2) 电动机接线良好，地脚螺栓牢固，传动链条防护罩完好。就地操作盘电压正常，开关完好，各表计正常，煤层厚度调节装置调在合适位置。

皮带式给煤机：

(1) 给煤机内无杂物，皮带完整不偏；挡煤棍齐全并关闭；煤层厚度调节装置调在合适位置；变速箱油量充足。

(2) 各电动机接线良好，地脚螺栓牢固。就地操作盘电源正常，开关完好，各表计正常，操作方式切至远控。给煤机内部照明良好。

(3) 电子皮带秤、堵煤、断煤、过载、超温和皮带跑偏信号接线良好。以上信号在 CRT 画面中显示正确。

(4) 清扫电动机接线良好，清扫刮板完成。

2. 磨煤机的检查

(1) 大瓦及减速箱各油门齐全不漏油，开关灵活，油窗清晰，下油正常，冷却水畅通，冷却水门严密不漏，各地脚螺栓齐全紧固。

(2) 出入口风压、温度测点完整，各温度计指示正常，出入口防爆门完整，上面无杂物。隔音罩内无积粉和杂物。

(3) 电动机外壳完整，接地线良好，地脚螺栓牢固，联轴器保护罩紧固，事故按钮完好。

3. 磨煤机润滑油系统的检查

(1) 低位油箱油位在 2/3 以上，油位指示清晰，油质良好，油温在 $20\sim30℃$。

(2) 系统所有阀门完整、开关灵活，不漏油，滤油器切换不漏油。

(3) 油泵安装牢固；电动机接线良好，防护罩牢固；油泵出口门开启，供油总门开启，泄油门关闭，滤油器旁路门关闭；油泵室内照明充足，清洁无积水、积油和杂物。

(4) 冷油器根据季节投停。

(5) 各油压表、油温表齐全，指示正确。

(6) 高位油箱完整不漏油，油位计清晰，液位计接线良好，供油箱出油门开启。

4. 排粉机的检查

(1) 风机外壳、防爆门完整无杂物，保温良好。

(2) 电动机接地线良好，事故按钮完好。

(3) 地脚螺栓紧固，联轴器防护罩紧固，轴承冷却水畅通，轴承箱油位在 $1/2\sim2/3$，油质良好。

(4) 入口挡板在关闭位置，伺服机完整，连杆连接牢固、无弯曲现象，手、电动切换开关切至电动位置。

5. 粗、细粉分离器的检查

(1) 照明充足，楼梯、栏杆完整牢固，周围及通道上无杂物。

(2) 人孔门、防爆门完整，无漏粉现象。

(3) 外壳保温良好，锁气器动作灵活，小筛子转动灵活，内部无杂物和积粉，换向挡板灵活并切向粉仓。

(4) 粗粉分离器折向挡板开度一致，调整灵活，刻度清楚，指示正确。

6. 螺旋输粉机的检查

(1) 输粉机外形完整，严密不漏，内部无积粉和杂物。

（2）各吊瓦紧固，油杯油量充足，各检查孔、下粉挡板灵活，并在关闭位置。

（3）吸潮阀严密关闭，吸潮管保温完好。

（4）变速箱油标尺完好，油位正常，油质良好，各地脚螺栓齐全紧固，电动机接地线良好，联轴器防护罩牢固。就地控制箱接线良好，启停控制按钮完整。

（5）照明充足，平台无积粉和杂物。

7. 煤粉仓及测粉装置的检查

（1）粉仓上部无积粉和其他杂物，检查门密封良好，防爆门完好。

（2）吸潮管保温完好，吸潮阀伺服机接线良好，拉杆与拐臂连接牢固且关闭。

（3）粉温测量元件完整，接线良好。

（4）粉标钢丝绳无扭结、断股现象，滑轮转动灵活，粉位标尺刻度清晰正确，粉标位至最高位置。

8. 灭火系统的检查

（1）蒸汽、CO_2 灭火装置完整不漏，各阀门齐全完好，软管完好，连接牢固，严密不漏。

（2）粉仓、粗粉分离器、磨煤机出入口灭火管道完整不漏。

（3）CO_2 备用量（4瓶）充足，灭火气源随时可投。

9. 制粉系统各风门、挡板、管道的检查

（1）各管道保温良好，支吊架牢固，管道畅通，无积粉自然现象。

（2）各风门连杆不弯曲，销子齐全牢固，并有明显的开度指示，全开全关无卡涩和过松现象，伺服机接线良好，固定牢固，手、电动切换开关切至电动位置。

（3）各风门、挡板应处于的位置：

磨煤机进口热风调节门	关
磨煤机进口冷风门	开
磨煤机入口总风门	关
再循环风门	关
排粉机入口风门	关
排粉机出口三次风门	关
三次风口冷却风门	开
排粉机入口各隔绝门	开

（二）制粉系统的启动

（1）对制粉系统全面检查结束，得到主值和磨煤机值班员同意后方可启动。

（2）启动油泵运行。

（3）转动正常后检查油泵出口压力、过滤后压力及前后压差表在正常范围，并投入油泵连锁。

（4）待高位油箱油位升至高油位时，及时停止油泵运行。

（5）若油压达不到磨煤机正常运行油压（0.06MPa），应适当开启直通门，调整油压大于 0.06MPa。

（6）开启粉仓吸潮阀，关闭三次风冷却风门。

（7）全开磨煤机入口总风门、排粉机入口隔绝门和三次风门，适当开启再循环风门，关闭磨煤机入口冷风门。

（8）启动排粉机，待电流返回正常后，缓慢开启排粉机入口调节门（40％），调整磨煤机入口热风门和冷风门开度，维持磨煤机入口负压在0.2～0.4kPa，进行暖磨。

（9）启动磨煤机，待其出口温度升至60℃，启动给煤机，开启给煤机入口插板门，向磨内进煤1～2t，然后停止给煤机运行。

（10）进行转动暖磨，检查各部正常，待磨煤机出口温度升至80℃时，启动给煤机运行，检查下煤情况正常，进行制粉。

（11）调整给煤量及磨煤机入口热风门、冷风门和再循环风门开度，维持磨煤机出口温度小于等于100℃，将制粉系统调到最佳出力。

（12）投入制粉系统连锁和三次风冷却风门连锁。

（三）制粉系统的停止

（1）联系主值，准备停止制粉系统运行，得到主值同意后方可进行操作。

（2）逐渐减少给煤量，调整磨煤机入口冷风门、热风门开度，维持磨煤机出口温度小于等于100℃，磨煤机入口负压在－0.4～－0.6kPa范围。关闭给煤机入口插板门，待给煤机内无煤后，停止给煤机运行。

（3）维持排粉机入口调节门在30％开度，进行抽粉，晃动回粉管锁气器，确认回粉管无回粉时，解除该制粉系统连锁，停止磨煤机运行。

（4）关闭再循环风门，调整磨煤机入口热风门，将排粉机入口调节风门关至25％，待磨煤机出口温度小于等于100℃，磨煤机入口负压在－40～－60Pa范围，吹扫10min后，关闭磨煤机入口热风门及排粉机入口调节门，停止排粉机，全开磨煤机入口冷风门。

（5）关闭磨煤机入口总风门和三次风门，开启三次风冷却风门。

二、制粉系统及制粉设备的运行维护

1. 制粉系统的运行维护

（1）制粉系统运行应符合下列要求：

磨煤机入口负压	0.2～0.4kPa
磨煤机出入口差压	2.5～3.0kPa
粗粉分离器出口负压	4.0～4.5kPa
细粉分离器出口负压	7.0～7.5kPa
三次风压	1～1.5kPa
磨煤机出口温度	≤100℃
粉仓粉温度	<120℃
煤粉细度	$R_{90}<15$
磨煤机入口温度	≤300℃
磨煤机大瓦温度	<50℃
磨煤机大瓦回油温度	<40℃
磨煤机润滑油压	>0.06MPa
减速箱油温	<60℃

（2）连续运行中的磨煤机每班应定期补加钢球，保证磨煤和电流不低于48A。

（3）累计运行2500～3000h，应筛选钢球一次。

（4）运行中每 2h 对锁气器、小筛子检查清理一次，要求各锁气器动作灵活、不漏风、筛子丝网完整、转动灵活，无杂物、无堵粉。

（5）运行中经常检查给煤机变速箱、刮板转动正常，下煤情况正常。检查排粉机及制粉系统无漏粉现象，若积粉自燃应及时处理。

（6）每班交班前清理木块分离器一次。

（7）每小时测量并记录粉位一次。

（8）每天白班升、降粉位一次，幅度（4～2m）。

（9）应检查给煤机皮带不跑偏，每 3h 启动清扫电动机一次。制粉系统备用时，要检查给煤机内温度正常。防止因风门关不严，将皮带烧坏。

2. 磨煤机的运行维护

（1）润滑油正常，油质良好，油线无间断现象。

（2）出入口大瓦及管道无漏油现象。

（3）磨煤机罐体、出入口管道无漏粉。

（4）磨煤机出入口轴瓦及变速箱冷却水畅通。

（5）磨煤机大瓦温度小于 50℃，回油温度小于 40℃。

（6）变速箱无杂音，油温不超过 60℃。

（7）小牙轮轴承温度小于 80℃，振动值小于 1mm（10 丝）。

3. 磨煤机润滑油系统的运行维护

（1）每小时检查一次各油压表、滤网压差表及油箱油温正常。

（2）检查润滑油油质良好，无乳化现象。

（3）冬季油温低于 20℃，应及时投加热器，油温升至 30℃，及时停止加热器。

（4）夏季油温超过 30℃，应及时投入冷却器运行，并视油温情况开大或关小冷却水。

（5）正常运行中过滤器前后压差超过 0.05MPa 时应及时切换滤网运行，除此之外每月 12 日定期切换滤网运行。

4. 磨煤机润滑油冷油器的投入

（1）微开冷油器进出口门，待冷油器充满油后，全开冷油器进出口门，关闭冷油器旁路门。（关闭旁路门时，应逐渐关小，如油泵出口供油压力不正常地升高，应立即开大旁路门，查找原因）

（2）开启冷油器冷却水进出口门。

5. 磨煤机润滑油冷油器的停止

（1）开启冷油器旁路门，逐渐关小冷油器出口门，（如油泵出口供油压力不正常地升高应停止操作）出口门关闭后，关闭入口门。

（2）关闭冷油器出入口门冷却水门。

6. 螺旋输粉机的启动

（1）联系邻炉值班员，本炉准备输粉，得到同意后，方可进行操作。

（2）开启输粉机吸潮阀，开启需输粉仓上的输粉机下粉挡板。

（3）按所需输粉方向启动输粉机。

（4）将邻炉供粉系统的换向挡板切向输粉机。

（5）运行中注意监视电流指示，定期向各轴承加油，保持各油杯黄油充足。

7. 螺旋输粉机的停止

(1) 供粉系统换向挡板切向粉仓。

(2) 待输粉机内余粉走尽，停止输粉机。

(3) 开启供粉炉输粉机下粉挡板，按输粉反方向启动输粉机，倒转 5min 停止。

(4) 关闭输粉机下粉挡板和吸潮阀。

(5) 汇报主值，通知邻炉，本炉停止输粉。

三、制粉系统故障

1. 紧急停止制粉设备的条件及处理

(1) 紧急停止制粉设备的条件：

1) 锅炉紧急停炉或锅炉灭火时。

2) 制粉系统发生自燃或爆炸时。

3) 制粉系统着火危及设备及人身安全时。

4) 排粉机、磨煤机大瓦及各轴温度上升很快并超过规定值（磨煤机大瓦回油温度 40℃，各滚动轴承温度 80℃），经采取措施处理无效时。

5) 润滑油中断时。

6) 机械发生强烈振动、摩擦、串轴危及设备或人身安全时。

7) 磨煤机、排粉机电流突然增大或减小查不出原因时。

8) 电气设备故障需紧急停止检查时。

9) 制粉系统发生严重堵塞，不能维持正常运行，需紧急停机时。

(2) 紧急停止制粉系统故障的处理：

1) 立即停止排粉机、磨煤机、给煤机，关闭磨煤机入口热风门，全开磨煤机入口冷风门，关闭排粉机入口风门，开启三次风冷却风门，关闭相应粉仓吸潮阀。

2) 迅速查明原因。如发生火灾，立即投入蒸汽灭火或采用其他方法灭火。

3) 如磨煤机机械故障，只停止磨煤机和给煤机运行，将磨煤机内存粉抽净后，再按停制粉系统规定停止排粉机运行。

2. 给煤机断煤

(1) 给煤机断煤的象征：

1) 给煤机断煤信号发出，磨煤机入口负压增大，出入口压差减小，系统风压减小，磨煤机出口温度上升，排粉机出口风压增大。

2) 汽压、汽温瞬间上升，炉膛负压偏正，磨煤机撞击声增大。

(2) 给煤机断煤的原因：

1) 给煤机跳闸。

2) 煤仓烧空或煤搭桥。

3) 煤湿、落煤管堵塞。

(3) 给煤机断煤的处理：

1) 关小磨煤机入口热风门，开大冷风门，适当关小排粉机入口风门，开大再循环门，控制磨煤机出口温度小于 100℃、入口负压正常。

2) 调整汽温、汽压正常，在汽压停止上升时，应增加给粉机转速。

3) 给煤机卡住时，停止给煤机，清理煤石及其他杂物，正常后方可重新启动。

4）若属给煤机变速箱故障，立即停止给煤机，联系检修处理。

5）若煤仓无煤，汇报值长联系燃料上煤。

6）若落煤管堵塞，应敲打或用压缩空气疏通。

7）给煤机跳闸时，应立即确认，查明原因，并消除故障后重新启动。

8）如故障短时不能消除，停止该制粉系统，启动备用制粉系统。

3.磨煤机满煤

（1）磨煤机满煤的象征：

1）磨煤机入口负压减小或变正，磨煤机出、入口密封处冒粉，磨煤机出口后负压增大，磨煤机出、入口压差增大，系统负压增大。

2）磨煤机出口温度降低，磨煤机电流降低，磨煤机内撞击声沉闷。

3）排粉机电流下降。

（2）磨煤机满煤的原因：

1）给煤量多，通风量不足。

2）磨煤机出口温度保持太低，煤太湿，干燥出力不够，运行人员调整不及时。

3）木块分离器未及时清理造成堵塞。

4）煤质变化未及时调整。

5）粗粉分离器堵塞处理不当。

（3）磨煤机满煤的处理：

1）减少给煤量或停止给煤机。

2）适当增加通风量，开大再循环风门，活动回粉管锁气器，检查并清理木块分离器。

3）维持磨煤机入口负压和出口温度正常。

4）如堵塞严重处理无效时，可间断开停磨煤机，直至煤粉全部抽净。

5）若采取以上措施均无效时，停止该制粉系统运行，汇报有关领导。

4.粗粉分离器堵塞

（1）粗粉分离器堵塞的象征：

1）磨煤机进出口负压减小，出口温度略有上升。

2）磨煤机出入口压差不正常摆动，粗粉分离器出口以后负压增大，回粉管锁气器动作不正常或不动作。

3）排粉机电流指示下降或摆动。

（2）粗粉分离器堵塞的原因：

1）回粉管锁气器卡住或脱落，回粉管堵塞。

2）煤太湿，磨煤机出口温度太低。

3）木块分离器损坏使粗粉分离器进入杂物，粗粉分离器挡板开度太小。

（3）粗粉分离器堵塞的处理：

1）减少给煤量或停止给煤机。

2）活动锁气器，疏通回粉管。

3）适当增大制粉系统风量，锤击粗粉分离器入口管和回粉管。

4）根据粉位情况，启动备用制粉系统。

5）若堵塞严重，经上述处理无效，则应该停止该制粉系统，联系检修进行处理。

6）处理时要压住锁气器缓慢放粉。做好因粗粉分离器回粉管突然疏通，造成磨煤机满煤的事故预想。

5. 细粉分离器堵塞

（1）细粉分离器堵塞的象征：

1）细粉分离器入口负压减小，出口负压增大，系统负压减小。

2）排粉机电流增大，三次风大量带粉，汽压、汽温急剧上升，燃烧不稳。

3）粉仓粉位下降，落粉管锁气器不动作。

（2）细粉分离器堵塞的原因：

1）落粉管锁气器脱落或卡住。

2）小筛子未及时清理被杂物堵住。

3）启停绞龙时换向挡板位置倒错。

4）煤太湿，磨煤机出口温度保持太低。

（3）细粉分离器堵塞的处理：

1）立即停止该制粉系统。

2）加强调整汽压、汽温，保持其参数正常，燃烧不稳时投油助燃，投油后停止电除尘运行。

3）检查清理小筛子上的杂物及积粉。

4）活动锁气器，疏通落粉管。

5）检查绞龙换向挡板位置是否正确。

6）待故障消除并进行全面检查后，方可重新启动该制粉系统。

6. 制粉系统自燃与爆炸

（1）制粉系统自燃与爆炸的象征：

1）检查孔处发现有火星，自燃处的管壁温度异常升高。

2）煤粉仓温度异常升高，系统负压不稳定。

3）爆炸时系统负压突然变正，不严密处向外冒烟，防爆门鼓起或爆破，并发出响声。

4）爆炸后排粉机电流增大，炉膛负压变正，火焰发暗，严重时锅炉灭火。

（2）制粉系统自燃与爆炸的原因：

1）制粉系统内局部积煤或积粉。

2）煤粉过细，磨煤机出口温度过高。

3）煤种变化，挥发分太高。

4）粉仓存粉太久自燃，粉仓严重漏风。

5）原煤中的易燃易爆物及外来火源。

6）启停制粉系统操作不当，断煤时未及时发现。

（3）制粉系统自燃的处理：

1）磨煤机入口发现火源时，可适当加大给煤量或进行人工灭火。

2）压住回粉管锁气器，减少或切断磨煤机通风。若经上述处理无效时，应立即停止制粉系统运行，设法消除火源或投入蒸汽或 CO_2 灭火。

3）若其他部位着火，立即停止制粉系统运行，投入灭火系统进行灭火。

4）重新启动时应进行详细检查，确定无火源后方可启动。

5）一次风管自燃时，应立即切断一次风，待煤粉熄灭后，再将风管疏通。

（4）制粉系统爆破的处理：

1）立即停止该制粉系统，及时调整燃烧防止锅炉灭火，投入蒸汽或 CO_2 灭火，待内部火源消除后，方可修补防爆门。

2）对设备进行检查，确认无问题后，方可进行抽粉，重新启动。

（5）煤粉仓自燃与爆炸的处理：

1）如发现粉仓温度高，应检查粉仓是否漏风，想法杜绝漏风，关小粉仓吸潮阀。

2）停止向粉仓进粉，进行彻底降粉，然后制冷粉进入煤粉仓压粉，直至粉温正常。

3）如降粉、压粉粉仓温度仍上升，可投入二氧化碳灭火。

4）如粉仓爆破，应立即停止向粉仓送粉，关闭吸潮阀，杜绝漏风，进行降粉。视情况及程度，投入蒸汽进行灭火。

7. 磨煤机跳闸

（1）磨煤机跳闸的象征：

1）跳闸磨煤机电流到零。

2）相应的给煤机跳闸，自动关闭入口热风门、开启冷风门。

（2）磨煤机跳闸的原因：

1）润滑油压低，保护动作。

2）电气故障或误操作。

3）误动事故按钮。

（3）磨煤机跳闸的处理：

1）对跳闸磨煤机、给煤机在软操器进行跳闸"确认"，关小排风机入口风门，解除制粉连锁，控制磨煤机出口温度小于 $100℃$、入口负压正常。

2）通知热工、电气、锅炉检修人员检查，原因消除后，重新启动。

3）若油压低调整恢复润滑油压，确认大瓦油量充足、瓦温正常后方可启动。

4）若不能启动，停止该制粉系统，启动备用制粉系统。

8. 排粉机跳闸

（1）排粉机跳闸的象征：

1）跳闸排粉机电流指示至零，相应的磨煤机、给煤机跳闸，光字牌报警。

2）系统风压急剧下降，汽压、汽温有所下降，炉膛负压增大。

3）磨煤机、给煤机短时冒粉。

（2）排粉机跳闸的原因：

1）机械故障、电动机过负荷。

2）电气故障或误操作。

3）误动事故按钮。

（3）排粉机跳闸的处理：

1）对跳闸排粉机、磨煤机、给煤机在软操器上进行跳闸"确认"，关闭排粉机入口门、三次风门和磨煤机热风门，开冷风门和三次风冷却风门，关闭磨煤机总风门。

2）联系检修或电气检查原因，消除后按正常操作重新启动。

3）视粉位情况启动备用制粉系统。

第四章

燃烧过程和燃烧设备

第一节　煤粉的燃烧过程

煤粉颗粒在空气中的燃烧过程是一系列阶段构成的复杂的物理化学过程。其过程一般可以分成四个阶段，即预热干燥阶段、挥发分析出阶段、燃烧阶段和燃尽阶段。燃料受热后，首先析出水分，进而发生热分解并释放出可燃挥发分，当可燃混合物的温度达到一定程度时，挥发分就开始着火和燃烧。挥发分燃烧放出的热量从燃烧表面传给煤粒，随着煤粒温度的提高，挥发分进一步释放。此后，随着温度的升高，焦炭也被点燃，直至燃尽。实际上，对于大量的煤粉颗粒的总体而言，燃烧过程的四个阶段是交错进行的。煤粉火炬燃烧时，悬浮在气流中的煤粉颗粒加热速度可以达到 $10^5℃/s$。在这样的升温速度下，挥发分和焦炭几乎同时着火。

一、多相燃烧化学反应速度

如果燃料与氧化剂处于同一种物态（如挥发分在空气中燃烧），称为均相反应。若燃料与氧化剂处于不同的物态（如煤粉颗粒在空气中燃烧），即为多相燃烧。固体燃烧与气体之间的化学反应是在固体表面上进行的，其化学反应速度用单位时间单位固体表面积所消耗的燃料量或者氧气量来表示。固体表面化学反应消耗的氧气量应该等于扩散到固体表面的氧气量。化学反应所消耗的氧气量可以表示为

$$W = \frac{C_0}{\frac{1}{k} + \frac{1}{\alpha}}　　　　　　　　　　(4-1)$$

式中　k——化学反应速度常数，m/s；

　　　α——质量交换系数，m/s；

　　　C_0——远离固体表面的氧气浓度，mol/m^3。

温度对质量交换系数的影响较小，而对化学反应速度常数的影响较大，可以用阿累尼乌斯公式表示，即

$$k = k_0 e^{-\frac{E}{RT}}　　　　　　　　　　(4-2)$$

式中　k_0——常数，通过实验确定；

　　　E——活化能，通过实验确定；

　　　R——通用气体常数；

　　　T——反应温度，K。

当温度较低时，k 很小，$\frac{1}{k}$ 很大，$\frac{1}{k} \gg \frac{1}{\alpha}$，则式（4-1）中的 $\frac{1}{\alpha}$ 可以忽略不计，因此

$$W = kC_0　　　　　　　　　　(4-3)$$

此时燃烧速度取决于化学反应速度，相应区域称为动力燃烧区（简称动力区）。固体表面上的化学反应非常缓慢，从远处扩散到固体表面上氧消耗很少，固体表面氧气浓度等于远

离表面处氧气浓度。

当温度较高时，k 很大，$\dfrac{1}{k}$ 很小，$\dfrac{1}{k} \ll \dfrac{1}{\alpha}$，则式（4-1）中的 $\dfrac{1}{k}$ 可以忽略不计，因此

$$W = \alpha C_0 \tag{4-4}$$

此时燃烧速度取决于扩散速度，相应区域称为扩散燃烧区（简称扩散区）。由于固体表面上化学反应速度很快，氧扩散到固体表面上后全部被消耗，固体表面上氧的浓度趋于零。

燃烧的动力区、扩散区、过渡区如图 4-1（a）所示，由于质量交换系数与气流相对速度 u 成正比，与固体粒子直径 d 成反比，所以，在扩散区，随着相对速度 u 的增大或粒子直径 d 的减小，燃烧速度增大。图 4-1（b）所示为炭球燃烧速度实验结果。对比图 4-1（a）、（b），可以看出实验结果与理论分析的一致性。

二、煤粉完全燃烧的条件

1. 供应充足而又合适的空气量

供应充足而又合适的空气量是燃料完全燃烧的必要条件。空气量常用过量空气系数来表示。直接影响燃烧过程过量空气系数的是炉膛出口的过量空气系数 α''_1。α''_1 要适当，如果 α''_1 过小，即空气量供应不足，会增大不完全燃烧热损失 q_3 和 q_4，使燃烧效率降低；α''_1 增加，

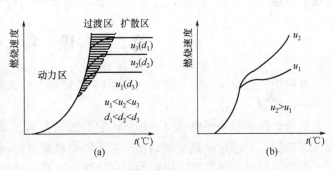

图 4-1 多相燃烧的反应区域
（a）理论燃烧速度；（b）实际燃烧速度

排烟热损失 q_2 增加，在一定范围内 q_3 和 q_4 会降低，但是，如果 α''_1 过大，炉温会降低，同时炉内烟气流速升高，反而会增加不完全燃烧热损失。因此，对应 q_2、q_3 和 q_4 三者之和为最小值时的炉膛出口过量空气系数称为最佳过量空气系数。

2. 适当高的温度水平

根据阿累尼乌斯定律，燃烧反应速度与温度成指数关系，因此，炉温对燃烧过程有着极其显著的影响。炉温高，着火快，燃烧速度快，燃烧过程便进行得猛烈，燃烧也易于趋向完全。但是炉温也不能过分地提高，因为过高的炉温不但会引起炉内结渣，也会引起膜态沸腾，同时因为燃烧反应是一种可逆反应，过高的炉温当然会使正反应速度加快，但同时也会使逆反应（还原反应）速度加快。逆反应（还原反应）速度加快，意味着有较多的燃烧产物又还原，这样同样等于燃烧不完全。试验证明，锅炉的炉温在中温区域（1000～2000℃）内比较适宜。当然，在中温区域，在保证炉内不结渣的前提下，炉温可以尽量提高些。

3. 空气和煤粉的良好混合与扰动

煤粉燃烧是多相燃烧，燃烧反应主要在煤粉的表面进行。燃烧反应速度主要取决于煤粉的化学反应速度和氧气扩散到煤粉表面的扩散速度。因此，要做到完全燃烧，除保证足够高的炉温和供应合适的空气量之外，还必须使煤粉和空气充分扰动混合，及时将空气输送到煤粉的燃烧表面去，煤粉和空气接触才能发生燃烧反应。要做到这一点，就要求燃烧器的结构特性优良，一、二次风配合良好，并有良好的炉内空气动力场。煤粉和空气不但要在着火、燃烧阶段充分混合，而且在燃尽阶段也要加强扰动混合。因为在燃尽阶段，可燃质和氧的数

量已经很少，而且煤粉表面可能被一层灰分包裹着，妨碍空气与煤粉可燃质的接触，此时加强扰动混合，可破坏煤粉表面的灰层，增加煤粉和空气的接触机会，有利于燃烧完全。

4. 煤粉在炉内要有足够的停留时间

在一定的炉温下，一定细度的煤粉要有一定的时间才能燃尽。煤粉在炉内的停留时间是从煤粉自燃烧器出口一直到炉膛出口这段行程所经历的时间。在这段行程中，煤粉要从着火一直到燃尽，才能燃烧完全，否则将增大燃烧热损失。如果在炉膛出口处煤粉还在燃烧，会导致炉膛出口烟气温度过高，使过热器结渣和过热汽温升高，运行不安全。煤粉在炉内的停留时间主要取决于炉膛容积、炉膛截面积、炉膛高度及烟气在炉内的流动速度，这都与炉膛容积热负荷和炉膛截面热负荷有关，即要在锅炉设计中选择合适的数据，在锅炉运行时切不可超负荷运行。

第二节　煤　粉　炉

煤粉炉的燃烧设备由燃烧室（炉膛）、燃烧器和点火装置组成。

一、炉膛

煤粉炉的炉膛是燃料燃烧的场所，它的四周布满了蒸发受热面（水冷壁），有时也设有墙式再热器，炉膛也是热交换的场所，是锅炉最重要的部件之一。

煤粉炉的炉膛既要保证燃料的完全燃烧，又要合理组织炉内换热、布置适当的受热面以满足锅炉容量的要求，并使烟气到达炉膛出口时被冷却到使其后的对流受热面不结渣和安全工作所允许的温度。

炉膛的结构应当满足下列要求：

（1）合理布置燃烧器，使燃料迅速着火；有良好的炉内空气动力场，使各壁面的热负荷均匀；既要使火焰在炉膛的充满度好、减少气流的死滞区，又要避免火焰冲墙、避免结渣。

（2）炉膛要有足够的容积和高度以保证燃料在炉内的停留时间并完全燃烧。

（3）能够布置适当的蒸发受热面，满足锅炉容量的要求；炉膛出口烟气温度适当以确保炉膛出口及以后受热面不结渣和安全工作。

（4）炉膛结构紧凑，金属及其他材料用量少；便于制造、安装、操作和维护。

炉膛的截面形状一般为矩形。炉膛的几何特性是它的宽度、深度和高度。这些几何尺寸是保证燃料完全燃烧的重要因素之一，它们会影响到炉膛热负荷，即燃料每小时输入炉膛的平均热量（炉膛热功率）。最常用的炉膛热负荷指标有容积热负荷和截面热负荷。

炉膛容积热负荷 q_V 是指每小时送入炉膛单位容积的平均热量，以燃料收到基低位发热量计算，可以表示为

$$q_V = \frac{BQ_{net,ar}}{V_1} \tag{4-5}$$

式中　B——燃料消耗量，kg/h；

　　$Q_{net,ar}$——燃料收到基低位发热量，kJ/kg；

　　V_1——炉膛容积，m³。

q_V 越大，炉膛容积 V_1 越小，炉膛越紧凑，投资越小。但 q_V 过大，则单位炉膛容积在单位时间内的燃煤量过大，炉内烟气流量增加，烟气流速加快，使燃料在炉内的停留时间缩

短，不能保证燃料完全燃烧。同时炉膛容积相对较小，布置足够的水冷壁有困难，不但难以满足锅炉容量的要求，而且会使燃烧区域及炉膛出口的烟气温度升高，从而导致炉内及炉膛出口后的对流受热面结渣。q_V 过小，则会使炉膛容积过大，不但造价高，同时会使炉内温度水平降低，燃烧不完全，着火也困难，甚至可能熄火。

炉膛截面热负荷 q_a 是指热负荷按炉膛截面积计算，每小时送入炉膛的平均热量，以燃料收到基低位发热量计算，可表示为

$$q_a = \frac{BQ_{net,ar}}{A_1} \tag{4-6}$$

式中 A_1——燃烧区域炉膛截面积，m^2。

如果 q_a 值过高，说明炉膛截面积小，炉膛横截面周界也小，炉膛呈瘦高形，燃料在燃烧区域放出的热量，周围没有足够的水冷壁受热面去吸收它，使温度过高，当然对着火有利，但却容易引起燃烧器附近受热面结渣。反之，如果 q_a 过低，炉膛呈矮胖形，烟气不能充分利用炉膛容积，在离开炉膛时还未得到充分的冷却，会使炉膛出口以后的受热面结渣；同时 q_a 过低，燃烧器区域的温度降低，虽然不会结渣，但对着火是不利的。因此，必须选择合适的炉膛容积热负荷和截面热负荷。

二、燃烧器

燃烧器是煤粉炉的主要燃烧设备，其作用是保证燃料和燃烧用空气在进入炉膛时能充分混合、及时着火和稳定燃烧。

通过燃烧器送入锅炉的空气是按对着火、燃烧有利的原则合理组织、分别送入的。按照送入空气作用的不同，可以将送入的空气分为一次风、二次风和三次风。一次风是携带煤粉送入燃烧器的空气，二次风是煤粉着火后再送入的空气，三次风是采用热风送粉时制粉系统的乏气。

对锅炉燃烧器的要求主要有：

（1）保证送入炉内的煤粉气流能迅速、稳定地着火燃烧；

（2）供应合理的二次风，使它与一次风能及时良好地混合，确保较高的燃烧效率；

（3）火焰在炉膛内的充满度较好，且不会冲墙贴壁，避免结渣；

（4）较好的燃烧适用性和负荷调节范围；

（5）流动阻力较小，污染物生成量少。

煤粉燃烧器按照其出口气流的特性可以分为直流燃烧器和旋流燃烧器。

（一）直流燃烧器

1. 直流燃烧器原理

直流燃烧器是由一组矩形或者圆形的喷口组成的，一般布置在炉膛的四角，形成四角布置切圆燃烧方式。喷口的一、二次风都是不旋转的直流射流。单个喷口喷出的气流可视为平面自由射流。把气体从简单喷口喷射到一个很大并对气流毫无约束的空间中，所射出的气流称为平面自由射流。

射流以初始速度 w_0 自喷口喷出后，气流中的气体微团不仅有轴向速度，也有切向速度。当射流射到大空间去时，射流边界上的流体微团就与周围气体发生热质交换和动量交换，将一部分周围气体卷吸到射流中来，并随射流一起运动，因而射流的横截面不断扩大，流量不断增加，但却使射流的速度逐渐减慢。

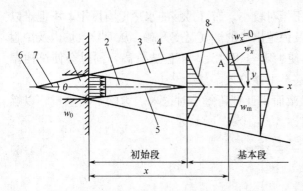

图 4-2　自由射流的结构特性及速度分布

1—喷口；2—射流等速核心区；3—射流边界层；
4—射流的外边界；5—射流的内边界；
6—射流源点；7—扩展角；8—速度分布

射流自喷口喷出后，仅在边界层处有周围气体被卷吸进来。在射流中心尚未被周围气体混入的地方，仍保持初始速度 w_0，这个保持初始速度 w_0 的三角形区域称为射流等速核心区。核心区内的流体完全是射流本身的流体。在核心区维持初始速度 w_0 的边界称为内边界，射流与周围气体的边界（此处流速 $w_0 \to 0$）称为射流的外边界。内外边界之间就是湍流边界层，湍流边界层内的流体是射流本身的流体及卷吸进来的周围气体的混合体。从喷口喷出来的射流到一定距离，核心区便会消失，只有射流中心轴线上某点处尚保持初始速度 w_0，此处对应的截面称为射流的转折截面。在转折截面前的射流称为初始段，在转折截面以后的射流称为基本段，基本段中射流的轴心速度开始衰减，如图 4-2 所示。

射流的内、外边界都可以近似地认为是一条直线，射流的外边界相交点称为源点，其交角称为扩展角，扩展角的大小与射流喷口的截面形状和喷口出口速度的分布情况有关。

2. 直流燃烧器的分类

根据燃烧器中一、二次风口的布置情况，直流煤粉燃烧器大致可以分为均等配风直流燃烧器和分级配风直流燃烧器两种。

（1）均等配风直流燃烧器。均等配风方式是采用一、二次风口相间布置，即在两个一次风口之间均等布置一个或者两个二次风口，如图 4-3 所示。

在均等配风方式中，一、二次风口间距较近，一、二次风自喷口流出后能很快混合，使一次风煤粉气流在着火后能够获得足够的空气。这种喷口布置方式只适用于挥发分较高且很容易着火的褐煤和烟煤。燃烧器最高层的上二次风喷口，除供应上排煤粉燃烧所需要空气外，还可以补充炉内未燃尽的煤粉继续燃烧所需要的空气。最低层的下二次风，能把从气流中分离出来的煤粉托浮起来，使其燃烧，从而减少机械未完全燃烧热损失。

（2）分级配风直流燃烧器。分级配风指把燃烧所需的二次风分级分阶段地送入燃烧的煤粉气流中。首先，在一次风煤粉气流着火后送入一部分二次风，

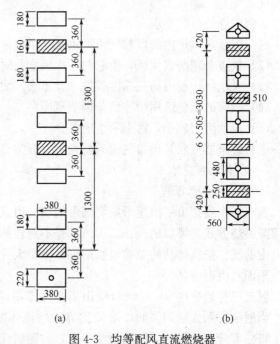

图 4-3　均等配风直流燃烧器

(a) 某 220t/h 锅炉（燃用褐煤）；(b) 某 400t/h 锅炉（燃用烟煤）

促使已经着火的煤粉气流的燃烧继续扩展；待全部煤粉气流着火后再分批高速喷入二次风，使它与着火燃烧的煤粉火炬强烈混合，加强气流扰动，提高扩散速度，促进煤粉的燃烧和燃尽过程。在分级配风燃烧器中，通常将一次风口比较集中地布置在一起，而二次风口分层布置。一次风口集中布置后，由于煤粉集中，燃烧放热集中，火焰中心温度会有所升高。因此，这种燃烧器适用于着火温度较高的无烟煤、贫煤和劣质烟煤。典型的分级配风直流燃烧器喷口布置形式如图 4-4 所示。

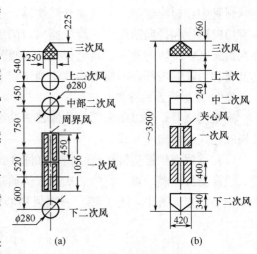

图 4-4　分级配风直流燃烧器
(a) 130t/h，适用无烟煤（采用周界风）；
(b) 220t/h，适用无烟煤

燃用无烟煤、贫煤和劣质烟煤时，为了保证煤粉稳定着火，一般要采用热风送粉。这时磨煤乏气夹带干燥析出的全部水分和一部分极细煤粉进入炉膛，煤粉量约占燃煤量的 10%～15%。将磨煤乏气作为三次风送入炉膛进行燃烧可以提高锅炉机组的经济性。

在燃用低挥发分煤的直流燃烧器的一次风喷口四周，有时常布置一层二次风，称为周界风，如图 4-4（a）所示。布置周界风有利于将周围的高温烟气卷吸进一次风煤粉气流中，以提高煤粉气流的温度，有利于煤粉气流的着火，也可保护一次风喷口，防止烧坏。如果设计和使用不当，周界风反而会妨碍一次风与高温烟气的接触。

为了避免周界风妨碍一次风直接卷吸高温烟气的不利影响，又出现了夹心风。所谓夹心风就是竖直布置在一次风口中的一个二次风喷口，如图 4-4（b）所示。夹心风的作用在于：能及时补充煤粉气流着火后燃烧所需要的空气，但却不影响着火；提高一次风射流的刚性，使一次风射流减少偏斜；强化煤粉气流的湍流脉动，有利于煤粉和空气的混合。改变夹心风量的大小，可以作为煤种和负荷变动时的燃烧调节手段。

3. 直流燃烧器切圆燃烧方式

图 4-5 所示为直流燃烧器四角切圆燃烧方式布置图，中小容量锅炉广泛采用此种布置方式。通常将直流燃烧器布置在两侧墙靠近四角处，四股气流与炉膛中心的假想切圆相切。由于直流燃烧器射程长，相切后产生旋转运动，旋转气流逐渐上升，使可燃物与空气强烈混合。每一组燃烧器的出口气流着火燃烧后被引到相邻燃烧器气流的根部，产生相互点燃的良好作用。由于切圆燃烧有较有利的着火条件和较强的后期混合，造成良好的燃烧条件。

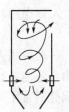

图 4-5　切圆
燃烧
Ⅰ—低压区；
Ⅱ—强风区；
Ⅲ—弱风区

在四角布置、切圆燃烧中，由于离心力的作用，气流向四周压缩，炉膛中心形成低压区。外围是强风区，最外层为弱风区。低压区的吸引作用，使部分烟气向下倒流，这样虽然有利于减少飞灰中机械不完全燃烧热损失和煤粉气流的着火，但它使炉膛空间不能充分利用，降低了炉膛的充满程度。因此，假想切圆直径不能过大。

（二）旋流燃烧器

旋流燃烧器是通过各种形式的旋流器使出口气流形成旋转射流。气流在燃烧器圆管中作螺旋运动，一旦离开燃烧器，由于离心力的作用，不仅具有轴向速度，而且还具有切向速度和径向速度。在旋流器出口的旋转射流中，中心压力低于周围介质压力。由于存在负压区，旋转射流中心具有很强的卷吸气流的能力，形成中心回流区。回流区将高温烟气抽吸到射流的根部，可使煤粉气流稳定着火。

1. 旋流燃烧器的分类

旋流燃烧器一般以所采用的旋流器来命名，目前国内应用较多的有三种形式：蜗壳式、轴向叶轮式和切向叶片式。

（1）单蜗壳扩锥型旋流燃烧器。如图4-6所示，单蜗壳扩锥型旋流燃烧器也称为直流蜗壳式扩锥型旋流燃烧器。它的二次风气流通过蜗壳旋流器产生旋转，成为旋转射流。一次风则经中心管直流射出，不旋转。一次风中心管出口处有一个扩流锥，使一次风气流扩展开

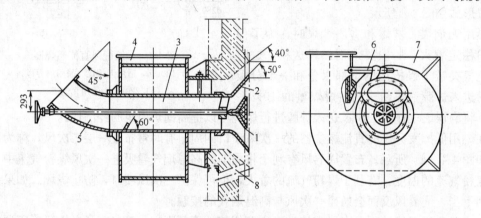

图 4-6　单蜗壳扩锥型旋流燃烧器

1—扩流锥；2——次风扩散管口；3——次风管；4—二次风蜗壳；5——次风连接管；6—二次风舌形挡板；7—连接法兰；8—点火喷嘴装设孔

来，并在一次风出口中心处形成回流区，回流高温烟气使煤粉气流着火、燃烧稳定。扩流锥可以用手轮通过螺杆来调节气流的扩展角。扩展角愈大，形成的回流区愈大。一、二次风两股气流平行向外扩展，由于二次风的动量较大，故可与一次风混合，共同形成一股旋转射流。这种燃烧器的特点是一次风阻力小，射程远，初期混合扰动不如双蜗壳旋流燃烧器强，但后期扰动比双蜗壳燃烧器好，因此，对煤种的适应性较双蜗壳旋流燃烧器好，可以燃用较差的煤，但其扩流锥容易烧坏。

（2）双蜗壳旋流燃烧器。如图4-7所示，双蜗壳旋流燃烧器由三部分组成：一次风蜗壳

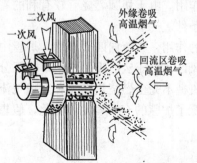

图 4-7　双蜗壳旋流燃烧器

及其风管；二次风蜗壳及其风管；中心管，中心管内装有点火用的重油喷嘴。为了防止磨损，一次风蜗壳通常用铸铁制成。一次风与二次风的旋转方向相同，离开喷口之后，形成两股同心的旋转射流。二次风蜗壳入口处的舌形调节挡板可以改变二次风切向速度和轴向速度的比值，从而调整气流的旋转强度。

双蜗壳旋流燃烧器一、二次风的阻力一般比较大，出口处一、二次风流速和煤粉浓度不均匀性较大。射流初期混合强烈，后期混合较弱，射程较短。

在燃用贫煤或低挥发分烟煤时，为了保证着火的稳定性，采用热风送粉。在燃用高挥发分煤种时，为了防止燃烧器喷口烧坏，通常不采用热风送粉。

（3）轴向叶轮旋流燃烧器。图 4-8 所示为轴向叶轮旋流燃烧器，一次风通过一次风管直流通过燃烧器。一次风管出口处装有扩散锥。二次风分两路通过燃烧器，一路通过叶轮中轴向扭转叶片产生旋转运动后，进入二次风管。在二次风管内，由于湍流脉动而引起动量交换，使出口气流流速区域均匀。另一路通过叶轮周围环形通道直流进入二次风管。叶轮可沿轴向前后移动，调整环形通道间隙的大小，以改变二次风中旋转气流和不旋转气流的比例，调节出口气流的旋转强度。例如，当叶轮向炉内推进，则二次风中旋流部分增加，二次风旋流强度增加，一、二次风混合增强。

由于一次风直流或者弱旋转流动，阻力小，二次风旋转强度调节范围大，对煤种的适应性较好。

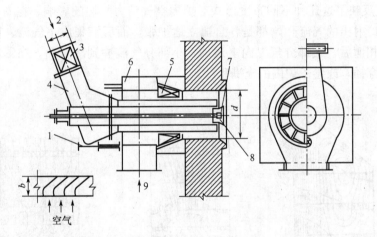

图 4-8　轴向叶轮旋流燃烧器

1—拉杆；2——次风进口；3——次风舌形挡板；4——次风管；5—二次风叶轮；6—二次风壳；

7—喷油嘴；8—扩流锥；9—二次风进口

（4）切向叶片旋流燃烧器。图 4-9 所示为一种切向叶片式旋流燃烧器。其主要特点是二次风分为内、外二次风两部分，以实现分级燃烧。它有三个同心的环形喷口，中心为一次风喷口，外面是内、外层双调风喷口。内、外二次风吸入口处安装有 8～16 个切向叶片，一方面可引导二次风旋转，另一方面可以调节旋流强度。在这种燃烧器的出口处，一次风和内二次风先期混合形成富燃料区；外二次风旋转较弱，可使燃烧过程推后，并降低火焰温度。这两种作用均能控制 NO_x 的形成。

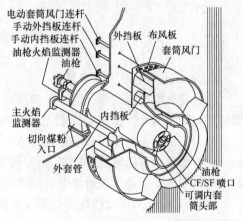

图 4-9　切向叶片式低 NO_x 旋流燃烧器

2. 旋流燃烧器布置

旋流燃烧器常见的布置形式有以下三种：

（1）前墙布置 L 型火焰。图 4-10（a）为燃烧器前墙布置简图，通常将旋流燃烧器布置成一排或者多排，一般不超过四排。排数多时最上排燃烧器离炉膛出口过近，火焰行程不够长，增大了不完全燃烧热损失。

煤粉气流喷入炉膛后着火燃烧，所形成的烟气在引风机抽力作用下转弯向上，呈 L 型火炬。小容量锅炉一般采用此种布置方式。旋流燃烧器前墙 L 型布置炉内空气动力场在主气流上下两端形成两个非常明显的停滞旋涡区，炉内的火焰充满度较差，燃烧后期的扰动混合也不好。

（2）相对布置双 L 型火焰。图 4-10（b）和（c）为燃烧器相对布置简图。当旋流燃烧器对冲布置时，则为双 L 型火焰。这时图 4-10（b）的对冲气流在炉膛中部相撞，然后向上扩张。实际运行表明，由于两边燃烧的煤粉量和风量不可能完全相同，使对冲气流的动量不可能完全相同，气流流动工况不十分理想。为改善炉内气流流动状况，有时采用两侧旋流燃烧器错开布置的方式，如图 4-10（c）所示。

图 4-10 也反映了这几种不同布置形式对炉内空气动力特性的影响。在图 4-10（a）中，每个燃烧器喷口射出的气流开始都是各自孤立地扩张，而后汇集成主气流。在图 4-10（b）中，对冲气流相撞后，大部分气流向上运动，小部分气流冲到冷灰斗。在图 4-10（c）中，煤粉气流相互穿插，改善了炉内的充满程度。

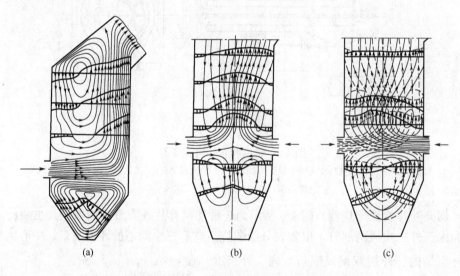

(a)   (b)   (c)

图 4-10 旋流燃烧器的布置对炉内气流的影响
（a）前墙布置；（b）相对对冲布置；（c）相对错开布置

（三）低负荷稳燃新型燃烧器

为适应火电机组调峰、锅炉低负荷稳燃的需要，发展了一些不同形式的低负荷稳燃新型燃烧器，如 WR 型、火焰稳定船型以及钝体燃烧器。这些新型燃烧器稳定燃烧的机理大致可以分为三类：一是煤粉浓淡分离，浓相首先着火，然后点燃稀相气流；二是在燃烧器出口某一位置形成局部区域的"三高"，即氧量高、温度高、煤粉浓度高，"三高"区域即是稳定着火的策源地；三是直流射流引射形成回流区，以提升燃烧器出口温度。

图 4-11 所示 WR 型燃烧器是第一类燃烧器，其浓淡分离借助于入口弯管的离心力作用实现。

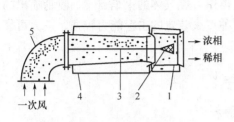

图 4-11　WR 型燃烧器

1—喷嘴喉部；2—V 形扩流锥；3—水平肋片；

4—燃烧器外壳；5—进口弯头

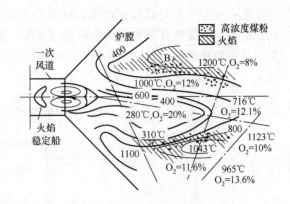

图 4-12　火焰稳定船型燃烧器

图 4-12 所示火焰稳定船型燃烧器是第二类燃烧器，它的"三高"区域在图中 B 处，这种燃烧器要求低负荷时要保证有适当的煤粉浓度，若低负荷时投入喷嘴较多，则会使燃烧稳定性和经济性都受影响。

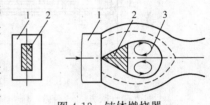

图 4-13　钝体燃烧器

1——一次风嘴；2—钝体；3—回流区

图 4-13 所示钝体燃烧器属于第三类燃烧器。钝体燃烧器就是在常规的四角布置切圆燃烧直流燃烧器靠近一次风喷口出口处安装一个三角形的钝体。煤粉空气流经钝体后，在钝体后产生一个较大的回流区。由于回流区的高温烟气反向流向火炬根部，使煤粉气流在喷口附近形成一个高温区，对煤粉气流的着火非常有利。

第三节　煤粉炉的点火装置

煤粉炉点火装置的用途，主要是在锅炉启动时，用来点燃主燃烧器的煤粉气流。另外，当锅炉机组需要在较低负荷下运行时，或者当燃煤质量变差、炉膛温度降低，危及煤粉气流着火的稳定，炉内火焰发生脉动以至有熄火危险时，也用点火装置来稳定着火和燃烧；同时，也可以作为辅助燃烧的一种手段。

现代煤粉炉通常采用过渡燃料的点火装置，可以分为气—油—煤粉的三级点火系统和油—煤粉的二级点火系统两种。三级点火系统是用点火器点燃着火能量最小的气体燃料开始，再点燃雾化的燃料油，最后点燃主燃烧器的煤粉气流。二级点火系统则用点火器点燃燃料油，再点燃主燃烧器中的煤粉气流。

点火装置中的点火器都采用电气点火器，常用的有电火花点火器、电弧点火器和高能点火器三种。

电火花点火器常用于锅炉的三级点火系统中，电火花点火器由打火电极、火焰检测器和可燃气体燃烧器三部分组成，如图 4-14 所示。

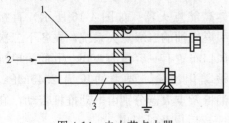

图 4-14　电火花点火器

1—火焰检测器；2—可燃气体燃烧器；

3—打火电极的点火杆

点火杆与外壳组成打火电极，在两极间加上 5000～10000V 高电压，两极间便产生火花，借助电火花的高温和电离作用点燃可燃气体。再用可燃气体的火焰点燃油喷嘴喷出的油雾，最后由油的火焰点燃主燃烧器的煤粉气流。这种点火装置的击穿能力较强，点火可靠。

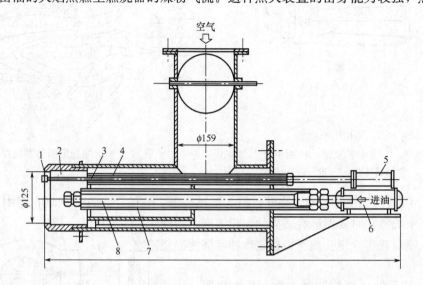

图 4-15 电弧点火装置

1—碳块；2—碳棒；3—电弧点火器；4—套管；5—引弧气缸；6—点火轻油枪；
7—套管；8—油枪推进气缸

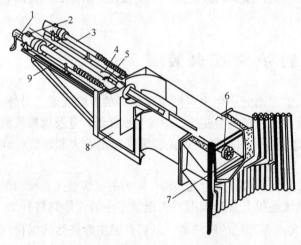

图 4-16 半导体高能点火器组装图

1—电源线；2—与集控室的程序柜或者遥控柜相连接；3—电动推杆；4—高能点火器；5—油枪；6—点火稳燃器；7—发火嘴；8—煤粉燃烧器下二次风口；9—行程开关

电弧点火器多用于二级点火系统，如图 4-15 所示，电弧点火的起弧原理与电焊机相同，碳块和碳棒组成的点火电极接通后，两极先接触，再拉开起弧，利用两极间形成的高温电弧点燃点火油枪的燃料油。

高能点火器用于二级点火系统。常采用的是半导体高能点火器，其工作原理是，将半导体电嘴两极置于一个能量峰值很高的脉冲电压作用下，在半导体电嘴表面就产生强烈的电火花，发出强大的能量，足够直接点燃雾化了的轻油或重油。

某厂 130/9.8-1 型锅炉即采用半导体高能点火器（如图 4-16 所示）直接引燃轻油的二级点火系统，在各下二次风口布置有一容量为 800kg/h 的简单机械雾化油枪，要求油压为 2.45MPa，油枪及点火器分别由电动推杆带动，高能点火器引燃完毕先行退出，以免烧坏，油枪在点火完成后也及时退出。

锅炉受热面

中小型火力发电机组的蒸汽动力循环一般都采用具有过热的朗肯循环。在锅炉的省煤器中进行定压加热过程，将给水预热到饱和温度；在锅炉的水冷壁等蒸发受热面中完成饱和水定压汽化过程，使饱和水转化为饱和蒸汽；饱和蒸汽在过热器中继续加热，成为具有更高温度的过热蒸汽。另外，电站锅炉还设有利用烟气加热助燃空气的空气预热器。空气预热器一般布置在锅炉的末端，以便充分利用烟气热量，降低排烟热损失，同时提高入炉风温，加强燃烧。

第一节 蒸发受热面

自然循环锅炉的蒸发受热系统由汽包、下降管、分配水管、下联箱、上升管、上联箱、汽水引出管、汽水分离器组成，如图 5-1 所示。几乎所有的高压锅炉的蒸发受热面都采用自然循环。因此，本节首先介绍自然循环原理。

一、自然循环原理

由第一章介绍可知，自然循环的推动力是由下降管的工质柱重和上升管的工质柱重之差产生的。自然循环回路的循环推动力称为运动压头 S_{yd}，并用式（5-1）计算，即

$$S_{yd} = h\rho_{xj}g - \Sigma h_i \bar{\rho}_i g \qquad (5-1)$$

式中　h——循环回路高度（从下集箱中心线到汽包的蒸发表面）；

　　　h_i——上升管各区段高度；

　　　$\bar{\rho}_i$——上升管各区段内工质的平均密度；

　　　ρ_{xj}——下降管中工质密度。

运动压头 S_{yd} 用于克服下降管阻力、上升管阻力以及汽包内汽水分离装置的流动阻力，使汽水能在循环回路内流动，即

$$S_{yd} = \Delta p_{xj} + (\Delta p_s + \Delta p_{fl}) \qquad (5-2)$$

式中　Δp_{xj}——下降管阻力损失；

　　　Δp_s——上升管阻力损失；

　　　Δp_{fl}——汽水分离器中的阻力损失。

因此，自然循环的推动力，即运动压头取决于饱和水密度、饱和汽密度、上升管含汽率以及循环回路高度等。

随着压力的提高，饱和水和饱和汽的密度差逐渐减少，到临界压力，其密度差将为零，所以自然循环的推动力，即运动压头

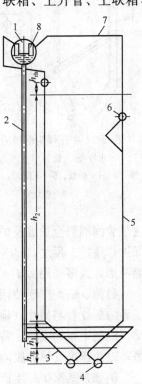

图 5-1　自然循环锅炉的循环回路

1—汽包；2—下降管；3—分配水管；4—下联箱；5—上升管；6—上联箱；7—汽水引出管；8—旋风分离器

也随压力的提高而逐渐减弱。到达一定压力后，所产生的运动压头不足以维持水的自然循环，即不能采用自然循环了。

自然循环锅炉有以下特点：

（1）最大的特点是有一个汽包，锅炉蒸发受热面通常就是由许多管子组成的水冷壁。

（2）汽包是省煤器、过热器和蒸发受热面的分隔容器，所以给水的预热、蒸发和蒸汽过热等各个受热面有明显的分界。汽水流动特性相应比较简单，容易掌握。

（3）汽包中装有汽水分离装置，从水冷壁进入汽包的汽水混合物既在汽包中的汽空间，也在汽水分离装置中进行汽水分离，以减少饱和蒸汽带水。

（4）锅炉的水容量及其相应的蓄热能力较大，因此，当负荷变化时，汽包水位及蒸汽压力的变化速度较慢，对机组调节的要求可以低一些。但由于水容量大，加上汽包壁较厚，因此，在锅炉受热或冷却时都不易均匀，使锅炉的启、停速度受到限制。

（5）水冷壁管子出口的含汽率相对较低，可以允许稍大的锅炉水含盐量，而且可以排污，因此对给水品质的要求可以低些。

（6）汽包锅炉的金属消耗量较大，成本较高。

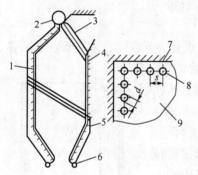

图 5-2　中压煤粉锅炉的水冷壁

1、8—水冷壁（管）；2—汽包；3—防渣管；4、7—炉墙；5—下降管；6—下联箱；9—燃烧室

二、水冷壁

水冷壁最初是为了保护炉墙，现在已经成为吸收辐射换热的主要受热面。中压自然循环锅炉的水冷壁全是蒸发受热面。高压以上锅炉的水冷壁主要是蒸发受热面，在炉膛的上部可能布置有辐射式过热器。水冷壁可将炉膛出口烟温降低到允许值，避免对流受热面结渣。目前有光管水冷壁和膜式水冷壁两种类型。

1. 水冷壁的结构

容量特别小的锅炉使用光管水冷壁，如图 5-2 所示，沿炉膛四壁，互相平行地竖直布置，上端与上联箱或汽包连接，下端与下联箱相连。通常以相邻水冷壁管中心线之间的距离 s（管间节距）与管子的外径 d 的比值 s/d 表示布置的紧密程度。当相对节距 s/d 大时，管子较稀，透过管间辐射至炉膛及炉墙反射至管子背面的热量较多，金属的利用率较高，但是对炉墙的保护作用差。反之，s/d 值小，布置紧密，金属利用率差，对炉墙的保护作用好。从保护炉墙考虑，大多采用 $s/d = 1.1 \sim 1.2$。

目前，锅炉广泛使用膜式水冷壁，以保证炉膛的气密性较好。膜式水冷壁大多是由光管或者内螺纹管与鳍片（扁条钢）焊接而成。锅炉制造厂出厂时就将膜式水冷壁分段焊制成管排，以便于现场安装。将水冷壁的上联箱悬挂、固定在锅炉的钢架上，下联箱由水冷壁悬吊，以此解决其热膨胀问题。

例如，某锅炉厂生产的 NG-220/100-M 型锅炉的水冷壁为 $\phi 60 \times 8mm$，节距为 80mm 鳍片管焊接而成的膜式水冷壁，如图 5-3 所示。

2. 水冷壁管内两相流体的流型与传热

图 5-4 所示为沿管子周界均匀受热垂直上升蒸发管中的两相流动结构及传热情况。A 区域受热较弱，为单相对流传热，此时管子内壁的对流放热系数很大，水温低于饱和温度，管

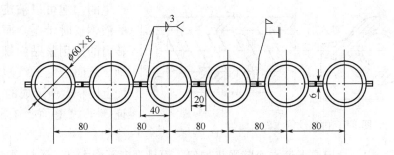

图 5-3　膜式水冷壁管屏及管间焊接

壁温度稍高于水温。在区域 B 内，近壁面区部分水沸腾生成汽泡，管子中部的水仍低于饱和温度。壁面所生成的汽泡脱离壁面后与中部未饱和水混合，被冷凝成水。此时管子内壁温度略高于饱和温度，为过冷核态沸腾区。达到 C 区域时，已经全部为饱和水，壁面生成的汽泡不再被冷凝，分散在管子的中部，沿流动方向含汽率逐渐加大，形成泡状流动结构，此时为饱和核状沸腾。进入 D 区域，汽泡逐渐聚结成汽弹，称为弹状流动。随着含汽率的增加，汽弹相互连接成汽柱，沿着管子中心向上流动，四周为水环，称为环状流动。在 E 和 F 两区域内，壁面上保持了完整的环形水膜，形成强制水膜对流传热，放热系数较大，壁面温度略高于工质的饱和温度。由区域 F 过渡到区域 G，随着蒸汽流速的增加，汽柱中带有水滴，环形水膜变薄，水膜导热能力逐渐增强。当水膜完全蒸发后，进入雾状流动，这就是"蒸干"现象。这时管壁失去了良好的冷却条件，传热开始恶化，管壁温度突然飞升。然后，由于汽流中部分水滴继续蒸发，汽流速度加大，壁面温度又逐渐下降。随着蒸汽加热过程，汽温升高，管壁温度又逐渐升高。

在沸腾传热过程中，有两类传热恶化现象（或称换热危机）。第一类传热恶化现象是由于热负荷很高时，在核态沸腾区域，管内壁汽泡生成速度超过汽泡脱离速度，相邻汽泡连成一片而形成汽膜，将壁面与水隔开，此时已不再是核态沸腾，而是膜态沸腾了。由于汽膜导热能力很差，管内对流放热系数很小，沸腾传热

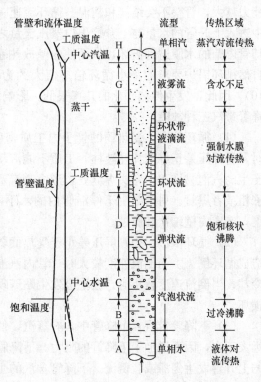

图 5-4　两相流动结构及传热工况

过程恶化，管壁温度升高。第二类传热恶化现象是在环状流动结构中，壁面水膜被蒸干，致使管内放热系数降低，管壁温度飞升，传热恶化。在锅炉蒸发受热面中，应避免出现这两类传热恶化现象。

图 5-5 所示的内螺纹管可以抑制膜态沸腾，避免第一类传热恶化现象的发生。这是因为工质受到内螺纹管的作用产生旋转，增强了管子内壁面附近流体的扰动，使水冷壁内壁面上

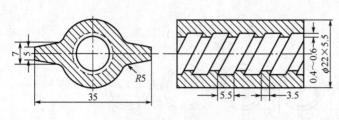

图 5-5 内螺纹管水冷壁结构

产生的汽泡可以被旋转向上运动的液体及时带走，而水流受到旋转力的作用紧贴内螺纹槽壁面流动，从而避免了汽泡在管子内壁面上的积聚所形成的"汽膜"，保证管子内壁面上有连续的水流冷却。

在锅炉运行中，一定要保证水冷壁受热均匀，而且强度不能太高。受热强的管子可能会出现膜态沸腾，其结果会导致管子局部发生传热恶化，管壁温度升高。炉内火焰偏斜、水冷壁局部结渣和积灰是造成水冷壁吸热不均的主要原因。

三、水循环的安全性

循环流速和循环倍率是水循环的重要指标。为了能够使上升管内壁得到足够的冷却，必须保证管内有完整的水膜冲刷，并保持一定的循环流速。循环流速的大小直接反映工质对管壁的冷却能力及将所产生的汽泡带走的能力。流速越大，工质放热系数越大，对水冷壁冷却能力越大，管壁不会结盐和超温。循环流速一般控制在 $0.5 \sim 1.5\text{m/s}$。循环倍率为循环回路中进入上升管的水量与上升管出口蒸汽流量之比。循环倍率过小可能发生沸腾传热恶化，冷却管内壁的水膜遭到破坏，从而使内壁放热系数降低，管壁温度升高。压力小于 10MPa 的自然循环锅炉要求的最小循环倍率值大约为 2，实际的循环倍率远大于此值（一般为 8～10），因此，发生传热恶化的几率很低。影响水循环安全的主要有循环停滞、循环倒流和下降管带汽三种故障。

（1）循环停滞。受热弱的管子内工质密度大，当管屏压差等于受热弱管子的液柱自重时，管屏压差正好能托住液柱，工质不能流动，就产生了循环停滞工况。在此工况下，管中产生的汽泡易堆积在弯头焊缝处，形成蒸汽塞，连续水膜遭到破坏，使管壁过热而造成管子涨粗或者爆管。另外，由于停滞管内的水不断蒸发而补充水量很少，会增大水中的含盐浓度，造成内壁结盐和腐蚀。

（2）循环倒流。当管屏压差小于受热面弱的管子的液柱自重时，水就会从上而下流动，造成循环倒流。当倒流速度较大时，管内汽泡会随水流一起向下流动，管子可以得到足够的冷却；当倒流速度较小时，汽泡会发生贴壁现象，汽泡处于流动缓慢甚至停滞状态，使管壁损坏。

（3）下降管带汽。下降管中含有蒸汽，使下降管中工质密度降低。由于蒸汽的流动阻力远大于水，因而增加了下降管的阻力。下降管含汽降低了循环回路的压差，可能导致受热弱的上升管发生停滞或者倒流。下降管含汽的主要原因有：因下降管进口阻力或加速所产生的压降，使进口饱和水汽化；下降管入口上部形成旋涡斗，蒸汽被吸入下降管；汽包水空间含汽，被带入下降管。

为了保证水冷壁的安全运行，首要条件是必须保证任何一根水冷壁管子内壁面都有连续的水膜足以冷却管子，以保证其在任何工况下都不会超温。为此，采取的主要技术措施如下：

（1）保证适当的循环流速和循环倍率。

（2）尽可能减少水冷壁的受热偏差、结构偏差和流量偏差。

（3）保证水冷壁具有合适的热负荷。

（4）保证水冷壁内具有合适的含汽率。

（5）为了防止循环停滞和倒流，应将水冷壁分成若干独立的循环回路，根据受热强弱单独形成循环系统。同一回路的管子高度和受热情况尽可能相同。

四、蒸汽污染

（一）蒸汽含盐的危害

进入锅炉的给水虽然经过了处理，绝大部分盐分和杂质被除去，但仍有残余的盐分和杂质。蒸汽不断蒸发，锅炉水经过多次循环以后，其中盐分不断浓缩。蒸汽从锅炉水中穿出，会携带和溶解部分盐分。当其含量超过规定时，就会在蒸汽通过的各部件或设备内产生明显的沉积。沉积在过热器内，将使流动阻力和传热阻力增加，管壁温度升高，有可能导致爆管；沉积在汽轮机中，将使流通截面积减小，叶片的粗糙度增加、型线改变，这将引起汽轮机出力和效率的降低，并且由于流动阻力的增加，将引起轴向推力的增加；沉积在阀门中，可能使阀门动作失灵或者关闭不严。

（二）蒸汽品质要求

为了保证锅炉和汽轮机的安全经济运行，必须保证蒸汽的品质符合标准要求。根据DL/T 561—1995《火电厂水汽标准》、GB 12145—1989《火力发电机组及蒸汽动力设备水汽质量标准》和DL/T 561—1995《火力发电厂水汽化学监督导则》，蒸汽的品质应当符合表5-1和表5-2的要求。

表 5-1　　　　　　　　　　　　蒸汽最大杂质含量

炉　型	压力（MPa）	钠（μg/kg）		二氧化硅（μg/kg）
		磷酸盐处理①	挥发性处理②	
汽包炉	3.82～5.78	≤15		≤20
	5.88～12.6	≤10	≤10*	
	12.7～18.3	≤10		
直流炉	5.88～12.6	10		≤20
	12.7～18.3			

①磷酸盐处理指向锅炉水中加入磷酸盐。

②挥发性处理指向给水中加入挥发性的氨和联氨。

＊争取标准"≤5μg/kg"。

表 5-2　　　　　　　　　　　　蒸汽最大铜和铁含量

压力（MPa）	铁（μg/kg）		铜（μg/kg）	
	汽包炉	直流炉	汽包炉	直流炉
12.7～18.3	≤20	≤10	≤5	≤5*

＊争取标准"≤3μg/kg"。

（三）蒸汽污染的原因

蒸汽中的盐分来源于锅炉水，它通过两种途径带入到蒸汽中：一种是蒸汽携带含盐的锅炉水而带盐的现象，称为机械性携带，这是中、低压锅炉蒸汽污染的主要原因。另一种是由于蒸汽溶解盐类而带盐，蒸汽对于不同的盐类具有不同的溶解能力，因此，这种带盐方式称为选择性携带。

机械性携带量的大小取决于携带水滴的多少以及锅炉水的含盐浓度，可由式（5-3）表示，即

$$S_q^s = \frac{\omega}{100} S_{gs}, mg/kg \qquad (5\text{-}3)$$

式中　S_q^s——蒸汽机械携带的盐分，mg/kg；

　　　ω——蒸汽的湿度，表示蒸汽中携带的锅炉水水滴的质量占蒸汽质量的百分数；

　　　S_{gs}——锅炉水的含盐量，mg/kg。

蒸汽中的溶盐量可用式（5-4）表示，即

$$S_q^m = \frac{\alpha_m}{100} S_{gs}^m, mg/kg \qquad (5\text{-}4)$$

式中　S_q^m、S_{gs}^m——某种物质在蒸汽、锅炉水中的直接溶解量，mg/kg；

　　　α_m——盐分 m 的分配系数。

饱和蒸汽携带某种盐类的量，应为机械携带和选择性携带之和。通常用 K_m 表示蒸汽携带某种盐类的能力，即

$$K_m = \omega + \alpha_m \qquad (5\text{-}5)$$

蒸汽携带各种盐类的总量，有

$$S_q = S_q^s + \Sigma S_q^m, mg/kg \qquad (5\text{-}6)$$

式中　ΣS_q^m——蒸汽总的直接溶盐量，mg/kg。

1. 机械性携带的影响因素

在汽包中，水滴形成的方式为：①当汽水混合物在水位面以下被引入时，由于汽泡穿出水面，将水面撕裂，形成许多大小不等的水滴；②当汽水混合物从汽包的蒸汽空间引入时，由于汽水冲击水面或锅筒内部装置，或汽流相互冲击而形成许多水滴并向不同方向飞溅；③在锅炉水表面有时还形成稳定的泡沫层，当泡沫破裂时，也有大量水分和细小破碎的泡沫形成而被带出；④被蒸汽携带的大水滴，当在重力的作用下落到水面上时，也会撞击出许多细小的水滴。

影响蒸汽携带水滴的主要因素为锅炉负荷、锅炉工作压力、汽包蒸汽空间的高度、锅炉水含盐量等。

（1）锅炉负荷。当锅炉负荷增大时，进入汽包的汽水混合物的动能增大，生成的水滴增多，同时水空间含汽量增加，使汽包水位升高，相应降低了蒸汽空间的高度。另外，锅炉负荷的增加，也使得汽包蒸汽空间的汽流速度增大，因而蒸汽携带的水滴增加，即蒸汽湿度增大。试验表明：当锅炉水含盐量一定时，蒸汽湿度 ω 与负荷 D 的关系可由式（5-7）表示，即

$$\omega = AD^n \qquad (5\text{-}7)$$

式中　A——与压力和汽水分离装置有关的系数；

　　　n——与负荷有关的系数。

（2）工作压力。当汽包的工作压力升高时，饱和温度升高，水分子的热运动加强，分子间的相互引力减小，故饱和水的表面张力减小，汽泡更易破碎为细小的水滴而被带走。压力越高，饱和蒸汽与水的密度差越小，汽水分离越困难，蒸汽带水的能力就越强。但在蒸发面负荷一定时，由于压力升高时蒸汽的比体积减小，使蒸汽的流速降低，所以蒸汽携带水滴的

能力减弱，使蒸汽的湿度有所降低。实践表明，在上述综合因素的影响下，蒸汽湿度随压力的升高而升高。但只有在压力高于15MPa时蒸汽的湿度才会急剧升高。

在锅炉运行中，当蒸汽负荷突然增大而燃烧未调整时，汽包压力将急剧下降，相应地，饱和温度也降低，锅炉水处于过饱和状态，因而将放出热量产生附加蒸汽。同时蒸发系统的金属也会放出热量产生附加蒸汽。由于附加蒸汽的产生，使得水位面以下的蒸汽量剧增、水位面上升，而且穿过蒸发面的蒸汽量也增多，结果造成蒸汽大量带水、湿度增加、品质恶化。这种现象被称为汽水共腾。发生汽水共腾时，过热汽温也会降低，严重时还可能导致锅炉水进入汽轮机。

（3）蒸汽空间的高度。当蒸汽空间高度较小时，不但小水滴容易被蒸汽带走，而且部分飞溅的大水滴也能进入蒸汽引出管被带走，所以蒸汽的湿度很大。当蒸汽空间高度较大时（超过0.6m），飞溅起的大水滴在未到达蒸汽引出管的高度时其动能就消失了，然后落回到蒸发面上，此时被蒸汽带走的只是一些较小的水滴，这时即使再增加蒸汽空间的高度，蒸汽的湿度也变化不大。所以，用过大的汽包尺寸减少蒸汽的湿度，只会增加金属的耗量并增加汽包壁厚。对于运行的锅炉，过大的蒸汽空间高度，意味着汽包的水位过低，这会影响水循环的安全。为了保证足够的蒸汽空间高度，通常汽包的正常水位应在汽包中心线以下100～200mm处，其波动范围为±（50～75）mm。运行人员必须严格监视汽包水位。

（4）锅炉水含盐量。锅炉水含盐量增加，水的表面张力减小而黏度增加。这使得汽泡的直径减小、液膜强度增大。汽泡越小，相对于水的速度越慢，汽包水容积中的含汽量就越多，蒸汽空间高度也就越小。另外，汽泡越小，内部过剩压力越高，破裂时抛出的水滴就越小、越多；而汽泡液膜强度增大，使汽泡只有在液膜很薄时才会破裂。液膜越薄，破裂时生成的水滴就越小，越易被蒸汽带走。另外，汽泡液膜强度的增大也使得汽泡不易破裂，从而在水面上形成泡沫层，使蒸汽空间高度减小。蒸汽的含盐量与锅炉水含盐量的关系如图5-6所示。由图可见，最初两者基本上呈线性关系，这说明锅炉水含盐量增大时，蒸汽的带水量基本未变，只是由于锅炉水中含盐量的增多才使蒸汽的含盐量增多。但当锅炉水含盐量增大到某一数值后，蒸汽的含盐量突然急剧增加，说明此时蒸汽的湿度大大增加了。此时对应的锅炉水含盐量叫作临界含盐量。临界含盐量的数值与蒸汽压力、负荷、锅炉水中的杂质成分、蒸汽空间高度及汽水分离装置等因素有关，一般是在额定工况下，通过电厂热化学试验得出。运行中，为保证

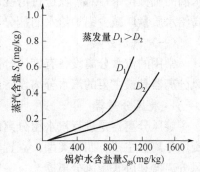

图 5-6 蒸汽含盐量与锅炉水含盐量的关系

蒸汽的品质，实际的锅炉水含盐量约为临界含盐量的70%，最高不超过临界含盐量的75%。

2. 选择性携带的影响因素

在高压、超高压及亚临界压力锅炉中，饱和蒸汽和过热蒸汽都具有直接溶解某些盐类的能力。影响蒸汽选择性带盐的因素有盐分的种类、蒸汽压力与温度。

（1）盐分的种类。不同种类的盐分在蒸汽中的溶解能力不同，即其分配系数不同，各种盐分的分配系数与压力的关系见图5-7。根据盐分在蒸汽中的溶解能力，可以分为三类：第

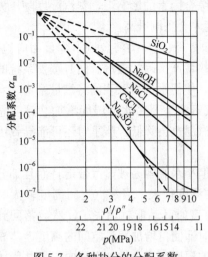

图 5-7 各种盐分的分配系数
与压力的关系

一类为硅酸（H_2SiO_3），分配系数最大，在蒸汽中的溶解能力也最强。在高压锅炉中，硅酸在蒸汽中的溶解是影响蒸汽品质的主要因素。第二类为氢氧化钠（NaOH）、氯化钠（NaCl）和氯化钙（$CaCl_2$），其分配系数次之，在超高压以上参数的锅炉，必须考虑这类盐分的溶解。第三类为硫酸钠（Na_2SO_4）、硅酸钠（Na_2SiO_3）、磷酸钠（Na_3PO_4）等，其分配系数很小，对于自然循环锅炉，可以不考虑这类盐分在蒸汽中的溶解。

（2）压力和温度对蒸汽溶盐的影响。对于饱和蒸汽，溶盐能力随着压力的提高而增加。因为，蒸汽压力提高，蒸汽与水的密度差减小，汽与水的性质接近，因而汽对盐分的溶解能力增强。

能溶解于饱和蒸汽的盐分，也都能溶解于过热蒸汽中。盐分在过热蒸汽中的溶解能力不但随着压力的增高而加大，而且与温度有关。在高压和超高压的情况下，蒸汽刚开始过热时，其溶解能力随着温度的升高有所降低，而后逐渐增加。过热蒸汽进入汽轮机后，蒸汽因膨胀做功，压力逐渐降低，蒸汽对盐分的溶解能力也随之降低，部分盐分将沉淀在汽轮机的通流部分。

五、净化蒸汽的方法

为了提高蒸汽品质，目前主要采取下列措施：在汽包内装设汽水分离设备，降低蒸汽对水滴的机械携带；对蒸汽进行清洗，减小蒸汽溶盐；增加锅炉排污，降低锅炉水含盐量；提高给水质量，减少锅炉给水的盐分。

（一）汽水分离

常用的汽水分离设备有旋风分离器、波形板分离器、顶部多孔板（均汽板）等，其中旋风分离器是最主要的汽水分离设备。

1. 旋风分离器

旋风分离器是进行汽水粗分离的主要设备，它能有效地把汽水混合物中的汽和水分开。旋风分离器主要有四种类型：立置非导流式旋风分离器、立置导流式旋风分离器、涡轮式旋风分离器和卧式旋风分离器。

（1）立置非导流式旋风分离器。立置非导流式旋风分离器的结构如图 5-8 所示，它由筒体、顶帽和筒底导叶等部件组成。其工作过程为：汽水混合物由切向进入筒体产生旋转运动，水在离心力的作用下被抛向筒壁，大部分水在重力的作用下沿筒壁流下，蒸汽则由中心上升，经顶帽中的波形板进行进一步的水膜分离后进入蒸汽空间。

由于汽水混合物的旋转，筒体内的水面呈抛物面状，贴着上部筒壁的只有一薄层水。为了防止这层水膜被上升的汽流撕破而使蒸汽重新带水，在筒的顶部装有溢流环。溢流环与筒体的间隙要保证水膜顺利溢出，但要防止蒸汽由此跑出。

为防止筒内的水向下排出时把蒸汽带出，一般在筒体的下部装有由圆形底板和导向叶片组成的筒底。导向叶片沿底板四周倾斜布置，倾斜方向与水流旋转方向保持一致，以使水平稳地流入汽包的水空间。为了消除流出水的旋转运动可能造成的汽包水位的偏斜，应采用左旋与右旋旋风分离器交错布置的方法保持汽包水位的平稳。另外，在筒体的下方装有托斗，防止底部排水中的蒸汽进入下降管。

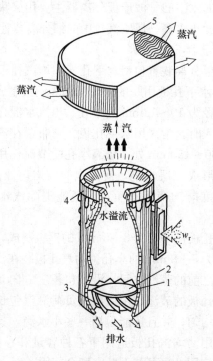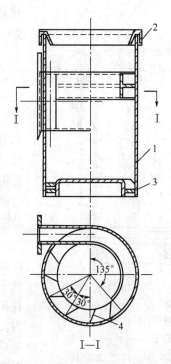

图 5-8　立置非导流式旋风分离器
1—筒体；2—筒底；3—导向叶片；
4—溢流环；5—顶帽

图 5-9　立置导流式旋风分离器
1—筒体；2—溢流环；
3—筒底导叶；4—导流板

由于筒体中心的汽流是旋转上升的，所以筒体出口蒸汽速度很不均匀，局部流速很高，大量喷水滴被带出。加装顶帽的目的是使汽流出口速度均匀，降低蒸汽带水，同时利用水滴的黏附力进行水膜分离，进一步减少蒸汽带水。

（2）立置导流式旋风分离器。立置导流式旋风分离器的示意图如图 5-9 所示，它广泛应用于超高参数的锅炉上。它在筒体内部汽水混合物入口引管的上半部加装有导流板，形成导流式筒体，这是它与立置非导流式旋风分离器的主要不同之处。导流板延长了汽水混合物的流程和在筒体内的停留时间，强化了离心作用，从而提高了分离效果，增加了旋风分离器的允许负荷。其允许负荷可以提高 20% 左右，且阻力相当。

（3）涡轮式旋风分离器。涡轮式旋风分离器又叫轴流式旋风分离器，如图 5-10 所示。其基本组成为：外筒、内筒、与内筒相连的集气短管、螺旋导叶装置和波形板百叶窗顶帽等。汽水混合物从涡轮式分离器底部进入，在向上流动的过程中，借助于固定螺旋导向叶片使汽水混合物产生强烈旋转，在离心力的作用下水被抛向内筒壁，并向上作螺旋运动，通过集气短管与内筒之间的环形截面流入内外筒间的疏水夹层，然后折向下流，进入汽包的水容积。蒸汽则由筒体的中心部分向上流动，经顶帽的波形板分离器进行水膜分离后进入蒸汽空间。涡轮式旋风分离器体积小、分离效率高，但阻力较大，多用于强制循环锅炉。

2. 波形板分离器

波形板分离器由许多波形钢板平行组装而成，如图 5-11 所示。当蒸汽进入波形板间的

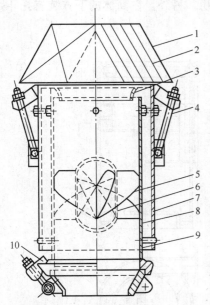

图 5-10　涡轮式旋风分离器

1—梯形顶帽；2—波形板；3—集汽短管；
4—钩头螺栓；5—固定式导向叶片；
6—芯子；7—外筒；8—内筒；
9—疏水夹层；10—支撑螺栓

弯曲通道时，蒸汽中的水滴便会在离心力的作用下被抛出来，黏附在钢板表面形成水膜，然后在重力的作用下流入汽包的水空间。波形板分离器主要用来集聚和除去蒸汽中的微小水滴，属于汽包中的细分离装置。

3. 多孔板分离装置

多孔板分离装置包括水下孔板和均汽孔板，如图 5-12 所示。水下孔板用厚度为 3～5mm 钢板制成，板上开有许多直径为 10～12mm 的小孔。当汽水混合物由汽包水空间引入时，常采用水下孔板，它布置在汽包中间水位以下 100～150mm 处，依靠小孔的节流作用，蒸汽在孔板下面形成一层汽垫，使汽泡能较均匀地流过孔板，沿汽包宽度能均衡蒸汽负荷，还能消除汽水混合物的动能。

均汽孔板用厚度为 3～5 mm 的钢板制成，板上开有许多直径为 5～8 mm 的小孔。均汽孔板装在汽包顶部蒸汽引出管之前的蒸汽空间，沿汽包长度方向布置。均汽孔板利用孔板的节流作用使蒸汽负荷沿汽包长度和宽度方向分布均匀，并且还能阻挡一些小水滴，具有一定的细分离作用。均汽孔板适用于各种容量和参数的锅炉，既可单独使用，也可与百叶窗配合使用。

（二）蒸汽清洗

汽水分离装置只能降低蒸汽的机械携带盐分。高压以上锅炉蒸汽的污染主要是选择性携带。当分配系数一定时，同蒸汽接触的锅炉水的含盐量越少，蒸汽的溶盐也就越少。因此，可以用清洁的给水来清洗蒸汽，减少蒸汽中的盐分含量。如图 5-13 所示，蒸汽穿过平板式清洗装置的给水层，蒸汽中的部分盐分可以扩散到较清洁的水层中，从而减少蒸汽直接溶解的盐分。

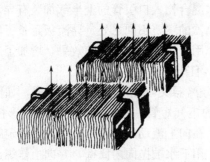

图 5-11　波形板分离器

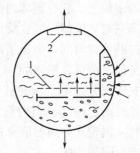

图 5-12　多孔板分离装置

1—水下孔板；2—均汽孔板

（三）锅炉排污

在锅炉运行中，虽然锅炉给水的含盐量都很少，但由于每千克蒸汽带走的盐量总比每千克给水带入的盐量要少，所以随着蒸发过程的不断进行，锅炉水中的盐分会越来越多，这就是通常所说的锅炉水的"浓缩"现象。锅炉水含盐量过大，不仅会污染蒸汽，而且会在水冷壁受热面上结垢，甚至腐蚀受热面，因此必须控制锅炉水的含盐量。为了保持一定的锅炉水品质，必须排走含盐浓度较高的部分锅炉水，补充部分较纯净的给水，使锅炉水的含盐量维持在一定范围之内。这种从锅炉中排出一部分锅炉水以改善锅炉水品质的方法叫排污。排污方法有两种，即连续排污和定期排污。连续排污是连续不断地从汽包水位面附近将浓度最大的锅炉水排出，降低锅炉水中的含盐量和碱度，使其保持在规定的范围之内，防止锅炉水浓度过高影响蒸汽品质。定

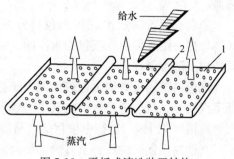

图 5-13　平板式清洗装置结构
1—平板孔；2—U 形夹

期排污是定期从锅炉水循环系统的最低点（水冷壁的下联箱处或大直径下降管底部）排放部分锅炉水，其主要目的是排除水中的沉渣、铁锈，以防这些杂质在水冷壁管中结垢和堵塞。定期排污每次排放的时间很短，一般不超过 0.5～1min。

排污量 D_{pw} 占锅炉额定蒸发量 D 的百分比称为排污率，以 ρ 表示，即

$$\rho = \frac{D_{pw}}{D} \times 100\% \tag{5-8}$$

增大排污率虽然可以降低锅水的含盐浓度，提高蒸汽的品质，但将损失较多的热量和水，从而影响蒸汽动力装置的效率，因此对排污率应加以控制。一般情况下，对凝汽式发电，$\rho=1\%\sim2\%$；对热电厂，$\rho=2\%\sim5\%$。

（四）提高给水品质

在排污量不变时，提高给水品质，可使锅炉水含盐相对减少，蒸汽品质得以提高。但过高地提高给水品质，将导致给水处理设备投资和运行费用的增加。

六、典型汽包及其内部装置

某锅炉厂生产的 220/9.81-M 型高压锅炉的汽包及其内部装置如图 5-14 所示。汽包内径为 1600mm，筒身厚度为 100mm，球形封头壁厚为 100mm，筒身全长为 11.6m，汽包全长为 13.4m，材料为 19Mn6。

汽包内部布置有旋风分离器、波形板分离器、清洗孔板和顶部多孔板等内部设备，它们的作用在于充分分离蒸汽中的水，并清洗掉其中的盐分，平衡汽包蒸发面负荷，保证蒸汽品质。40 只 $\phi315$ 旋风分离器分前后两排，沿汽包全长布置，每只旋风分离器负荷约为 5.5t/h。汽水混合物切向进入旋风分离器，汽水分离后，蒸汽向上流动，经旋风分离器顶部的波形板分离器进入汽空间进行重力分离，然后通过平板式清洗装置。经给水清

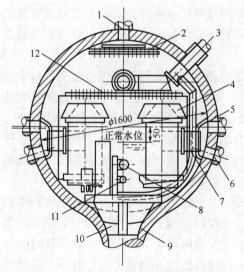

图 5-14　高压锅炉汽包及其内部装置
1—饱和蒸汽引出管管座；2—波形板分离器；3—给水管管座；4—旋风分离器；5—汇流箱；6—汽水混合物引入管管座；7—旋风分离器引入管；8—排污管；9—下降管管座；10—格栅；11—加药管；12—清洗装置

洗后的蒸汽再次进入汽空间进行重力分离，最后通过汽包顶部的均汽孔板引出汽包，进入过热器。

来自省煤器的给水进入汽包后分成两路，一路通过清洗装置，其水量为总给水量的50％，另一路直接引入汽包的水空间。在每个集中下降管入口处装设格栅板，防止产生旋涡而造成下降管带汽。

汽包内部还设有锅水处理用的磷酸盐加药装置和连续排污装置，以改善锅炉水品质，保证蒸汽质量。汽包正常水位在其中心线下 150mm，最高、最低水位距离正常水位各 50mm。汽包排污率为 1％，运行中根据蒸汽品质要求，调整给水品质及排污量。

其他高压锅炉的汽包及其内部装置的结构基本相同，尺寸以及旋风分离器的只数等可能有所差别。

第二节　过热器及汽温调节

过热器是锅炉的重要受热面。它的作用是将来自汽包的饱和蒸汽加热成具有额定温度的过热蒸汽，并且能够在工况变动时，保证其出口汽温在额定值附近允许范围内波动。过热器是锅炉工质温度最高的部件，而且过热蒸汽的吸热能力（冷却管子的能力）较差。为了尽量避免采用更高级别的合金钢，过热器选用的管子金属几乎都工作于接近其温度的极限值。这时 10～20℃的超温也会使其许用应力下降很多。因此，在过热器的运行中，应有可靠的调温手段，使运行工况在一定范围内变化时维持额定汽温，并尽量减少平行管之间的热偏差。

一、过热器的结构形式

根据传热方式的不同，过热器可以分为对流式、半辐射式、辐射式三种形式。

1. 对流式过热器

对流式过热器是指布置在对流烟道内，主要吸收烟气对流放热的过热器。对流式过热器由蛇形管受热面和进、出口联箱组成，通常为立式布置。管内蒸汽纵向冲刷，管外烟气横掠管束，进行对流换热。

根据管内外蒸汽和烟气总的流动方向，对流式过热器有逆流、顺流和混合流三种布置方式，如图 5-15 所示。逆流布置有最大的传热温差，金属耗量最少，但蒸汽出口温度最高处也是烟温最高处，管子工作条件差。一般在烟温较低区域的低温过热器采用逆流布置方式。顺流布置则相反，传热温差小，耗用金属多，但蒸汽出口处的烟气温度最低，管壁工作条件好，为在使用现有钢材条件下获得尽可能高的蒸汽出口温度，末级高温过热器都采用顺流布置方式。

蛇形管的排列方式有顺列和错列两种布置方式，如图 5-16 所示。烟气横向冲刷顺列布置受热面管时的传热系数比冲刷错列布置时小，但顺列管束管外积灰易于被吹灰器清除。故布置于高温烟气区的过热器采用顺列布置，而尾部烟井中多采用错列布置。

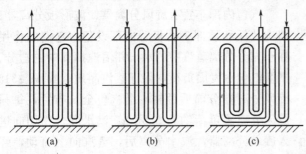

图 5-15　对流式过热器

（a）逆流；（b）顺流；（c）混合流

过热器并联蛇形管的排数主要由烟气流速决定。其横向节距,顺列布置时选取 $s_1/d=$ 2.0~3.5,错列布置时取 $s_1/d=3.0\sim3.5$。大容量锅炉的烟道宽度相对较小,满足烟气流速的管排数后,就不能满足蒸汽流速的要求。因其管内流通截面太小,蒸汽质量流速太大,超过工质压降限制,所以通常以多管并联套弯的形式满足蒸汽流速的要求。通常蛇形管有如图 5-17 所示的单管圈和多管圈结构。

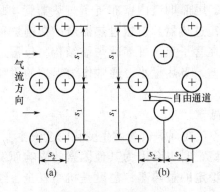

图 5-16 管子的顺列和错列布置
(a) 顺列;(b) 错列

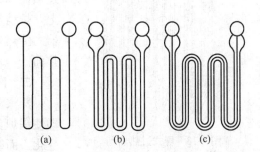

图 5-17 蛇形管结构
(a) 单管圈;(b) 双管圈;(c) 三管圈

对流式过热器中蒸汽流速应当适中,气流速度过低,则蒸汽对管壁的冷却差,气流速度过高,则流动阻力增大。高压锅炉蒸汽流速一般在 10~25m/s 之间。烟气流速的确定则主要考虑磨损、传热和流动压降,通常控制在 8~12m/s。

2. 半辐射式(屏式)过热器

半辐射式过热器是指布置在炉膛上部或出口处,既吸收烟气的对流热,又直接吸收炉内的辐射热的过热器,由于它像“屏风”一样把炉膛上部隔成若干个空间,通常又称为屏式过热器。屏式过热器的结构简图见图 5-18,它是由许多管子紧密排列的管屏组成,管屏通常悬挂在炉顶构架上,可以自由向下膨胀。为了增强屏的刚性,相邻两屏用连接管连接,在屏的下部用中间的管子把其余的管子包扎起来。

管屏中并列管子的根数约为 15~30 根,管子外径为 32~58mm,屏间节距 $s_1=600\sim$ 1200mm,相对纵向节距 $s_2/d=1.1\sim1.25$。

屏式过热器热负荷高,为了提高受热面工作的安全性,屏式过热器通常用作低温级过热器,烟气在屏与屏之间的空间流过,烟气流速通常为 6m/s 左右。屏式过热器以辐射为主,与对流式过热器联合使用,可改善汽温变化特性。

3. 辐射式过热器

辐射式过热器是指布置在炉膛中直接吸收炉膛辐射热的过热器。辐射式过热器有多种布置方式,若布置在炉膛壁面上,称为墙式过热器;若水平布置在炉顶,称为顶棚过热器;若悬挂在炉膛上部并靠近前墙,称为前屏过热器。辐射式过热器不仅使炉膛有足够的受热面来冷却烟气,同时由于辐射式过热器的温度特性与对流式过热器相反,还可改善锅炉汽温调节特性。对于中参数的锅炉机组,过热器吸热量占锅炉水总吸热份额吸热比例不是太高,因此,不需要布置墙式过热器和前屏过热器,仅仅采用顶棚过热器。而亚临界以上的锅炉机组有时还采用前屏过热器或墙式过热器。由于炉内热负荷很高,辐射式过热器的工作条件恶

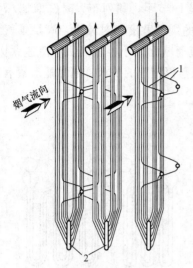

图 5-18　屏式过热器
1—连接管；2—包扎管

劣，为了改善工作条件，辐射式过热器通常作为低温级受热面，布置在远离火焰中心、热负荷稍低的炉膛上部。

4. 包覆过热器

锅炉为了采用全悬吊结构和敷管式炉墙，在水平烟道、转向室、尾部烟道内壁布置了过热器管，此种过热器称为包覆过热器。包覆过热器悬吊在锅炉顶梁上，炉墙敷设在管子上，可简化炉墙结构。包覆过热器的传热效果差，吸热量小，通常作为锅炉的附加受热面。

二、汽温调节

蒸汽温度不仅在锅炉负荷发生变化时会发生变动，即使锅炉负荷稳定时也会因为其他因素的影响而发生变化。而维持稳定的过热蒸汽温度是机组安全、经济运行的重要保证。汽温过高将引起管壁超温、金属蠕变、寿命降低，影响机组的安全性；汽温过低将引起循环热效率降低。根据计算，过热器在超温 10～20℃下长期工作，其寿命将缩短一半以上；汽温每降低 10℃，循环热效率降低 0.5%，而且汽温过低，会使汽轮机排汽湿度增加，从而影响汽轮机末级叶片的安全工作。通常规定蒸汽温度与额定温度的偏差值在 −10～＋5℃ 范围内。

（一）影响汽温变化的主要因素

影响汽温变化的因素主要有锅炉负荷、给水温度、饱和蒸汽特性、炉膛过量空气系数、燃料性质、燃烧器运行方式、受热面污染状况等。

1. 锅炉负荷对过热蒸汽温度的影响

锅炉负荷变化时，过热器出口蒸汽温度随之变化的规律，称为汽温特性。

汽温随锅炉负荷变化的汽温特性如图 5-19 所示。随着锅炉负荷的增加，过热器中蒸汽流量和燃料消耗量都相应增大，但炉内火焰温度升高甚少，辐射式过热器吸收的炉膛辐射热增加不多，不及过热器内蒸汽流量增加的比例大，因此辐射式过热器中蒸汽的焓增减少，出口蒸汽温度下降（见图 5-19 中的曲线 1）。同时，由于炉内火焰温度升高很少，炉内水冷壁的吸热量也增加甚微，多耗燃料产生的热量将使得炉膛出口烟温升高。燃料耗量增加还使得炉内高温烟气流量增大。由于烟气温度及流速的增高，布置在水平与尾部烟道的对流式过热器的换热量会增大许多，过热蒸汽焓增增大，出口汽温升高。如图 5-19 中曲线 2、3 所示，对流式过热器的出口汽温是随着负荷的增加而增大的。过热器离炉膛出口越远，过热器进口烟温 θ' 越低，烟气对过热器的辐射换热份额越少，汽温随负荷增加而上升的趋势越明显。这就是图中曲线 3 的斜率大于曲线 2 的原因。由于屏式过热器以炉内辐射和烟气对流两种方式吸热，因此，其汽温特性将稍微平稳些。辐射式和对流式的汽温特性正好相反，同时采用辐射式和对流式联合布置的过热系统，可以得到比较平缓的汽温特性。高压锅炉过热器由辐射式、半辐射式以及对流式过热器组成，由于辐射吸热份额不大，整个过热器的汽温特性为对流式。

单元机组滑压运行时，过热蒸汽压力随着负荷的降低而降低，蒸汽的比热容减小，加热到相同温度所需的热量减少。因此，锅炉负荷降低时，机组滑压运行时的过热蒸汽温度比机组定压运行时的汽温更容易保持稳定。

2. 给水温度对过热蒸汽温度的影响

锅炉运行过程中常常会因高压加热器停运等原因而使给水温度降低。为保持锅炉负荷不变，必须增加投入炉膛的燃料，这将使得炉内烟气量增加，炉膛出口烟温增加。这样，对流式过热器的吸热量将会增加，而此时流经过热器的蒸汽量未变，因此，出口蒸汽温度将随给水温度的下降而升高。给水温度的变化对辐射式过热器的出口汽温影响很

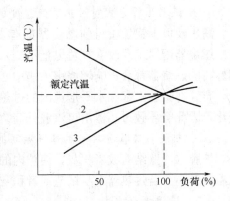

图 5-19　过热器汽温特性
1—辐射式过热器；2、3—对流式过热器，$\theta'_2 > \theta'_3$

小，基本保持不变。一般锅炉过热器总体呈对流汽温特性，若给水温度降低过多，有可能引起过热蒸汽超温。运行经验标明，给水温度降低 10℃，过热蒸汽温度增加 4～5℃，燃煤耗量增加 0.65%。通常采用降低负荷运行方法保证过热器的安全。

3. 饱和蒸汽特性对过热蒸汽温度的影响

从汽包出来的饱和蒸汽总含有少量水分。在正常情况下，进入过热器的饱和蒸汽湿度一般变化很小。但是在不稳定工况或者不正常的运行条件下，如当锅炉负荷突增、汽包水位过高及锅炉水含盐量太大而发生汽水共腾时，将会使饱和蒸汽湿度大大增加。由于增加的水分在过热器中要多吸收热量，在燃烧工况不变的情况下，用于干饱和蒸汽过热的热量相对减少，因此将引起过热蒸汽温度下降。

当锅炉使用饱和蒸汽吹灰时或者定期排污时，为了保证负荷的需要，需要增加燃料消耗量。因此，炉膛出口烟温和烟气流量增加，而过热器的蒸汽流量不变，所以汽温将会升高。

4. 过量空气系数对过热蒸汽温度的影响

炉膛内过量空气系数增大时，将使得炉内火焰温度降低，炉膛水冷壁吸热量减少，使炉膛出口烟温增加。同样，辐射式过热器和再热器的吸热量也减少，其汽温随过量空气系数的增大而下降。过量空气系数的增大还使燃烧生成的烟气量增多，流过烟道的烟气流速增大。对于对流式过热器，由于对流传热系数和温差的增加，其出口汽温也随着升高。在锅炉运行过程中，有时用增加炉内过量空气系数的方法来提高汽温，但这将以降低锅炉效率作为代价。随着过量空气系数的增大，锅炉排烟热损失将增加。

5. 燃料性质对过热蒸汽温度的影响

燃料中水分和灰分增加时，燃煤的发热量降低，为了保证锅炉的蒸发量，必须增加燃料量。因为水分蒸发和灰分本身提高温度均需要吸收炉内的热量，故使炉内温度水平降低，炉内辐射传热量减少，水冷壁的蒸发率降低，炉膛出口烟温升高。同时，水分的增加也使烟气容积增大，烟气流速增加。水冷壁的蒸发率降低、炉膛出口烟温及烟速的增加，即使单位辐射传热增加，也使对流传热增加，故汽温升高。当燃煤的挥发分降低、含碳量增加或者煤粉较粗时，煤粉在炉内的燃尽时间增长，火焰中心上移，炉膛出口烟温升高，结果使汽温升高。

6. 燃烧器运行方式对过热蒸汽温度的影响

高压及以上锅炉机组的燃烧器都有多排，而且有些燃烧器的喷口可以向上或者向下倾斜。燃烧器配风工况改变（总风量不变），燃烧器喷口向上或者向下倾斜或者运行中投入不同标高的燃烧器都会影响燃烧室火焰中心的位置。当火焰中心上移时，炉膛辐射吸热份额下降，布置在炉膛上部和水平烟道内的过热器的传热温差增大，吸收热量增多，而蒸汽量没有变化，因此会导致过热器出口汽温升高。

7. 受热面污染状况对过热蒸汽温度的影响

炉膛水冷壁结渣或者积灰，使炉内的辐射换热量减少，炉膛出口烟气温度提高，使得蒸汽温度升高。若过热器本身结渣或者积灰，会因为吸热量减少而导致蒸汽温度降低。

（二）汽温调节方法

汽温调节方法可以分为蒸汽侧调节和烟气侧调节两大类。蒸汽侧调节是指通过改变蒸汽的焓值来调节汽温；烟气侧调节是指通过改变流经受热面的烟气量或通过改变炉内辐射受热面和对流受热面的吸热量份额来调节汽温。蒸汽侧调节主要采用喷水减温器，烟气侧调节主要采用改变燃烧火焰中心位置的方法。

1. 喷水减温器

喷水减温是将水直接喷入蒸汽中，喷入的水在加热、蒸发和过热的过程中将消耗蒸汽的部分热量，使汽温降低。喷水减温调节法调节灵敏、惯性小，易于实现自动化，加上调温范围大、设备结构简单，在电站锅炉上获得了普遍应用。

高压及以上锅炉的过热器系统，一般布置两级喷水减温器，第一级布置在屏式过热器前，喷水量大些，以保护屏式过热器不超温，并作为过热汽温的粗调节。第二级布置在末级高温对流式过热器之前，对过热汽温进行微调。两级布置，可以保证高温过热器不超温并控制出口汽温，同时减小时滞、提高调节的灵敏度。喷水减温装置通常都安装在过热器的连接管道或者联箱处。减温水一般采用给水。一般设计的喷水量约为锅炉容量的 $4\% \sim 7\%$。

喷水减温只能使蒸汽温度降低，不能使蒸汽温度升高，所以过热器设计时需多布置一些受热面，使锅炉在低负荷时能达到额定汽温，而在高负荷时投入减温器喷水减温。

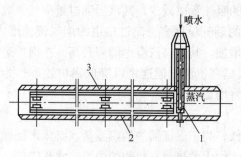

图 5-20　多孔管式喷水减温器
1—多孔管；2—混合管；3—减温器联箱

喷水减温器有多种形式：多孔管（笛形管）式喷水减温器、旋涡式喷嘴喷水减温器及文丘里管式喷水减温器。

（1）多孔管（笛形管）式喷水减温器。多孔管式喷水减温器又称笛形管式喷水减温器，它由多孔喷管（笛形管）和混合管组成。多孔喷管上开有若干喷水孔，喷水孔一般在背向汽流方向的一侧，以使喷水方向和汽流方向一致。喷水孔直径通常为 $5 \sim 7\text{mm}$，喷水速度为 $3 \sim 5\text{m/s}$。其结构见图 5-20。

为了防止多孔管悬臂振动，喷管采用上下两端固定。多孔管式喷水减温器结构简单，制造安装方便，虽然雾化质量差些，但较长的混合管足以使水滴充分混合、汽化和过热，故应用较广。

（2）旋涡式喷嘴喷水减温器。旋涡式喷嘴喷水减温器由喷嘴、文丘里管和混合管组成，如图 5-21 所示。减温水经旋涡式喷嘴喷出雾化，在文丘里管喉部与高速（70～120m/s）蒸汽混合，很快汽化与过热，使汽温降低。混合管长约 4～5m，混合管与蒸汽管道的间隙为 6～10mm。这种减温器雾化质量很好，能适应减温水量频繁变化的场合，而且减温幅度较大。

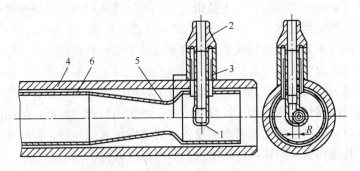

图 5-21　旋涡式喷嘴喷水减温器

1—旋涡式喷嘴；2—减温水管；3—支撑钢碗；4—减温器联箱；
5—文丘里管；6—混合管

（3）文丘里管式喷水减温器。文丘里管式喷水减温器由文丘里管、水室和混合室组成，如图 5-22 所示。在文丘里管的喉部布置有多排直径为 3mm 的小孔，减温水经水室从小孔喷入蒸汽流中，使水和蒸汽激烈混合而雾化。孔中水速约 1～2m/s，喉部蒸汽流速达 70～100m/s。该种减温器蒸汽流动阻力小，水的雾化效果较好。

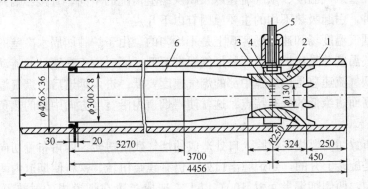

图 5-22　文丘里管式喷水减温器

1—减温器联箱；2—文丘里管；3—喷水孔；4—环形水室；
5—减温水室；6—混合室

在采用喷水减温作为过热汽温的调节手段时，不仅减温水流量发生变化时汽温会发生变化，而且减温水温度发生变化时汽温也会变化。如果用给水作为减温水，在给水系统压力升高时，虽然减温水调节阀的开度未变，但这时减温水量增加了，使过热蒸汽被吸走的热量增加，而烟气侧的传热量没有变化，因而引起汽温下降。另外，由于减温水门的泄漏或者关闭不严也会引起汽温下降。

2. 改变火焰中心位置

改变火焰中心位置，也就改变了燃料在炉膛的燃烧时间或停留时间，改变了燃料在炉膛的放热量，即改变了炉膛出口的烟气温度，从而达到改变过热蒸汽温度的目的。

改变喷燃器倾角可改变火焰中心位置。经验表明，炉膛四角布置的喷燃器，其倾角每改变 1°能使过热蒸汽温度改变 2℃。但喷燃器倾角不能过大，向上倾角过大，将增大不完全燃烧损失，还可能使炉膛出口结渣；向下倾角过大，可能造成冷灰斗结渣和燃烧损失增加。一般燃烧器向上向下摆动角度在 ±（20°～30°）时，可调节汽温 40～60℃。

对于沿炉膛高度布置喷燃器的锅炉，可将不同高度的喷燃器组投入或停止运行，即通过上下喷燃器的切换来改变火焰中心的位置。当汽温偏高时，应尽量投入下部喷燃器或加大下部喷燃器的燃料量，同时停止上部喷燃器或减少上部喷燃器的燃料量，使火焰中心下移，燃料在炉膛的停留时间延长，向炉膛的散热量增大，炉膛出口烟温降低，达到降低蒸汽温度的目的。汽温降低时，可尽量将上部喷燃器投入运行或增加其燃料量，同时减少下部喷燃器的投运只数或减少其燃料量，同样可达到使过热蒸汽温度升高的目的。

三、热偏差

过热器长期安全工作的首要条件是其金属壁温不超过材料的最高允许温度。过热器是由很多并列的管子组成的，各管子的结构尺寸、内部阻力系数和热负荷可能不同而引起的每根管子中蒸汽焓增不同的现象，称为热偏差。由于过热器并列工作的管子间的受热面积差异不大，所以产生热偏差的原因主要是吸热不均和流量不均。显然，最危险的是热负荷较大而蒸汽流量又较小，因而其汽温较高的那些管子。

（一）吸热不均

由于各管外壁烟气温度、烟气流速以及积灰结渣情况的不同，直接影响到管内蒸汽的吸热量。具体地讲，引起吸热不均的主要原因有以下几点：

（1）炉内烟气温度场和速度场客观上是不均匀的。由于炉膛四周水冷壁的吸热，使得靠近炉壁处的烟气温度总是比炉膛中部的烟气温度要低，同时由于炉壁处的流动阻力大，所以靠近炉壁处的烟气流速总是比炉膛中部的烟气速度要低。进入烟道后的烟气温度场和速度场仍将保持中部高而边缘低的分布特点。这就使得烟道内沿宽度方向中部的热负荷较大，两侧的热负荷较小。

（2）四角布置切向燃烧在炉膛入口处造成的烟气残余扭转。四角布置切向燃烧时，整个炉膛内的气流是旋转上升的，到炉膛出口处，仍有残余扭转。这将使烟道内两侧的烟温和烟气流速分布不均，两侧烟温差可达 100℃ 以上，造成布置在烟道内的过热器受热面热负荷不均。

（3）运行中火焰中心的偏移与水冷壁结渣。在运行中，若四角燃烧器出口的煤粉浓度和一、二次风速配合不当，将使火焰中心发生偏移，并将使残余扭转增大，这将引起炉内温度场和速度场的不均匀。水冷壁的结渣也将增大炉内温度场和速度场的不均匀性，最后导致过热器的吸热不均匀。

（4）过热器的积灰结渣。过热器的积灰结渣总是不均匀的，这就使灰层热阻是不均匀的，从而导致过热器和再热器热负荷的不均匀。另外，积灰结渣会造成阻塞，引起烟速分布不均，进一步加剧热负荷的不均匀性。

（5）存在烟气走廊。由于设计、安装及运行等原因造成过热器的横向节距不同，使个别管排之间有较大的烟气流通截面，形成烟气走廊。在烟气走廊内，烟气流动阻力较小，烟气流动加快，对流传热增强。同时，由于烟气走廊具有较厚的辐射层厚度，也使辐射吸热增加，最后导致其他部分管子吸热量相对减少，造成吸热不均。

（二）流量不均

流经每根过热器管子的流量取决于该管的流动阻力系数和管子进出口之间的压差。各并列管长度不等、内径不同、弯头数或粗糙度不同，都会引起流动阻力系数不均匀。阻力系数越大，流量越小。过热器进出口联箱的引入、引出方式不同，对并列管进出口压差影响很大。另外，吸热不均也会导致各管工质比体积发生变化而对流量产生影响。吸热量大的管子，其内部蒸汽的比体积就大，管内蒸汽的焓增就大，管子出口的蒸汽温度和壁温也相应升高。

在以上因素中进出口联箱的引入、引出方式对流量不均的影响最为显著。常见的连接方式有 Z 型连接和 U 型连接。

在 Z 型连接方式中，蒸汽由进口联箱左端引入，从出口联箱右端导出。在进口联箱中，沿联箱长度方向工质流量逐渐减少，动能逐渐降低而静压逐渐升高，在其右端，蒸汽流量下降到最小值，静压升高到最大值，见图 5-23（a）中的 p_1 曲线。与此相反，在出口联箱中，静压逐渐降低，如图 5-23（a）中的 p_2 曲线。由此可知，在 Z 型连接管组中，管圈两端的压差 Δp 有很大差异，因而在过热器的并列管圈中导致了较大的流量不均。左端管圈的压差最小，故左端管圈中的工质流量最小，右端管圈的压差最大，故右端管圈中工质流量最大。

在 U 型连接方式中 ［见图 5-23（b）］，两个联箱内静压变化方向相同，因此，各并列管圈两端的压差 Δp 相差较小，管组的流量不均匀性也较小。

显然，采用多管均匀引入和导出的连接方式（见图 5-24），沿联箱长度静压的变化对流量不均的影响将减小到最低程度。但是要增加联箱的并列开孔，并使连接管道复杂。

实际运用中也可采取从联箱端部引入或引出，以及从联箱中间经单管或双管引入和引出的连接系统。其原因在于这样的布置具有管道系统简单，蒸汽混合均匀和便于装设喷水减温器等优点。

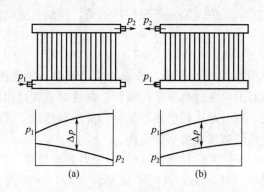

图 5-23　过热器联箱常见的连接方式
（a）Z 型连接；（b）U 型连接

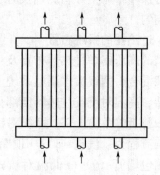

图 5-24　多管连接方式

（三）减小热偏差的方法

尽管在运行中和结构上采取了各种措施，但完全消除热偏差是不可能的。为了减轻热偏差，常采用以下措施。

1. 受热面分级布置

将整个过热器分成串联的几级，使每级的工质焓增减少，在各级之间采用大直径的中间联箱使蒸汽充分混合，经混合后热偏差可以消除或减小，级数越多，热偏差值就越小。沿烟道宽度方向中间热负荷高、两侧热负荷低，为了减轻热偏差，通常沿烟道宽度方向进行分段，即将受热面布置成并联混流方式。

2. 选择合理的联箱连接形式

采用合理的连接形式有助于减少流量不均引起的热偏差。采用 U 型连接比 Z 型连接要好，采用多管均匀引入和引出的连接形式可以使静压变化达到最小。

3. 加装节流圈

在受热面管子入口处加装不同孔径的节流圈，可以增加管内蒸汽的流动阻力，控制各管的蒸汽流量，减少各管中流量的不均匀性。

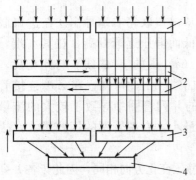

图 5-25　蒸汽左右交叉连接系统
1—蒸汽进口联箱；2—中间联箱；
3—出口联箱；4—集汽联箱

4. 炉宽两侧的蒸汽进行左右交叉

为了消除烟道左右两侧温度不均和烟速不均引起的热偏差，可以采用两级间左右交叉流动，如图5-25所示，使原在左侧的蒸汽移至右侧，而原在右侧的蒸汽移至左侧。

5. 使热负荷高的管内具有高流速

使热负荷高的管子具有较大的蒸汽流量，以使蒸汽的焓增减小，热偏差减小。例如，对屏式过热器受热较强的外圈管子，可以采用较大的管径或缩短管圈长度的方法，减少蒸汽的流动阻力，从而使管内蒸汽的流量加大。

6. 采用各种定距装置

采用定距装置，保持横向节距，避免由于烟气走廊而引起的热偏差。

7. 运行措施

运行操作中调整好燃烧，及时吹灰，力求避免火焰偏斜和炉内结渣，使烟气流动和烟温尽可能均匀。

四、过热器的系统布置

典型的高压锅炉过热器布置及系统流程如图5-26所示。该锅炉采用辐射与对流相结合、多次交叉混合、两级喷水调温系统。过热器由顶棚过热器及包墙管、低温对流式过热器、屏式过热器、高温对流式过热器四部分组成。高温对流式过热器又分为冷段和热段。屏式过热器位于炉膛折焰角前上部，两级对流式过热器布置在水平烟道内。

蒸汽流程为：汽包（1）→顶棚管（3）→竖井后包墙管（4）→竖井侧包墙管（7）→水平烟道侧包墙管（9）→低温对流式过热器（15）→一级喷水减温器（17）→屏式过热器（19）→高温对流式过热器冷段（20）→二级喷水减温器（21）→高温过热器热段（22）→高温对流式过热器出口集箱（23）→集汽集箱（24）。

饱和蒸汽由汽包顶部10根 $\phi 133 \times 10\text{mm}$ 的连接管引入顶棚管入口集箱，通过75根 $\phi 51 \times 5.5\text{mm}$ 鳍片管组成的顶棚管进入竖井后包墙下集箱。经过直角弯头，蒸汽进

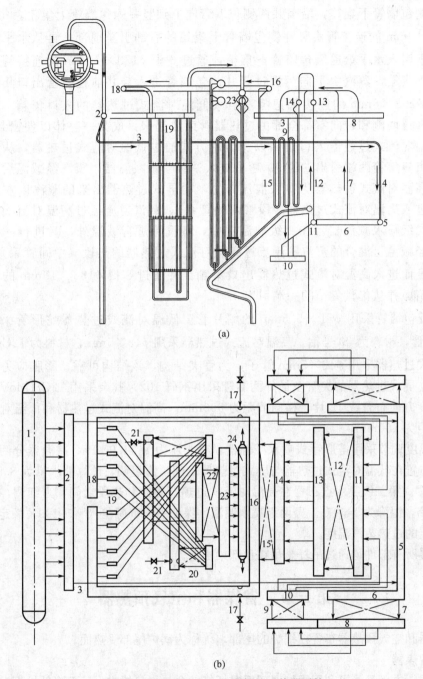

图 5-26　NG-220/9.8-M 型锅炉过热器系统

（a）过热器布置图；（b）过热器系统流程图

1—汽包；2—顶棚管入口集箱；3—顶棚管；4—竖井后包墙管；5—竖井后包墙下集箱；6—竖井包墙管下集箱；7—竖井侧包墙管；8—竖井侧包墙管上集箱；9—水平烟道侧包墙管；10—水平烟道侧包墙管下集箱；11—竖井前包墙管下集箱；12—竖井前包墙管；13—竖井前包墙管出口集箱；14—低温过热器入口集箱；15—低温对流式过热器；16—低温对流式过热器出口集箱；17——级喷水减温器；18—屏式过热器入口集箱；19—屏式过热器；20—高温对流式过热器冷段；21—二级喷水减温器；22—高温过热器热段；23—高温对流式过热器出口集箱；24—集汽集箱

入竖井两侧包墙管下集箱，沿竖井两侧包墙管向上到竖井侧包墙管上集箱。每侧通过 3 根 $\phi133\times10mm$ 的连接管由竖井侧包墙管上集箱的后部引至前部，再从水平烟道两侧包墙管向下引入水平烟道侧包墙管下集箱，通过 6 根 $\phi133\times10mm$ 的连接管引至竖井前包墙管下集箱，蒸汽由下向上流过竖井前包墙管进入竖井前包墙管出口集箱。然后通过 7 根 $\phi108\times8mm$ 的连接管把蒸汽引入低温对流式过热器的入口集箱。这样，炉顶、水平烟道两侧和转向室都全部由过热器管束敷起来，成为一整体以便密封和膨胀。蒸汽由低温对流式过热器入口集箱以逆流的方式通过低温对流式过热器，从低温对流式过热器出口集箱两端引出，经 90°弯头进入一级喷水减温器，蒸汽经减温后进入屏式过热器。高温对流式过热器为并联混流布置，由屏式过热器出来的蒸汽以左右两侧交叉的方式进入高温对流式过热器冷段（两侧管系），蒸汽逆流经过高温对流式过热器冷段后进入二级喷水减温器。在二级减温器中，蒸汽除进行减温外，又进行一次左右交叉混合。经减温、混合的蒸汽顺流流过高温对流式过热器的热段（中间管系），汽温达到额定温度而进入高温对流式过热器出口集箱，并通过 8 根 $\phi133\times13mm$ 的连接管引入集汽集箱，并从集汽集箱的一端引出。

顶棚及包墙管采用 $\phi51\times5.5mm$ 的鳍片管。低温对流式过热器蛇形管采用 $\phi38\times4.5mm$ 钢管，材料为 20 号钢。高温对流式过热器采用 $\phi42\times5mm$，材料为 12Cr1MoV 的钢管。屏式过热器采用 $\phi42\times5mm$ 管子，为管夹结构，该结构可靠，膨胀应力较小。为安全起见，屏式过热器的夹管及最外两圈管采用钢研 102，其余采用 12Cr1MoV。屏式过热器沿宽度方向布置成 12 片，横向节距为 600mm。高温对流式过热器和低温对流式过热器横向节距为 100mm。

蒸汽温度调节采用笛形管式喷水减温器，喷水压力为 11.9MPa，减温器分两级。第一级喷水点布置在低温对流式过热器与屏式过热器之间，为粗调，计算喷水量为 8.53t/h，温降为 20.3℃。第二级喷水点布置在高温对流式过热器冷段和热段之间，为细调，计算喷水量为 3.5t/h，温降为 14.9℃。经两级喷水调温，保证锅炉负荷在 70%～100%额定负荷范围内达到额定的过热蒸汽温度。

过热器所有部件均通过吊杆悬吊在顶部梁格上。

第三节　省煤器和空气预热器

省煤器和空气预热器布置在锅炉的尾部，统称为锅炉尾部受热面。

一、省煤器

省煤器一方面是为了利用锅炉尾部低温烟气的余热加热给水，从而降低排烟温度，提高锅炉效率；另一方面，省煤器工质温度低、传热系数高、价格较为低廉，可以取代部分蒸发受热面。

电站锅炉均采用钢管式省煤器，如图 5-27 所示，钢管式省煤器由许多平行蛇形管组成，在烟道中呈逆流布置，管子外径一般为 $\phi32\sim51mm$，管径越小，烟气对管壁的放热系数越大，传热效果越好。

按照省煤器出口工质状态的不同，可以分为沸腾式和非沸腾式两种。如果出口水温低于饱和温度，叫做非沸腾式省煤器；如果出口水温已经达到饱和温度并部分产汽，叫做沸腾式省煤器。

省煤器蛇形管可以错列或顺列布置。错列布置的省煤器结构紧凑，管壁上不易积灰，但一旦积灰后吹灰比较困难，磨损也比较严重。顺列布置则正好相反。

非沸腾式省煤器水速要求不小于 0.5m/s，这是因为：水在受热后，其中未除尽的氧气便要析出，为防止氧气贴在管壁腐蚀，必须有足够高的水速将氧气带走。

为防止积灰，烟气流速不能太低，额定负荷时烟气流速应大于 6m/s，同时为了避免严重磨损，应控制烟速不大于 10m/s。

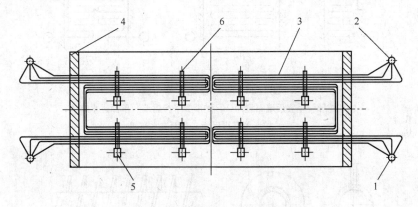

图 5-27　电站锅炉省煤器
1—进口集箱；2—出口集箱；3—蛇形管；4—炉墙；5—横梁；6—吊夹

蛇形管在烟道中的布置方向，可以垂直于锅炉后墙，也可以与锅炉后墙平行，如图 5-28 所示。省煤器布置方向对水速影响很大。一般尾部烟道的宽度远大于深度。图 5-28（a）所示蛇形管垂直于后墙布置方式管子根数最多，采用此方案容易达到水速的要求；图 5-28（b）所示蛇形管平行于后墙、单面进水布置的蛇形管数最少；为了达到水速的要求，可以采用蛇形管平行于后墙、双面进水布置方式，如图 5-28（c）所示。当蛇形管垂直后墙布置时，管组支吊比较容易，但此种布置方式对飞灰磨损不利，烟气自水平烟道至尾部烟道经过转弯，大部分灰粒集中在炉子的后墙，烟速也高，所有蛇形管靠后墙的弯头都易磨损。所以，一般煤粉炉应采用蛇形管平行后墙布置方案，这种方案磨损最严重的仅是靠后墙的几排管子，便于更换。

为了增加省煤器烟气侧换热面积，强化传热，使结构更紧凑，可采用扩展表面式省煤器。扩展表面的形式如图 5-29 所示，在蛇形管上焊接纵向鳍片［见图 5-29（a）］或者螺旋肋片［见图 5-29（b）］，在传热量，金属消耗量和通风量相等的条件下，其受热面的体积和质量比光管省煤器小 25%～30%。扩展表面省煤器还能减轻磨损，因为它们比光管省煤器体积小，传热表面又大得多，所以在烟道截面积尺寸不变的情况下，可以采用较大的横向节距，降低烟气流速，减轻磨损。

二、空气预热器

空气预热器是锅炉的重要组成部分，它具有如下作用：

（1）进一步降低排烟温度，提高锅炉效率。高压以上锅炉的给水温度都较高（高压锅炉 220℃，超高压锅炉 260℃），如果不采用空气预热器，排烟温度仍然很高。利用比给水温度

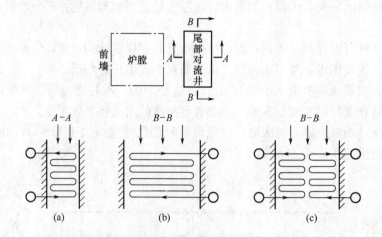

图 5-28　省煤器蛇形管布置

(a) 蛇形管垂直后墙布置；(b) 蛇形管平行后墙、单面进水布置；

(c) 蛇形管平行后墙、双面进水布置

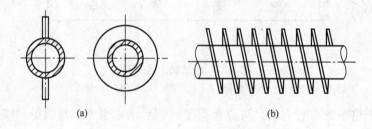

图 5-29　扩展表面省煤器

(a) 纵向肋片；(b) 螺旋肋片

低得多的空气冷却烟气，可以进一步降低排烟温度，提高锅炉效率。

（2）改善或强化燃烧。由于送入炉内的空气温度的提高，可使燃料迅速着火，强化燃烧，保证低负荷下燃烧的稳定性。

（3）强化传热，节约锅炉受热面的金属消耗量。炉膛与受热面的辐射换热与火焰平均温度的 4 次方成正比。进入炉膛的助燃空气温度越高，火焰的平均温度就越高，炉内的辐射换热也就越强。在满足相同的蒸发吸热量的条件下，水冷壁管受热面减少，故节约了金属消耗量。

（4）热空气可作为制粉系统的干燥剂。

锅炉最常用的空气预热器可以分为管式空气预热器、热管式空气预热器和回转式空气预热器。回转式空气预热器一般应用于大型锅炉，对于高压非再热锅炉机组，几乎无一例外都采用管式空气预热器。因此，本书仅介绍管式空气预热器和热管式空气预热器。

1. 管式空气预热器

管式空气预热器的结构如图 5-30（a）所示。它由许多平行错列布置的钢管组成，管子的两端与管板焊接，形成立方体管箱。管箱通过支架支撑在锅炉钢架上。通常烟气在管内纵向流动，空气从管间的空间横向绕流管子，两者形成交叉流动，如图 5-30（b）所示。为使

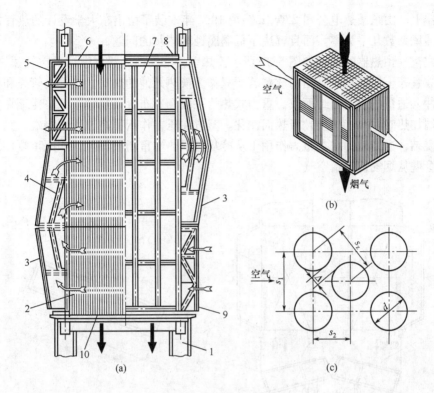

图 5-30　管式空气预热器

1—锅炉钢架；2—空气预热器管子；3—空气连通罩；4—导流板；5—热风道的连接法
兰；6—上管板；7—预热器墙板；8—膨胀节；9—冷风道的连接法兰；10—下管板

空气作多次交叉流动，水平方向装有中间管板，中间管板用夹环固定在个别管子上。

　　为了降低造价并防止管内堵灰，管式空气预热器大多采用外径为 $\phi40\sim51$mm 的有缝薄壁铜管，壁厚为 $1.25\sim1.5$mm。由于烟气在管内是纵向流动，因此飞灰对管子的磨损较小。若烟气速度较高，不但可以提高烟气侧放热系数，还具有较好的吹灰能力。一般烟气流速取 $10\sim14$m/s。为使空气预热器的结构紧凑，管子以错列方式排列，如图 5-30（c）所示，这样可以提高管外横向流动空气与管壁的放热系数，空气的流速一般为烟气的一半左右。

　　管式空气预热器的结构和布置方式根据锅炉容量的大小及预热空气温度的高低分为多种形式。以气流的通道和流程区分，可分为单通道和双通道、单流程和多流程形式，如图 5-31 所示。

　　2. 热管式空气预热器

　　热管，作为一种热交换器，近年来在不少电厂广泛应用于

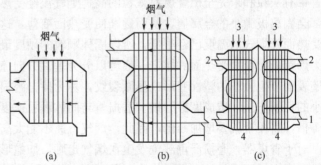

图 5-31　管式空气预热器的布置方式

(a) 单通道单流程；(b) 单通道多流程；(c) 双通道多流程

1、2—空气进口和出口；3、4—烟气进口和出口

空气预热器上。山东某热电公司 220t/h 锅炉 1995 年安装了由山东大学设计的热管式空气预热器后，漏风系数几乎为零，而且解决了低温腐蚀和堵灰的问题。

热管式空气预热器的结构如图 5-32 所示。热管式空气预热器也像管式空气预热器那样，在烟道内放置若干组管箱，管箱内放置若干只作为换热元件的热管。热管由管壳和将管壳抽成真空并冲入适量的水后密封而成。重力式热管一般倾斜布置，热端在下，冷端在上，当烟气对其热端加热时，水（工质）吸热而汽化，蒸汽在压差作用下高速流向冷端，并向空气放出潜热而凝结，凝结后的水在重力作用下从冷端流回热端重新被加热，如此重复，便将热量不断通过管壁从烟气传递给空气。

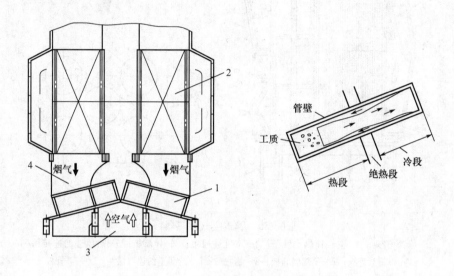

图 5-32　热管式空气预热器
1—热管式空气预热器管箱；2—高温段管式空气预热器；3—风道；4—烟道

热管式空气预热器具有体积小、阻力小、防止低温腐蚀、漏风几乎为零等优点。所以，检修和日常维护的工作量少，使用寿命较长（一般为 10～15 年）。

三、尾部受热面的磨损、腐蚀和堵灰

1. 尾部受热面的磨损

带有灰粒和未完全燃烧燃料颗粒的高速烟气流经受热面时，固体颗粒对受热面的每次撞击都会剥离极微小的金属屑，从而逐渐使受热面变薄，这就是飞灰对受热面的磨损。由于低温受热面处烟气的温度已经很低，所以固体颗粒的硬度最高，因此，低温受热面的飞灰磨损最为严重。颗粒对受热面的撞击一般可以分为垂直方向撞击和切向撞击。垂直方向撞击可使管壁表面产生微小的塑性变形或显微裂纹，称为撞击磨损。切向撞击的颗粒对管壁表面产生微小的切削作用，造成摩擦磨损。磨损量与固体颗粒速度的 3 次方成正比，即烟气流速每增加 1 倍，磨损量就要增加 8 倍，因此，烟气流速不能太高。

对于省煤器，磨损严重部位发生在烟气走廊，如蛇形管束的弯头区域或蛇形管束的两侧管排。磨损是不均匀的，如对横向冲刷的第一排管子，磨损最严重的在偏离气流 30°～50°处，此处受撞击和切削的作用最大。在第二排管子以后，错列管束往往在偏离气流 25°～35°处磨损；顺列管束往往在偏离气流 60°处磨损。错列管束第二排磨损最严重，顺列管束第五

排以后磨损最严重。

通常采用以下措施减轻磨损：

（1）降低烟气流速和飞灰的浓度。

（2）采用防磨装置。在尾部烟道中受热面磨损比较严重的部位加装防磨装置是重要的防磨措施之一，如在第一排和第二排管的通风面装设局部防磨装置，如图 5-33 所示。为了避免在省煤器烟道内产生局部烟速过大和飞灰浓度过大，防止烟气走廊的出现，可以采用如图 5-34 所示的折流板结构。在烟气走廊进口也可以加装梳形管和护瓦来减轻磨损，如图 5-35 所示。

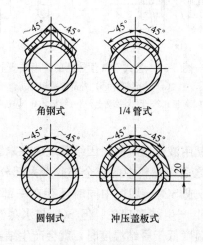

图 5-33 局部防磨装置

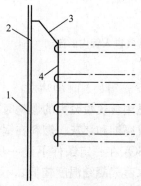

图 5-34 省煤器与管箱连接
1—管箱侧边；2—角钢带；
3—折流板；4—双孔板

（3）运行中控制风量不致过大；调整好燃烧，防止烟气偏斜和漏风；锅炉不超负荷运行。

（4）采用螺旋肋片管或鳍片管对防磨也有一定的作用。

对于管式空气预热器，烟气在管内纵向冲刷，飞灰颗粒对管壁的磨损较小，只是在进口段管壁磨损较严重。如图 5-36 所示，烟气在进入管内前是平行无旋流动，当烟气进入管子时，在入口处会产生收缩。由于收缩处管壁附近出现负压旋涡区，将吸引烟气，所以收缩至最小截面后又迅速扩张，经过一定距离后才完全恢复与管壁的平行流动。在烟气流扩张过程中，灰粒随烟气以一定的角度斜向冲击管壁，产生冲击磨损。所以，管式空气预热器入口段 200～300mm 的范围内产生较为严重的磨损，很容易

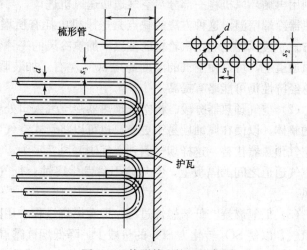

图 5-35 梳形管和护瓦的布置

磨穿管壁造成漏风，导致空气预热器低温腐蚀和堵灰，以及锅炉效率降低。具有较好防磨效果的措施是在进口处加装防磨管，如图 5-37 所示。

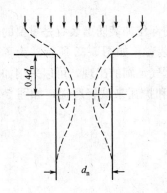

图 5-36　烟气进入管内的流动

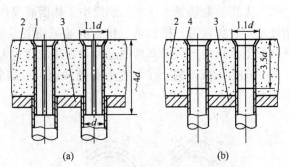

图 5-37　管式空气预热器的防磨装置

(a) 内套管；(b) 外部焊接短管

1—内套管；2—耐火混凝土；3—管板；4—焊接短管

2. 尾部受热面的腐蚀和堵灰

当锅炉燃用含硫量较大的燃料时，尤其是燃用液体燃料时，因结露现象在末级空气预热器经常会造成腐蚀和堵灰。燃料在锅炉中燃烧之后，燃料中的硫全部或者大部分形成 SO_2，其中一部分 SO_2 在一定条件下进一步氧化而形成 SO_3。烟气中同时还存在一部分水蒸气，通常这部分水蒸气凝结温度较低，不会在管壁上产生结露现象。但 SO_3 与水蒸气混合形成的硫酸蒸汽凝结温度较高，当空气预热器管壁温度低于凝结温度时，就会产生结露现象。在受热面上，大量硫酸蒸汽凝结成硫酸液，造成低温受热面的腐蚀和堵灰。

减轻低温腐蚀和堵灰的措施有：

（1）提高空气预热器受热面壁温。提高排烟温度可以提高受热面壁温，但是这也会使排烟热损失增加。因此，排烟温度的提高受到限制。提高空气预热器进口空气温度使壁温提高是最常用的方法，通常用热空气再循环或者加暖风器来提高空气预热器的进口温度。

图 5-38 所示为热风再循环系统。该系统利用预热器出口处与送风机入口之间的压差或者利用再循环风机将一部分热空气送回送风机进口，与冷风混合以提高进风温度，进而提高预热器冷端壁温。这种方法的缺点是送风机电耗有所增加。图 5-39 所示是采用加装暖风器的方式。暖风器是利用汽轮机的抽汽来加热冷风的一种管式加热器，它装在空气预热器前的进风通道上，可以使空气的温度提高 80℃ 左右。加装暖风器后虽使排烟温度升高，但电站的总经济性仍可能略有提高。

（2）空气预热器分段。将空气预热器冷空气入口处壁温接近或低于露点的部分设计成独立的整体，以便在腐蚀后易于更换。也可以将管式空气预热器最下面一段受热面全部用热管式空气预热器代替，这样烟气侧到空气侧漏风几乎为零。这是因为热管紧密固定在烟气通道和空气通道之间的隔板上，空气侧不易发生腐蚀，烟气侧有个别热管腐蚀损坏也不会造成漏风。

（3）低氧燃烧。低氧燃烧过程，即在燃烧过程中用降低过量空气系数来减少烟气中的剩余氧气，以使 SO_2 转化为 SO_3 的量减少，降低烟气露点。但低氧燃烧必须保证燃烧的完全。另外，控制炉膛燃烧温度水平也可以减少炉内 SO_3 的生成量，采用烟气再循环可以降低炉膛温度。

（4）避免和减少尾部受热面的漏风。漏风将使进入空气预热器的温度降低，腐蚀加速。特别是空气预热器漏风，漏风处壁温大大降低，导致严重的腐蚀和堵灰。

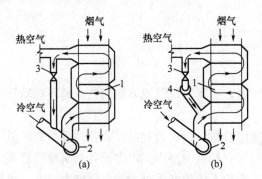

图 5-38 热风再循环系统

(a) 利用送风机再循环；(b) 利用再循环风机

1—空气预热器；2—送风机；3—调节挡板；4—再循环风机

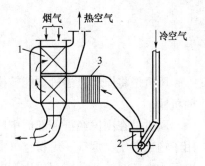

图 5-39 暖风器系统

第六章

锅炉辅助系统及设备

第一节 风 机

风机是将原动机的机械能转换成气流机械能，达到输送气流或造成气流循环流动等目的的机械。

风机是在国民经济各部门中广泛应用的通用机械。在火力发电厂，各种类型的风机分别用于输送空气、烟气、煤粉空气混合物等介质。它与其他热力、电力设备有机地组成火力发电厂的生产系统，共同完成生产电能的任务，成为系统中必不可少的重要辅助设备。风机的安全经济运行是保证整个电厂安全经济运行的关键因素之一。因此，火力发电厂热能动力类专业的生产技术人员，必须掌握风机的有关知识和相应的实践操作技能。

一、风机的主要参数

风机的主要参数有流量、全压、功率、转速及效率。

1. 流量

单位时间内风机所输送的流体量称为流量。这个量常用的有体积流量与质量流量两种，单位分别为 m^3/s 和 kg/s。

2. 全压

单位体积的气体在风机内获得的能量称为全压，单位为 Pa。

3. 功率

风机的功率是指原动机传递到风机轴上的功率，即它们的输入功率，又称轴功率，单位为 kW。

4. 转速

转速指风机轴每分钟的转数，单位为 r/min。风机的转速越高，它所输送的流量、全压亦越大。

5. 比转速

定义 $n_s = \dfrac{n\sqrt{q_V}}{p_{20}^{3/4}}$ 为比转速。

式中 n——风机的转速，r/min；

$\quad q_V$——风机的体积流量，m^3/s；

$\quad p_{20}$——标准进气状态（20℃，101.3kPa）下风机的全压，Pa。

比转速不是转速，而是风机的相似准则数。相似的风机，其比转速相等。

6. 效率

风机的输入功率不可能全部传递给被输送的流体，其中必定有一部分能量损失。被输送的流体实际所得到的功率比原动机传递至风机轴端的功率要小，它们的比值称为风机的效率。风机的效率越高，则流体从风机中得到的有效能量部分就越大，经济性就越高。

二、风机的分类

按照工作原理，风机可以分为叶片式风机和容积式风机。叶片式风机又可以分为离心风机和轴流风机；容积式风机又可分为往复风机和回转风机（如叶氏风机、罗茨风机、螺杆风机等）。

如果按照压力大小来分，风机可以分为：

通风机：风机产生的全压 $p < 15kPa$。

鼓风机：风机产生的全压为 $15 \sim 340kPa$。

压缩机：风机产生的全压 $p > 340kPa$。

对于火电厂，最重要的风机是送风机和引风机，中小容量火电厂中实用的送风机和引风机一般为离心式，而大容量火电厂的送风机和引风机采用轴流式风机。

三、常用离心式风机型号

G4-13.2（4-73）型锅炉离心通风机、Y4-13.2（4-73）型锅炉离心引风机适用于火力发电厂中 $2 \sim 670t/h$ 蒸汽锅炉的送、引风机系统。例如，某 220t/h 锅炉所选用的送风机为 G4-13.2（4-73）-11№14D，引风机为 Y4-73-11№20D。在引风机前必须加装除尘效率不低于 85% 的除尘装置。

型号意义：

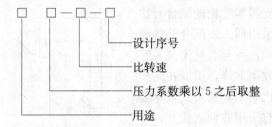

例如，G4-13.2（4-73）-11 型№14D 中 G 表示送风机；4 表示压力系数乘以 5 后化为整数 4；13.2 表示比转速（工程单位制为 73）；前一个"1"表示叶轮为单吸；后一个"1"表示第一次设计；№14 表示叶轮外径 $D_2 = 1400mm$；D 表示传动方式为单吸、单支架、悬臂支承，联轴器传动。

四、离心式风机的工作原理和机构特点

1. 离心式风机的工作原理

离心式风机通过叶轮的转动带动其内的流体旋转，流体在离心力的作用下流向叶轮的外缘，在叶轮中心形成真空，从而不断地将外界流体吸入叶轮，得到能量的流体流入蜗壳内将一部分动能变成压力能后沿着管道排出。

2. 离心式风机的结构特点

离心式风机的结构如图 6-1 所示。

（1）机壳。机壳的作用是收集叶轮中甩出的气体，使其从出口排出，并将气流中的部分动能转变为压力能。机壳一般是由钢板焊制而成的，其气流通道随叶轮转动方向逐渐扩大形成蜗壳状，轴向断面为宽度不变的矩形。引风机、排粉风机机壳内壁一般焊有 16Mn 防磨衬板，便于磨损后更换。机壳出口处一般设有扩压段（扩压器）与外壳相连，扩压管形状通常为向压力一侧扩大的单面扩散管，扩散角最好在 6°～8°之内，一般小于 15°。

（2）叶轮。叶轮由前盘、后盘（双吸入式风机称为中盘）、叶片和轮毂组成，是风机的

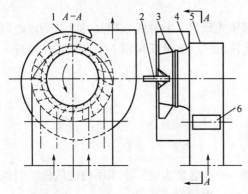

图 6-1　离心式风机构造示意

1—外壳；2—轴；3—叶轮；4—集流器；
5—进气箱；6—简易导流器

主要部件之一，经镗孔后套装在优质碳素结构钢制成的主轴上。轮毂通常采用铆钉与后盘固定，前后盘之间装有叶片。叶片的一侧焊接在后盘上，另一侧焊接在前盘上，叶片两侧均有盖板。

叶片可按叶片的出口角不同分为后弯叶片、径向（直板）叶片和前弯叶片。径向叶片加工制造比较简单，但效率较低，因而大容量风机上很少采用。后弯叶片能够使气体获得较高的风压和较高的效率，近年来广泛应用于锅炉的送、引风机上。前弯叶片的效率较后弯叶片低，但由于其风压较高，在相同参数下，风机体积可以比其他型式叶片的风机小，所以，目前排粉机和一次风机上多采用这种型式的叶片。

（3）集流器。集流器的作用是保证气流能均匀地充满叶轮的进口断面，使风机进口处的阻力尽量减少，它安装在风机的进口处，采用流线型。因为流线型集流器能均匀地将气体引入叶轮并且流动阻力最小。

如图 6-2 所示，集流器与叶轮的配合有插入式和非插入式两种。采用插入式配合的集流器与叶轮前盘之间无间隙，不会有气流流入叶轮的进口而造成风机的效率下降，所以在同样的条件下，采用插入式比采用非插入式效率要高。除低效、小型风机有采用非插入式外，一般风机均采用插入式配合。

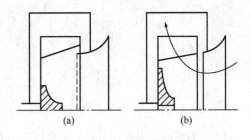

图 6-2　集流器与叶轮的配合

（a）插入式；（b）非插入式

（4）进气箱。装置进气箱对保证风机出力和效率是十分必要的。进气箱的作用就是将气流以最小的阻力引入风机。进气箱与风机进口的夹角 90°为最好，180°为最差。进气箱的横断面积与叶轮进口面积之比一般应为 1.75～2.0。

（5）调节装置。运行中，风机要根据锅炉负荷情况经常作适当的变动，以满足实际需要。风机调节装置的任务就是改变风机工作点位置，使风机输出的流量与实际需要的流量相平衡，而且使风机效率尽可能高。离心式风机的调节装置有节流挡板、轴向导流器和变速调节装置等。

五、离心式风机的整体结构

火力发电厂用离心式风机大多采用单级单吸或单级双吸，且卧式布置。图 6-3 所示为 4-13.2（4-73）-11№16D 型风机外形尺寸简图。

该风机由叶轮、机壳、集流器、进气箱、调节阀及传动机构等组成。叶轮由低合金板焊接而成。蜗形机壳用普通碳素钢板焊接而成。主轴由优质碳素钢制成。轴承采用滚动轴承，并承受叶轮产生的轴向力。调节门由数片花瓣形叶片组成，轴安装在进气口前。该风机为后弯式机翼型斜切叶片，叶片焊接在弧锥形轮盖与平板形轮盘之间。风机具有效率高、低噪声、强度高的优点，最高效率可达 90%。该风机可用作锅炉送风机，亦可作为除尘效率大

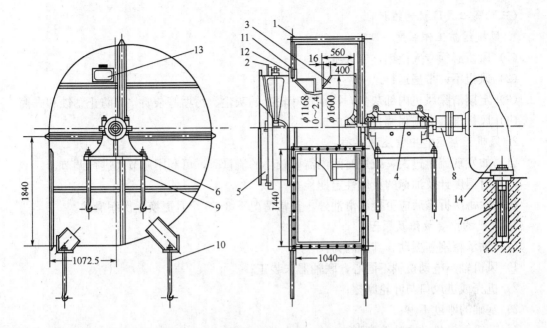

图 6-3　4-13.2（4-73）-11№16D 型送风机

1—机壳；2—进风调节门；3—叶轮；4—轴；5—进风口；6—轴承箱；7—地脚螺栓；8—联轴器；

9、10—地脚螺钉；11—垫圈；12—螺栓及螺母；13—铭牌；14—电动机

于 85％锅炉的引风机。

六、离心式风机的运行和维护

（一）离心式风机的试运转

离心式风机试运转时应注意：

（1）风机的试运转应在无载荷（关闭进气管道闸门或调节门）情况下进行。

（2）如运转情况良好，再载入满载荷（规定全压和流量）运转。

（3）满载荷运转，对新安装风机不少于 2h，对修理后的风机不少于 30min。

（二）离心式风机的操作

风机启动前，应做下列准备工作：

（1）关闭调节门。

（2）检查风机各部分的间隙尺寸，转动部分与固定部分有无刮蹭现象。

（3）联轴器应加保护罩。

（4）检查轴承的油位是否在最高与最低油位之间。

（5）点车检查叶轮旋转方向与标牌是否一致，各部接线、仪表是否显示正常，有无漏水、漏电、漏油现象和异味、异响、异震、松动等异常现象，如有应排除。

风机启动后，逐渐开大调节门，直达正常工况。运转过程中，轴承温升不得超过周围环境 40℃。轴承部位的均方根振动速度不得大于 6.3mm/s。

下列情况下，必须紧急停车：

（1）风机有剧烈的噪声。

（2）轴承的温度急剧上升。

（3）风机发生剧烈振动和撞击。

（三）离心式风机的维护

1. 风机维护工作制度

（1）风机必须专人使用，专人维护。

（2）风机不许带病运行。

（3）定期清除风机内部灰尘，特别是叶轮上的灰尘、污垢等杂质，以防止锈蚀和失衡。

（4）风机维修必须强调首先断电。

2. 风机正常运转中的注意事项

（1）如发现流量过大，或短时间内需要较小的流量时，可利用调节门进行调节。

（2）对温度计及油标的灵敏性定期检查。

（3）除每次拆修后应更换润滑油外，正常情况下3～6个月更换一次润滑油。

3. 风机的主要故障及原因

（1）轴承箱剧烈振动。其原因为：

1）风机轴与电动机轴不同心，联轴器未装正；

2）机壳或进风口与叶轮摩擦；

3）基础的刚度不够；

4）叶轮铆钉松动或叶轮变形；

5）叶轮轴盘与轴松动，或联轴器螺栓松动；

6）机壳与支架、轴承箱与支架、轴承箱盖与座等连接螺栓松动；

7）风机进出气管道安装不良；

8）转子不平衡；

9）引风机叶片磨损。

（2）轴承温升过高。其主要原因为：

1）轴承箱剧烈振动；

2）润滑油脂质量不良、变质、含有过多灰尘、黏砂、污垢等杂质；

3）轴承箱盖、座连接螺栓紧力过大或过小；

4）轴与滚动轴承安装歪斜，前后二轴不同心；

5）滚动轴承损坏。

（3）电动机电流过大或温升过高。其主要原因为：

1）开车时进气管道阀门或节流阀未关严；

2）流量超过规定值；

3）风机输送气体的密度过大或有黏性物质；

4）电动机输入电压过低或电源单相断电；

5）联轴器联结不正，皮圈过紧或间隙不匀；

6）受轴承箱剧烈振动的影响。

第二节　除　尘　设　备

发电厂产生的烟尘如果不加以分离清除而直接排入大气，将有害于人们的身体健康，影响环境卫生和植物生长，甚至危及近邻企业的产品质量。此外，大量的飞灰还会加剧引风机的磨损，降低电器设备的绝缘性能。因此，必须采取高效率的除尘器防止飞灰污染。我国火力发电厂采用的除尘器常见的有多管式除尘器、水膜除尘器、袋式除尘器和电气除尘器等。多管除尘器和水膜除尘器由于除尘效率低，在发电厂中已经很少采用。袋式除尘器是一种高效的干式除尘器，在电厂的干式输灰和除尘中采用较多。由于成本较高，袋料的寿命较短，所以较少用来进行电厂烟气除尘。目前，最常用的烟气除尘器为电除尘器，本节主要介绍电除尘器。

一、电除尘器

（一）电除尘器的工作原理

电除尘器是利用高压电源产生的强电场使气体电离，即产生电晕放电，进而使悬浮尘粒荷电，并在电场力的作用下，将悬浮尘粒从气体中分离出来的除尘装置。电除尘器有许多类型和结构，但它们都是由机械本体和供电电源两大部分组成的，都是按照同样的基本原理设计的。图 6-4 所示为管式电除尘器工作原理示意。接地金属圆管叫收尘极（也称阳极或集尘极），与直流高压电源输出端相连的金属线叫电晕极（也称阴极或放电极）。电晕极置于圆管的中心，靠下端的重锤张紧。在两个曲率半径相差较大的电晕极和收尘极之间施加足够高的直流电压，两极之间便产生极不均匀的强电场，电晕极附近的电场强度最高，使电晕极周围的气体电离，即产生电晕放电，电压越高，电晕放电越强烈。在电晕区气体电离生成大量自由电子和正离子，在电晕外区（低场强区）由于自由电子动能的降低，不足以使气体发生碰撞电离而附着在气体分子上形成大量负离子。当含尘气体从除尘器下部进气管引入电场后，电晕区的正离子和电晕外区的负离子与尘粒碰撞并附着其上，实现了尘粒的荷电。荷电尘粒在电场力的作用下向

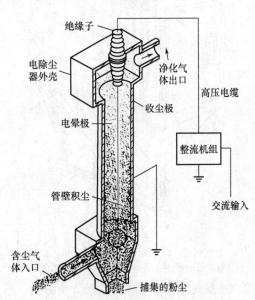

图 6-4 管式电除尘器工作原理示意

电极性相反的电极运动，并沉积在电极表面。当电极表面上的粉尘沉积到一定厚度后，通过机械振打等手段将电极上的粉尘捕集下来，从下部灰斗排出，而净化后的气体从除尘器上部出气管排出，从而达到净化含尘气体的目的。

（二）电除尘器的分类和结构

电除尘器是由电晕电极、集（收）尘电极、气流分布装置、振打清灰装置、外壳和供电设备等部分组成的。

根据不同的分类方法，电除尘器有很多类型。

1. 按照电极清灰方式分类

按照电极清灰方式分类，电除尘器可以分为干式电除尘器和湿式电除尘器等。

（1）干式电除尘器。在干燥状态捕集烟气中的粉尘，沉积在收尘极上的粉尘借助机械振打清灰的称为干式电除尘器。这种电除尘器振打时，容易使粉尘产生二次扬尘，对于高比电

阻粉尘还容易产生反电晕。大、中型电除尘器多采用干式，干式电除尘器捕集的粉尘便于处置和利用。干式电除尘器的结构示意如图 6-5 所示。

（2）湿式电除尘器。收尘极捕集的粉尘，采用水喷淋或其他适当的方法在收尘极表面形成一层水膜，使沉积在收尘极上的粉尘和水一起流到除尘器的下部排出，采用这种清灰方式的静电除尘器称为湿式电除尘器。湿式电除尘器不存在二次飞扬的问题，除尘效率高，但电极易腐蚀，需要采用防腐材料，且清灰排出的浆液会造成二次污染。湿式电除尘器的结构示意如图 6-6 所示。

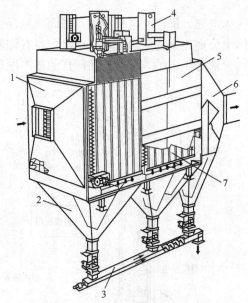

图 6-5　干式电除尘器结构示意

1—进气烟道；2—灰斗；3—螺旋输送机；4—高压电源；5—壳体；6—出气烟箱；7—收尘极板

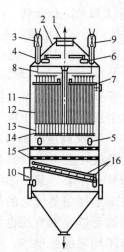

图 6-6　湿式电除尘器结构示意

1—出气孔；2—上部锥体；3—绝缘子箱；4—绝缘子接管；5—人孔门；6—电极定期洗涤喷水器；7—电晕极悬吊架；8—提供连续水膜的水管；9—带输入电源的绝缘子箱；10—进气口；11—壳体；12—收尘极；13—电晕极；14—电晕极下部框架；15—气流分布板；16—气流导向板

2. 按照气体在电场内的运动方向分类

按照气体在电场内的运动方向分类，电除尘器可以分为立式电除尘器和卧式电除尘器。

（1）立式电除尘器。气体在电除尘器内自下而上作垂直运动的称为立式电除尘器。这种电除尘器适用于气体流量小，除尘效率要求不高，粉尘性质易于捕集和安装场地较狭窄的情况，如图 6-7 所示。图 6-6 所示也可以说是一种立式电除尘器。

（2）卧式电除尘器。气体在电除尘器的电场内沿水平方向运动的称为卧式电除尘器，如图 6-8 所示。

卧式电除尘器与立式电除尘器相比有以下特点：

1）沿气流方向可分为若干个电场，这样可根据除尘器内的工作状况，各个电场可分别

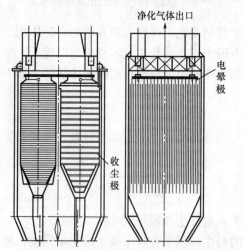

净化气体出口

电晕极

收尘极

图 6-7　立式电除尘器结构示意

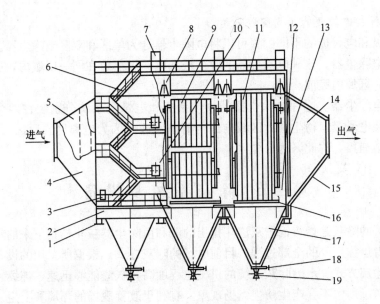

图 6-8 卧式电除尘器结构示意

1—支座；2—外壳；3—人孔门；4—进气烟箱；5—气流分布板；6—梯子平台栏杆；7—高压
电源；8—电晕极吊挂；9—电晕极；10—电晕极振打；11—收尘极；12—收尘极振打；13—出
口槽型板；14—出气烟箱；15—保温层；16—内部走台；17—灰斗；18—插板箱；19—卸灰阀

施加不同的电压，以便充分提高电除尘器的除尘效率。

2）根据所要求达到的除尘效率，可任意增加电场长度。而立式电除尘器的电场不宜太高，否则需要建造高的建筑物，而且设备安装也比较困难。

3）在处理较大烟气量时，卧式电除尘器比较容易保证气流沿电场断面均匀分布。

4）设备安装高度较立式电除尘器低，设备的操作维修比较方便。

5）适用于负压操作，可延长引风机的使用寿命。

6）各个电场可以分别捕集不同粒度的粉尘，有利于有色稀金属的富集回收，也有利于水泥厂当原料中钾含量较高时提取钾肥。

7）占地面积比立式电除尘器大，所以旧厂扩建或除尘系统改造时，采用卧式电除尘器往往要受场地限制。

3. 按收尘极的形式分类

按照收尘极的形式电除尘器可以分为管式电除尘器和板式电除尘器。

（1）管式电除尘器。这种电除尘器的收尘极由一根或者一组呈圆形或六角形的管子组成，管子直径一般为 200～300mm，长度 3～5m。界面呈圆形或者星形的电晕线安装在管子中心，含尘气流自下而上从管子内通过，如图 6-4 所示。管式电除尘器多制成立式，且处理烟气量较小，多用于中小型水泥厂、化工厂、高炉烟气净化和碳黑制造部门。

（2）板式电除尘器。这种电除尘器的收尘极由若干块平板组成，为了减少粉尘的二次飞扬和增强极板的强度，极板一般要轧制成各种不同的断面形状，电晕线安装在每两排收尘极板构成的通道中间，如图 6-8 所示。板式电除尘器多制成卧式，结构布置灵活，可以组装成各种大小不同的规格。因此，在各个行业得到广泛的应用。

4. 按收尘极和电晕极的不同配置分类

按照收尘极和电晕极的不同配置可以将电除尘器分为单区和双区电除尘器。

（1）单区电除尘器。这种电除尘器的收尘极和电晕极都装在同一区域内，所以粉尘的荷电和捕集在同一区域内完成。

（2）双区电除尘器。这种电除尘器的收尘系统和电晕极系统分别装在两个不同的区域内。前区内安装电晕极，粉尘在此区域内进行荷电，这一区为电离区。后区内安装收尘极，粉尘在此区内被捕集，称此区为收尘区。

第三节 除灰系统及设备

火力发电厂的除灰是指将锅炉灰渣斗排出的渣和由除尘器灰斗捕集下来的灰经除灰设备排放至灰场或者运往厂外的全部过程。目前电场的除灰方式，根据所采用的设备不同，有水力和气力两种除灰方式。水力除灰系统的机械化程度高，灰渣能够迅速、连续、可靠地排到储灰场，在运送过程中不会产生粉尘飞扬现象，有利于改善现场的环境和卫生。而随着灰渣综合利用程度的提高，气力除灰越来越被更多的电厂采用。

一、水力除灰

我国燃煤电厂最常用的吹灰方式是水力除灰。它以水为输送介质，利用输送设备将水与灰渣混合后经灰沟、灰管输送到灰场。其系统主要由冲灰设备、排渣设备、自流沟、碎渣机、灰浆泵和除灰管道组成。火力发电厂中常用的除灰系统又分为灰渣混除和灰渣分除两种。前者适用于中小电厂近距离输送，其系统如图 6-9 所示，输送距离可达 3.5km。后者适用于大型火电厂远距离输送，其系统如图 6-10 所示，输送距离可达 20km。

火电厂煤粉炉生成的粉灰占整个灰渣量的 80%～90%，渣仅占 10%～20%，渣的水力输送浓度不能过高，一般要求低于 10%，而灰的输送浓度可以提高到 40% 以上。所以，远距离水力除灰系统多采用灰渣分除方式。其中除灰系统是利用本系统的循环水泵把除尘器捕集的粉灰送入浓缩池中，粉灰在耙式浓缩机中浓缩，并在池中调制成浓度为 50%～65% 的稠灰浆，最后由柱塞泵通过灰管打到灰场；除渣系统则将渣斗中的渣送入碎渣机破碎，再用喷射泵送到脱水槽，灰水被送入沉淀箱净化后进入储水箱，由补给水泵打入渣斗中，储水箱和沉淀池中的灰浆用浆泵重新打入脱水槽。灰渣在脱水槽脱水后，用抓斗或其他设备装入卡车或皮带输送机运往厂外。

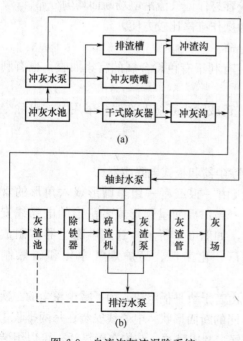

图 6-9 自流沟灰渣混除系统

(a) 厂内除灰；(b) 厂外除灰

二、气力除灰

为了避免灰堆放在灰场产生二次污染，

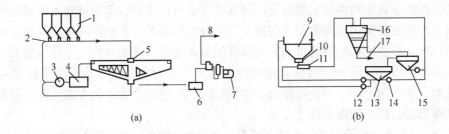

图 6-10　自流沟灰渣分除系统

(a) 除灰；(b) 除渣

1—除尘器；2—冲灰水；3—循环水泵；4—循环水池；5—耙式浓缩机；6—灰渣池；7—柱塞泵；
8—至灰场；9—渣斗；10—碎渣机；11—喷射泵；12—除渣补给水泵；13—储水槽；14—灰浆泵；
15—沉淀箱；16—脱水槽；17—至卡车或皮带输送

合理利用灰渣，气力除灰系统应用越来越广泛。气力除灰系统主要有负压气力除灰系统和正压气力除灰系统。

1. 负压气力除灰系统

图 6-11 所示为负压气力输送系统。负压气力除灰系统是利用负压风机产生系统负压将飞灰抽至灰库。其主要设备有负压风机、物料输送阀、旋风除尘器、平衡阀、布袋除尘器、锁气阀、隔离滑阀等。

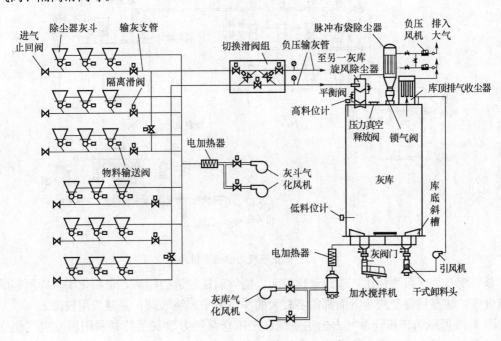

图 6-11　负压气力输送系统及灰库系统示意

负压气力除灰系统中，每个灰斗下设有物料输送阀，物料输送阀上有补气阀和灰量调节装置。它使飞灰均匀顺利地投入输送管道。正常情况下，管道系统真空产生后，物料输送阀按设定的程序依次打开，直到灰斗内的灰输空为止。物料输送阀在真空度降到设定值时自动关闭，下一个物料输送阀开启，如此循环连续输送。该系统每个分电场布置一系列输送支管，用自动控制隔离滑阀将各支管分开，使其独立运行。支管端部的进气止回阀提供补充的输送空气。输送支管间用隔离滑阀来切换，切换滑阀组由五个隔离滑阀组成，起输灰管间的切换作用。气灰混合物沿输灰管进入灰库顶部的分离装置，将灰从空气中分离出来后排入灰库。旋风除尘器作为一级分离装置，布袋除尘器为二级分离装置。旋风除尘器中间有隔离仓、平衡阀，平衡阀平衡上下仓的压力，连续运行。布袋除尘器下装有锁气阀，以保证连续运行。灰库部分自成一灰库系统。

负压输送系统基建费用较低，且要求灰斗下面的净空最小。由于其泄漏只发生在系统内部，所以运行比较清洁。该系统的输送距离一般小于200m，一般情况下，最大输送能力为40t/h。

2. 正压气力除灰系统

正压气力除灰系统目前采用的有低压锁气阀气力除灰系统和正压仓泵气力除灰系统。图6-12所示为低压锁气阀气力除灰系统图。低压锁气阀气力除灰系统中空气压力小于或等于0.2MPa。该系统在集灰斗的出口处装有锁气阀，作为供灰装置，其出口接在气力输送管道上。各锁气阀装置编组交替运行，其中某几个装灰，另外几个则在加压和向输灰管道内送灰，以保持在压力输送管道内的气灰混合流是连续的，其压缩空气由回转式鼓风机供给。输送干灰最大出力可达100t/h，输送距离一般为200~450m。

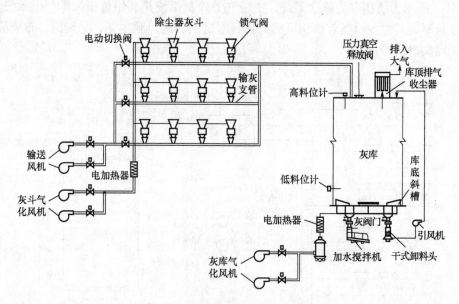

图 6-12　低正压气力输送系统示意

该系统与负压系统相比，输送量比较大，能够输送较远的距离，也简化了灰库所需的灰分离设备。缺点是每个灰斗下面都需要较大的净空来安装锁气阀，基建费用较高。

图6-13所示为正压仓泵气力输送系统。正压仓泵气力输灰系统是利用压缩空气使仓泵内的灰和空气混合，并吹入输送管，直接排入灰库。压缩空气由压缩机供给。

图6-14所示是仓泵的空气管道系统。灰斗（1）中的灰经锥形阀和插板定期排入仓泵，当仓泵中的灰达到一定高度后，首先开启空气阀门，压缩空气经压灰空气管（5）进入仓泵上部，同时经吹灰空气管（4）引入仓泵下部进行排灰。当仓泵中的灰被除净后，再由压缩空气继续吹扫管路，以免引起管路结垢，然后关闭空气阀门。正压仓泵除灰系统密封性能较好，输送距

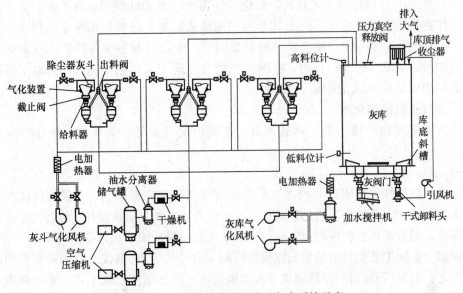

图 6-13 正压气力输送系统及灰库系统示意

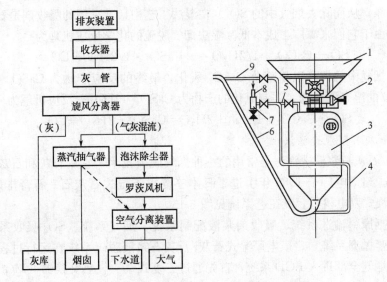

图 6-14 仓泵的空气管道系统

1—灰斗；2—锥形阀；3—仓泵；4—吹灰压缩空气管；5—压灰空气管；

6—输灰管；7—滤水管；8—压缩空气总管；9—冲洗压缩空气管

离最大可达 1500m，此时系统出力降低较大。最经济安全的输送距离为 500～1000m。

第四节　烟气脱硫系统

中国是燃煤大国，煤炭占第一次能源的消费总量的 75％。随着燃煤量的增加，燃煤排放的二氧化硫（SO_2）也不断增加，成为世界最大的 SO_2 排放国。SO_2 的大量排放使城市的空气污染不断加剧。环境空气中 SO_2 的主要危害是引起人体呼吸系统疾病，造成人群死亡率增加。另外，由于 SO_2 的大量排放，致使我国出现大面积的酸雨，并不断发展。酸雨污染造成农作物减产、森林减少。由于 SO_2 和酸雨造成的损失已接近当年全国国民生产总值的 2%，成为制约我国经济和社会发展的重要因素。火电厂和各种各样的工业锅炉是排放 SO_2 造成酸雨的主要污染源。目前，我国正在大力治理 SO_2 的污染问题，采取了很多脱硫措施，其中主要是采取烟气脱硫（FGD）。

一、烟气脱硫系统介绍

按照脱硫方式和产物的处理形式划分，烟气脱硫一般可分为干法、湿法和半干法三大类。

（一）湿法烟气脱硫技术

湿法烟气脱硫技术（WFGD 技术）是以水溶液或浆液作脱硫剂，生成的脱硫产物存在于水溶液或浆液中，产物为湿态的脱硫工艺。该法具有脱硫反应速度快、设备简单、脱硫效率高等优点，但普遍存在腐蚀严重、运行维护费用高及易造成二次污染等问题。

湿法烟气脱硫工艺是目前世界上应用最广的 FGD 工艺，这里仅介绍两种常见的湿法烟气脱硫工艺：石灰/石灰石浆液洗涤法和海水脱硫法。湿法烟气脱硫工艺主要是使用石灰石（$CaCO_3$）、石灰（CaO）、碳酸钠（Na_2CO_3）或者海水等碱性物质作为脱硫剂，在反应塔中对烟气进行洗涤，从而除去烟气中的 SO_2。在湿法工艺中最常采用的吸收剂是石灰石，其次是石灰。这是由于它们来源广、成本低。湿法烟气脱硫的化学反应机理为

$$SO_2 + CaCO_3 + 1/2H_2O \Longrightarrow CaSO_3 \cdot 1/2H_2O + CO_2$$

实际上，烟气中的氧可以将部分 $CaSO_3$ 氧化，最终的反应产物为 $CaSO_3 \cdot 1/2H_2O$ 和 $CaSO_4 \cdot 2H_2O$ 的湿态混合物。强制氧化的产物为 $CaSO_4 \cdot 2H_2O$，反应机理为

$$SO_2 + CaCO_3 + 1/2O_2 + 2H_2O = CaSO_4 \cdot 2H_2O + CO_2$$

1. 石灰/石灰石浆液洗涤法

湿式石灰/石灰石浆液洗涤法是常用的一种烟气脱硫技术，它用石灰和石灰石浆液除去烟气中的 SO_2。珞璜电厂于 1988 年引进了日本三菱重工湿式石灰石—石膏排烟脱硫装置，配 360MW 凝汽式发电机组，其工艺系统见图 6-15。

该系统包括原料输送系统、吸收剂浆液配制系统、烟气系统、SO_2 吸收系统、石膏脱水、贮存和石膏抛弃系统。珞璜电厂湿式石灰/石灰石浆液脱硫系统在运行过程中，从锅炉引风机引出的烟气全部进入 FGD 系统，首先通过三菱式气—气热交换器（MGGH）对未脱硫烟气进行降温，再自上而下进入吸收塔进行脱硫反应，完成脱硫后的净化烟气经溢流槽两级除雾后，再通过 MGGH 热交换器的烟气吸热侧，被重新加热到 88℃以上。

烟气中 SO_2 的脱除是在吸收塔内完成的。当烟气中的 SO_2 在吸收塔填料格栅界面上与吸收剂浆液接触时，借助于气液两相浓度梯度，通过扩散过程把 SO_2 传质到液相，形成 H_2SO_3，并电离成 H^+、HSO_3^- 与 SO_3^{2-}，部分被烟气中的氧气氧化形成 SO_4^{2-}，而浆液中的 $CaCO_3$ 在低 pH 值条件下电离的 Ca^{2+} 与其反应形成稳定的二水石膏，部分先与 Ca^{2+} 反应生成 $CaSO_3$，然后被烟气中氧气氧化形成石膏。其技术指标见表 6-1。

表 6-1　　　　　　　　　　**日本三菱重工湿式石灰石—石膏 FGD 装置技术指标**

参　数	煤种含硫量	脱硫率	钙硫比	进口烟温	出口烟温	水雾含量	吸收塔流速	停留时间
指　标	<5%	≥95%	1.1～1.2	142℃	90℃	≤30mg/m³	9.3m/s	>3.3s

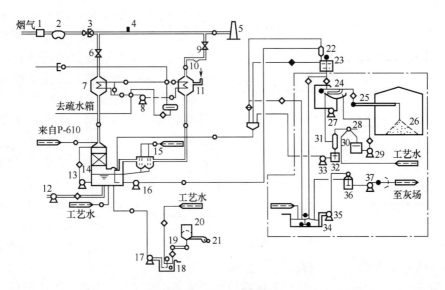

图 6-15 珞璜电厂石灰石—石膏法脱硫工艺流程示意图

1—空气预热器；2—电除尘器；3—引风机；4—旁路挡板；5—烟囱；6—FGD 进口挡板；7—MG-GH 吸热侧；8—MGGH 循环泵；9—FGD 出口挡板；10—脱硫风机；11—MGGH 再热器；12—氧化风机；13—再循环泵；14—吸收塔；15—除雾器；16—吸收塔排出泵；17—浆泵；18—石灰石浆池；19—给料机；20—石灰石粉仓；21—粉仓搅拌风机；22—石膏浆浓缩器；23—皮带脱水给料箱；24—皮带脱水机；25—石膏传送带；26—石膏贮仓；27—石膏洗涤器；28—真空泵；29—皮带洗涤泵；30—皮带洗涤液箱；31—过滤液回收罐；32—过滤液回收箱；33—过滤液回收泵；34—膏浆抛弃池；35—石膏抛弃池泵；36—中间缓冲箱；37—石膏浆抛弃泵

图 6-16 和图 6-17 所示为德国 BABCOCK BORSIG POWER 公司的石灰石—石膏法烟气脱硫工艺，该技术以其占地少、适合在已有电厂增设脱硫设备而受到广泛关注，主要有稀钙浆喷淋法和两级喷淋式脱硫工艺。

（1）稀钙浆喷淋法。稀钙浆喷淋法利用石灰石稀浆从吸收塔上部喷口喷入吸收塔达到脱硫的目的。工艺流程中包括喷淋式吸收塔、储浆罐、循环泵、筛板等装置，其中，喷淋式吸收塔是使石灰石浆滴与烟气有效接触反应，除去烟气中的 SO_2 的装置。该工艺在循环罐中

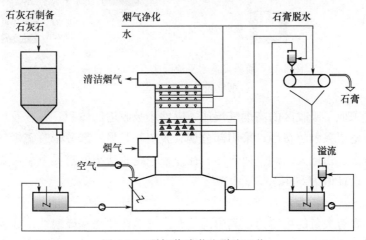

图 6-16 稀钙浆喷淋法脱硫工艺

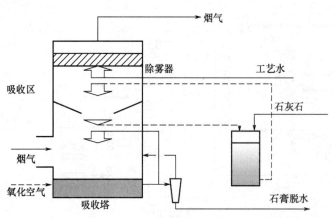

将未反应的石灰石和亚硫酸钙分离。亚硫酸钙进一步被接触氧化成硫酸钙，经增稠器和离心分离机浓缩、分离获得可利用的石膏。

（2）两级喷淋式脱硫工艺。两级喷淋式脱硫工艺是在喷淋式脱硫工艺的基础上发展起来的。基本工艺是在单级喷淋塔的前部再加一级喷淋塔。石灰浆液在每级喷淋塔内形成独立的循环回路，

图 6-17　两级喷淋式脱硫工艺

脱硫产物分别进入增稠器制成石膏。

太原第一热电厂引进的日本日立简易高速水平流湿式石灰石—石膏法烟气脱硫工艺流程如图 6-18 所示。它由吸收剂供应系统、烟气系统、SO$_2$ 吸收系统、脱硫石膏回收系统、电气与控制系统等组成。吸收剂供应系统中石灰石浆池中的石灰石浆由供浆泵经管道送入吸收塔氧化反应罐中。该脱硫装置采用高速水平流式喷淋吸收塔，吸收塔由水平布置的喷淋吸收段和氧化反应罐组成，集冷却、除尘、吸收与氧化反应诸项功能于一体。

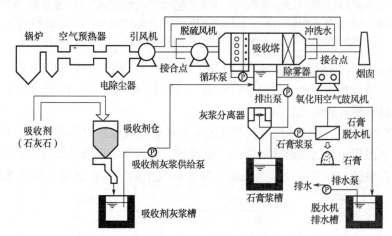

图 6-18　简易高速水平流湿式石灰石—石膏法
烟气脱硫工艺流程图

该脱硫装置采取了吸收区的高烟气流速，以缩小吸收塔的体积；石灰石粉颗粒较粗，以减小吸收剂的制备或采购的费用；采用部分烟气脱硫并与另一部分未脱硫烟气混合升温后排放，以省去投资大、占地大的烟气换热器，在保证一定脱硫率的前提下尽可能节省投资。但脱硫效率较低，设计值为 80%。

2. 海水脱硫法

天然海水中含有大量的可溶盐，其中的主要成分是氯化物和硫酸盐，亦含有一定的可溶性碳酸盐。海水通常呈碱性，自然碱度大约为 1.2～2.5mmol/L，这使得海水具有天然的酸

碱缓冲能力及吸收 SO_2 的能力。国外一些脱硫公司利用海水的这种特性，开发并成功地应用海水洗涤烟气中的 SO_2，达到烟气净化的目的。

海水脱硫工艺流程如图 6-19 所示，它主要由烟气系统、供排海水系统、海水恢复系统

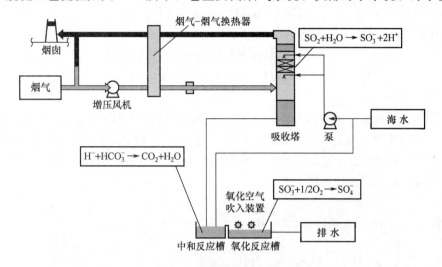

图 6-19 海水脱硫工艺流程

等组成。其主要流程和反应原理是，锅炉排出的烟气经除尘器除尘后，由 FGD 系统增压风机送入气—气换热器的热侧降温，然后送入吸收塔。在吸收塔中来自循环冷却系统的海水洗涤烟气，烟气中的 SO_2 在海水中发生以下化学反应

$$SO_2 (g) + H_2O \longrightarrow H_2SO_3$$

$$H_2SO_3 \longrightarrow H^+ + HSO_3^-$$

$$HSO_3^- \longrightarrow H^+ + SO_3^{2-}$$

$$SO_3^{2-} + \frac{1}{2}O_2 \longrightarrow SO_4^{2-}$$

以上反应中产生的 H^+ 与海水中的碳酸盐发生如下的反应

$$CO_3^{2-} + H^+ \longrightarrow HCO_3^-$$

$$HCO_3^- + H^+ \longrightarrow H_2CO_3 \longrightarrow CO_2 + H_2$$

吸收塔内洗涤烟气后的海水呈酸性，并含有较多的亚硫酸根，不能直接排放到海中去。吸收塔排出的废水，依靠重力流入海水处理厂，与来自冷却循环系统的海水混合，并用鼓风机鼓入大量空气，使亚硫酸根氧化为硫酸根，并驱赶出海水中的二氧化碳。混合并处理后海水的 pH 值、COD（化学耗氧量）等达到排放标准后排入海域。净化后的烟气，通过气—气换热器升温后，经烟囱排入大气。

海水脱硫对位于海边的电厂很有吸引力，但其需要耗用大量厂用电，并且在大量使用海水脱硫技术后可能会对海洋生物产生影响。

（二）半干法烟气脱硫技术

半干法烟气脱硫技术（SDFGD 技术）是以水溶液或浆液为脱硫剂，生成的脱硫产物为干态的脱硫工艺。该工艺既具有湿法脱硫反应速度快、脱硫效率高的优点，又具有干法无污

水废酸排出、脱硫后产物易于处理的好处而受到人们广泛的关注。半干法烟气脱硫主要包括喷雾干燥法、循环流化床烟气脱硫工艺、烟气悬浮（GSA）脱硫工艺以及 NID 烟气脱硫工艺。半干法烟气脱硫工艺的脱硫剂一般采用石灰浆液，其主要反应式如下：

生石灰制浆 $\qquad$ $CaO + H_2O \Longrightarrow Ca(OH)_2$

氧氢化钙 $[Ca(OH)_2]$ 与溶解于水的 SO_3、SO_2 反应

$$Ca(OH)_2 + SO_3 \Longrightarrow CaSO_4 + H_2O$$
$$Ca(OH)_2 + SO_2 \Longrightarrow CaSO_3 + H_2O$$

1. 喷雾干燥法

喷雾干燥法脱硫是利用喷雾干燥的原理，在吸收剂喷入吸收塔之后，一方面，吸收剂与烟气中的 SO_2 发生化学反应；另一方面，烟气又将热量传递给吸收剂使之不断干燥，所以，完成脱硫反应后的废渣以干态形式排出。在国外，为了与炉内喷钙脱硫相区别，把这种方式称作半干法脱硫，工艺流程见图 6-20。

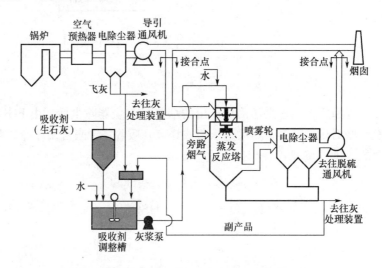

图 6-20 黄岛电厂喷雾干燥法烟气脱硫工艺流程

这种脱硫方式一般用石灰作为吸收剂，由两个主要工艺系统构成：一为石灰浆制备系统，用球磨机或其他方式将生石灰制成粒度为 $50\mu m$、具有较高活性的熟石灰浆；二为脱硫系统，石灰浆经配制后送入脱硫吸收塔，在吸收塔内被石灰浆离心式雾化机雾化成 $<100\mu m$ 的雾粒，然后与烟气接触混合，完成烟气脱硫的化学反应。

该工艺系统主要包括烟气系统、温度控制系统和喷钙系统等。其很关键的一个参数就是吸收塔出口温度：一方面，要求有足够低的温度，以满足脱硫化学反应的需要；另一方面，要保证高于露点，以防止设备和烟道的腐蚀。因此，在烟气中 SO_2 浓度、钙硫比不变的情况下，只能通过水量的变化来控制吸收塔出口温度。一般不同含硫量的烟气，这一温度又有一定的范围，通常用吸收塔出口温度高于相同状态下的绝热饱和温度 ΔT 来表示，称作近绝热饱和温度。在美国，ΔT 一般为 $10\sim18℃$，最高不超过 $30℃$，仅在含量低且脱硫要求不高的装置上，才采用较高的近绝热饱和温度，而在含硫量高且脱硫要求也高的装置上，近绝热饱和温度一般为 $10\sim15℃$。

在设计中，考虑烟气在塔内的停留时间一般为 $8\sim12s$，吸收塔的高径比（吸收塔圆柱

部分高与其直径的比值）一般为 0.7～0.9。

该法脱硫效率已达到 80%～90%，与湿法石灰浆液法相比，设备投资较低，塔内不结垢，所需厂用电仅为湿法石灰浆液法的 50% 左右，但副产物无用，要废弃，增加堆场面积。

2. 循环流化床烟气脱硫工艺

20 世纪 80 年代，德国鲁奇公司和 Wulff 公司开发了循环流化床烟气脱硫工艺。循环流化床烟气脱硫工艺的吸收剂可以采用消石灰或消石灰浆，如图 6-21 所示。系统主要组成部分有吸收塔上游的进口烟道、流化床吸收塔、电除尘器前的机械百叶窗式除尘器、静电除尘器、带回流喷嘴的喷水系统、石灰供应系统和消化系统等。

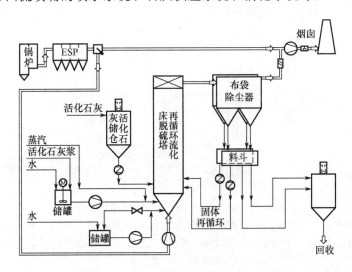

图 6-21　循环流化床烟气脱硫工艺系统

从锅炉空气预热器来的烟气从下部进入 CFB 反应器，竖直向上流过文丘里段。设置文丘里段的目的是使气流在整个反应器范围内合理分布。在文丘里段气流首先加速，在进入上部反应器之前又被减速。再循环物料、新加入的吸收剂和增湿水都从文丘里的扩散段加入。烟气与吸收剂之间、吸收剂颗粒之间发生剧烈的摩擦。烟气和颗粒湍流向上移动，回流固体颗粒从吸收塔顶部向下移动。吸收剂与烟气中 SO_2 反应生成亚硫酸钙和少量硫酸钙。经脱硫后带有大量固体颗粒的烟气由顶部排出，部分从除尘器分离出的颗粒则经中间灰仓气力输送到吸收塔。由于循环倍率很高，吸收剂滞流时间长达 20～60min，可以实现低耗高效脱硫的目的。由于吸收剂停留时间长，吸收剂的利用率大大升高，钙硫比为 1.1～1.2 即可达到 95% 以上的脱硫效率。

3. 烟气悬浮（GSA）脱硫工艺

丹麦 FLS Miljo 公司开发了一种烟气悬浮（GSA）脱硫系统，如图 6-22 所示。

GSA 采用雾化的石灰浆作为吸收剂。石灰与烟气反应的产物为亚硫酸钙和少量的硫酸钙。GSA 工艺在吸收塔中采用悬浮吸收技术，烟气与悬浮在脱硫塔中的覆盖着石灰浆的固体循环物料颗粒相接触。新鲜的浆通过一个双流体喷嘴连续地由吸收塔的底部喷入，雾化介质为压缩空气，石灰浆液中的水分蒸发的同时，石灰同烟气中的 SO_2 反应生成亚硫酸钙。净化后的烟气和飞灰、脱硫产物以及未反应完全的石灰由吸收器的顶部进入旋风分离器和除尘器（布袋除尘器或电除尘器）除掉大部分的固体颗粒。其中 99% 的要循环回脱硫塔，这

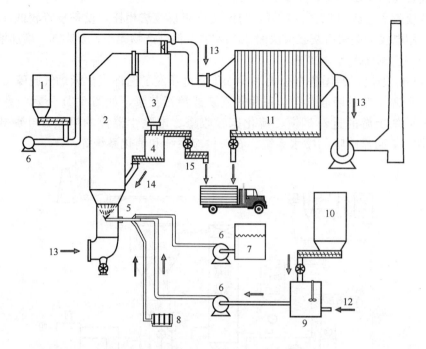

图 6-22   烟气悬浮（GSA）脱硫系统简图

1—活性炭仓；2—反应器；3—分离器；4—再循环料箱；5—喷嘴；6—泵；7—水箱；8—空压机；9—石灰浆；10—石灰仓；11—ESP 或者布袋除尘器；12—水入口；13—烟气；14—再循环吸收剂；15—副产品

样可以使未完全反应的石灰继续和 SO_2 反应，从而减少石灰的耗量，最后洁净的烟气经烟囱排入大气。

4. NID 烟气脱硫工艺

Alstrom 公司开发了一种 NID 烟气脱硫工艺，我国巨化热电厂采用了该工艺。NID 工艺的原理为利用含石灰（CaO）干反应剂或干的熟石灰 $[Ca(OH)_2]$ 与烟气中的 SO_2 反应，其系统图如图 6-23 所示。

该工艺使用的脱硫剂从高位计量仓下部由螺杆输送和皮带秤计量送入增湿消化器，脱硫剂在此加水消化成消石灰，并与大量循环灰混合均匀，加入的水在粉料颗粒的表面形成水膜，增大了酸性气体与碱性吸收剂之间的接触面积。通过补加水，使混合灰的水分达到 5%，进入反应器。增湿搅拌机与反应器紧密相联，保证吸收剂均匀地分布在烟道的横截面上，

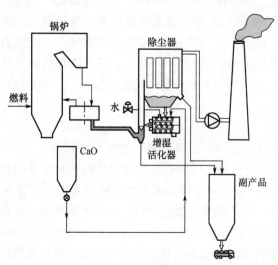

图 6-23   NID 工艺流程图

避免出现局部缺钙。反应器即是除尘器进口的直烟道，反应器的设计可形成足够的湍流，使烟气吸收剂在整个负荷变化范围内能有效地混合。粉料和烟气的均匀分布对该工艺过程的运行至关重要，大面积的密切接触保证了吸收剂和 SO_2 之间几乎是瞬间的高效反应，反应器的容量也因此保持在最小。容量降低到传统的半干法或流化床反应器的 20% 以下，从而使结构紧凑。由于大量的循环灰物料蒸发面积很大，水在很短的时间内被蒸发，烟温在极短的时间内降到最佳脱硫温度，烟气的相对湿度为 45%～50%，脱硫灰的含水量由 5% 降到 2%～3%。电除尘器除下来的脱硫灰由流态化槽输送到增湿器，与机械预除尘器除下来的灰一起去流态化底仓，实现循环。部分则溢流入仓泵外送。

（三）干法烟气脱硫技术

干法烟气脱硫技术（DFGD 技术）指加入的脱硫剂为干态，脱硫产物仍为干态的脱硫工艺。该法具有无污水废酸排出、设备腐蚀小，烟气在净化过程中无明显温降、净化后烟温高、利于烟囱排气扩散等优点，但存在脱硫效率低、反应速度较慢、设备庞大等问题。

1. 电子射线辐射法

利用放电技术处理烟气的方法有多种，一种是用电子加速器提供高能的电子射线法（EBA 法），另一种是利用高压电晕脉冲放电的方法，再一个是利用微波和紫外线辐射法。而以电子射线法（EBA 法）研究工作做得最多。日本荏原制作所与中国电力工业部共同实施的"中国 EBA 工程"已在成都电厂建成一套完整的、标准状态下烟气处理能力为 $3\times10^5\,m^3/h$ 的电子束脱硫装置，设计入口 SO_2 浓度为 18×10^{-4}（1800ppm），在吸收剂化学计量比为 0.8 的情况下脱硫率达 80%，脱硝率达 10%。

该法工艺由烟气冷却、加氨、电子束照射和粉体捕集四道工序组成，工艺流程如图 6-24 所示。

温度约为 150℃ 的排放气体经预除尘后再经冷却塔喷水冷却到 60～70℃ 左右，在反应器前端根据烟气中的 SO_2 及 NO_x 的浓度调整加入氨的量，然后混合气体在反应器中经电子束照射，

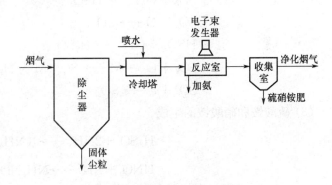

图 6-24　EBA 电子射线脱硫法

排气中的 SO_2 和 NO_x 受电子束强烈氧化，在很短时间内被氧化成硫酸（H_2SO_4）和硝酸（HNO_3）分子，并与周围的氨反应生成微细的粉粒（硫酸铵和硝酸铵的混合物），粉粒经集尘装置收集后，洁净的气体排入大气。电缆连接加速器产生的电子束在电场或磁场作用下，产生角度偏转等，与撞击荧光屏显像原理类似，即在高真空下，由加速管部的灯丝发射出来的热电子由于高压电场的作用，使热电子加速到任意能级。为了扩大高速电子束的有效照射空间，调节 x、y 方向的磁场作用，并使电子束通过照射窗进入反应器内，产生活性基团，使烟气中的 SO_2 和 NO_x 发生强烈氧化。

脱硫、脱氮反应大致可分为三个过程进行，这三个过程在反应器内相互重叠，相互影响。

（1）在辐射场中被加速的电子与分子、离子发生非弹性碰撞，或者发生分子、离子间的碰撞，生成氧化物质或活性基团。

$$O_2，H_2O + e^- \longrightarrow OH，H，HO_2，O_2^+，e$$

$$O + O_2 + M \longrightarrow O_3 + M（M 为 N_2 等分子）$$

（2）活性基团与气态污染物发生反应。

对于 NO_x

$$NO + O \longrightarrow NO_2$$

$$NO + HO_2 \longrightarrow NO_2 + OH$$

$$NO + OH \longrightarrow HNO_2$$

$$NO_2 + OH \longrightarrow HNO_3$$

$$HNO_2 + O_3 \longrightarrow HNO_3 + O_2$$

$$NO_2 + O \longrightarrow NO_3$$

$$HNO_2 + O \longrightarrow HNO_3$$

$$HNO_2 + HNO_3 \longrightarrow 2NO_2 + H_2O$$

$$NO_2 + NO_3 \longrightarrow N_2O_5$$

$$N_2O_5 + H_2O \longrightarrow 2HNO_3$$

对于 SO_2

$$SO_2 + OH \longrightarrow HSO_3$$

$$SO_2 + O \longrightarrow SO_3$$

$$HSO_3 + OH \longrightarrow H_2SO_4$$

$$SO_2 + O_2^+ + M \longrightarrow SO_4^+（M 为 N_2 等分子）$$

$$SO_4 + e \longrightarrow SO_3$$

（3）硫酸铵和硝酸铵的生成。

$$H_2SO_4 + 2NH_3 \longrightarrow （NH_4）_2SO_4$$

$$HNO_3 + NH_3 \longrightarrow NH_4NO_3$$

2. 炉内喷钙尾部增湿脱硫工艺

炉内喷钙尾部增湿也作为一种常见的干法脱硫工艺而被广泛地应用。炉内喷钙尾部增湿脱硫的基本工艺都是将 $CaCO_3$ 粉末喷入炉内，脱硫剂在高温下迅速分解产生 CaO，同时与烟气中的 SO_2 反应生成 $CaSO_3$。由于单纯炉内喷钙脱硫效率往往不高（低于 $20\% \sim 50\%$），脱硫剂利用率也较低，因此，炉内喷钙还需与尾部增湿配合以提高脱硫效率。我国下关电厂引进了芬兰 Tampella 公司和 IVO 公司的炉内喷石灰石及氧化钙活化反应（LIFAC）技术。该技术是将石灰石于锅炉的 $850 \sim 1150℃$ 部位喷入，起到部分固硫作用。在尾部烟道的适当部位（一般在空气预热器与除尘器之间）装设增湿活化反应器，使炉内未反应的 CaO 和水反应生成 Ca（OH）$_2$，进一步吸收 SO_2，提高脱硫率。LIFAC 技术的工艺流程如图 6-25 所示。

　　LIFAC脱硫技术具有占地少、系统简单、投资和运行费用相对较低、无废水排放等优点，脱硫率为60%～85%。

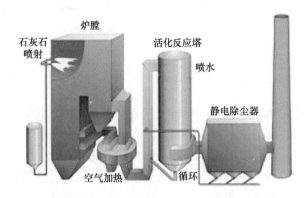

图 6-25　LIFAC工艺流程示意

第七章

锅炉运行

电站锅炉的产品是过热蒸汽，锅炉运行的任务就是根据用户的要求，提供用户所需一定压力和温度的过热蒸汽，同时锅炉本身还要做到安全与经济运行。

汽轮发电机组的运行状态随时都随着外界负荷的变化而变化，因而锅炉的蒸汽负荷也是变动的。为了适应外界负荷的变动，在锅炉运行中就要采取一定的措施，如改变燃料量、空气量以及给水量等。从锅炉运行角度来看，蒸汽负荷的变动是来自外界的一种干扰，称作外扰。此外，即使没有蒸汽负荷的变动，锅炉工况也不是一成不变的，如燃料量、燃料性质、烟道漏气、受热面积灰等的变动都会影响锅炉的工作。这类变化是由于锅炉设备本身所引起的，称为内扰。锅炉的工况经常因为受到外扰和内扰而发生变动，任何工况的变动都将引起某些指标和参数的变化，如汽压、汽温和效率等。因此，在工况变动时，运行人员或者自动调节机构就要及时进行调整，使各指标和参数均在一定的限度内变动。只有这样，才能保证锅炉长期安全和经济地运行。

在正常运行过程中，对锅炉进行监视和调整的主要内容有：

（1）使锅炉的蒸发量随时适应外界负荷的需要；

（2）汽压、汽温稳定在规定值的范围之内；

（3）均衡给水、维持汽包的正常水位；

（4）保证合格的蒸汽品质；

（5）减少各种热损失，提高锅炉效率；

（6）保持锅炉机组安全运行。

第一节　汽压的控制与调节

锅炉汽压控制的要求与机组的容量和运行方式有关。大型发电机组的基本运行方式有两种：定压运行和滑压运行。定压运行方式是指外界负荷变动时，机前新蒸汽压力维持在额定压力范围内不变，依靠改变汽轮机调速汽门开度来适应外界负荷的变化；滑压运行方式是指当外界负荷变动时，保持汽轮机调速汽门开度不变（全开或者部分全开），依靠改变机前的新蒸汽压力来适应外界负荷的变化。对于非再热的小型发电机组，锅炉正常运行中应采用定压运行，只有当设备有缺陷或者负荷过低时暂时采用滑压运行。

一、影响汽压变化的因素

定压运行方式下，汽压的变化幅度和速度都应严格限制，在负荷变化过程中，应维持它们在规定的范围内。汽压降低将减少新汽做功能力，因而增加汽轮机的汽耗，甚至限制汽轮机的出力。压力过高又会影响设备的安全。过大的汽压变动速度会引起虚假水位，还可以导致下降管带汽，影响水循环的安全。

汽压的变化反映了锅炉与外界负荷之间的平衡。由于外界负荷、炉内燃烧工况、换热情况以及锅内工作情况经常变化，引起锅炉蒸发量与汽轮机进汽量之间的不平衡，所以会出现汽压的波动。

影响汽压变化的因素，一是锅炉的外部因素，称为外扰；一是锅炉的内部因素，称为内扰。

外扰主要是指外界负荷的正常增减及事故情况下的大幅度甩负荷。当外界负荷突然增加时，汽轮机调速汽门开大，蒸汽量瞬间增大。如燃料量未能及时增加，再加上锅炉本身的热惯性（即从燃料量变化至锅炉汽压变化需要一定的时间），将使锅炉的蒸发量小于汽轮机的进汽量，汽压就要下降。相反，当外界负荷突减时，汽压就要上升。在外扰的作用下，锅炉汽压与蒸汽流量（发电负荷）的变化方向是相反的。

内扰主要是指炉内燃烧工况的变化，如送入炉内的燃料量、煤粉细度、煤质等发生变化，或者出现风煤配合不当现象，如炉膛结渣、漏风等。在外界负荷不变的情况下，汽压的稳定主要取决于炉内燃烧工况。在内扰作用下，锅炉汽压与蒸汽流量的变化方向开始时相同，然后又相反。例如，锅炉燃烧率扰动（增加），将引起汽压上升，在调速汽门未动作之前，必然会引起蒸汽流量的增大，机组出力增加。调速汽门随之要关小，以维持原有出力。蒸汽流量与汽压则会向相反方向变化。反之亦然。

另外，当高压加热器因故退出运行时，汽轮机抽汽量减少造成汽轮机进汽量减少；同时，由于高压加热器停运将引起给水温度的大幅降低，使蒸发量下降。当锅炉蒸发量与汽轮机进汽量平衡被打破时，也会引起过热蒸汽压力的变化。

二、汽压调节的方法

对于定压运行而言，汽压的变化反映了锅炉燃烧（或蒸发量）与机组负荷不适应的程度。汽压降低，说明锅炉燃烧出力小于外界负荷要求；汽压升高，说明锅炉燃烧出力大于外界负荷要求。因此，无论引起汽压变化的原因是外扰还是内扰，都可以通过改变锅炉燃烧率加以调节。只要锅炉汽压降低，即增加燃料量、风量；反之，则减少燃料量、风量。

汽压的控制与调节以改变锅炉蒸发量作为基本的调节手段。只有当锅炉蒸发量已超过允许值或有其他特殊情况时，才用增、减汽轮机负荷的方法来调节。在异常情况下，当汽压急剧升高，单靠锅炉燃烧调节来不及时，可开启旁路或者过热器疏水、排汽门，以尽快降压。

定压运行的汽压调节方式有三种。图7-1所示为锅炉跟随方式。当需要机组改变出力时，例如要增大机组出力，在给定功率信号增大后，功率调节器首先开大汽轮机调速汽门，增大汽轮机进汽量，使发电机输出功率与给定功率一致。由于蒸汽流量增加，引起主蒸汽压力降低，使主蒸汽压力低于给定主蒸汽压力值，以此压力偏差作为信号，使进入锅炉的燃烧

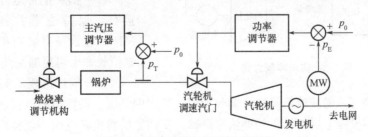

图 7-1 锅炉跟随的汽压调节方式

率提高，以保持主汽压力恢复到给定压力值。

在这种调节方式中，机组负荷由汽轮机控制，机组压力由锅炉控制，锅炉的负荷是按照汽轮机的需要而改变的。当负荷变动时，由于利用了一部分锅炉的蓄热量（主蒸汽压力变化），所以具有快速响应负荷的能力，但是由于锅炉燃烧延迟较大，会引起较大的汽压波动。

图 7-2 所示为汽轮机跟随方式，当外界负荷突然增加时，给定功率信号增加，首先是控制锅炉的主信号增大，即功率调节器的输出增大，开大燃料调节阀，增加燃料量。随着锅炉输入热量的增加，主汽压力升高，为了维持主汽压力不变，主汽压力调节器将开大汽轮机调速汽门，增大蒸汽量和汽轮发电机的功率，使发电机输出功率与给定功率相等。

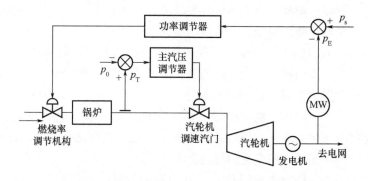

图 7-2　汽轮机跟随的汽压调节方式

这种方式，由于是通过控制汽轮机调速汽门来稳定汽压，所以其压力变化甚小，但汽轮发电机的出力受制于锅炉燃烧系统的惯性而响应较迟，不利于机组调峰。

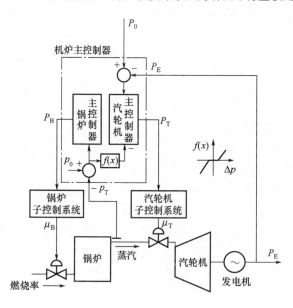

图 7-3　协调控制方式

图 7-3 所示为协调控制方式。协调控制方式综合了以上两种调节方式的优劣，是比较理想的控制系统。在该方式中，锅炉与汽轮机调节装置同时接受功率与压力的偏差信号，即可以利用汽轮机调速汽门的开启，调用一部分锅炉蓄热量适应汽轮机的需要，又可向锅炉迅速补进燃料（压力与功率偏差信号均使燃料量迅速变化），抑制汽压的波动。100MW 机组锅炉汽压的调节方法及要求：

（1）锅炉正常运行中应采用定压运行，保持主蒸汽压力在 $9.3^{+0.1}_{-0.2}$ MPa，若设备有缺陷和负荷过低，根据值长命令可暂时采用滑压运行。

（2）锅炉汽压的调整可通过增减给粉量的方法进行，增减给粉量应先调整上层，稳定中下层，调整给粉机转速不能满足汽压变化时，应投用投停上层给粉机的办法来调整。在调整给粉机转速时不能猛增猛减，以防止燃烧恶化，汽温汽压波动太大，或燃烧不稳造成锅炉灭火。

（3）锅炉汽包各压力表、主汽压力表指示值，每班至少应校对一次，若发现有误差，应及时通知热工人员修复。

（4）不许用破坏燃烧等方法调整汽压，汽压达到安全门动作值而安全门拒动时，应立即切除部分燃烧器，开启向空排汽或手动开启安全门进行降压，待汽压正常后关闭，并通知有关人员迅速处理。

（5）当高压加热器发生故障，须紧急停用时，应立即降低锅炉负荷，并密切注意主汽压力，防止安全门动作。

（6）汽压变化时，应根据蒸汽流量变化迅速判断是内扰还是外扰，以便进行正确的处理。

第二节　蒸汽温度的调节

高压机组的过热蒸汽温度调节设备和调节方法已经在第五章讲述，本节主要介绍对100MW锅炉机组蒸汽温度调节的具体要求（50MW机组类似）。100MW锅炉机组蒸汽温度调节的具体要求如下：

（1）锅炉在正常情况下运行，应保持汽温在额定汽温±2℃范围内，甲、乙侧汽温偏差不大于10℃。

（2）运行中应严格监视和调整汽温，并监视过热器管壁温度不超温及各级过热器出口汽温变化情况，及时调整Ⅰ、Ⅱ级减温水量。

（3）调整减温水流量时，应缓慢平稳，避免大幅度调整：Ⅰ级减温作为粗调，尽量稳定调整，并保证屏过壁温及出口温度在允许范围内；Ⅱ级减温作为细调，以保证蒸汽出口温度在允许范围内。

（4）调节汽温的方法。

1）根据负荷、压力的变化及时调整减温水量。

2）调整各层二次风门及上下层给粉机转速，改变炉膛火焰中心的高低。

3）在允许范围内增、减锅炉总风量，但必须监视氧量和炉膛负压在规定范围内。炉膛吹灰时应做好汽温下降的准备，过热器吹灰时应做好防止超温的准备。

4）除渣、过热器吹灰时，要做好防止超温的措施。

（5）影响汽温变化的因素。

1）制粉系统的启、停；

2）高压加热器投、停；

3）负荷的变化；

4）汽压的变化；

5）给粉机运行方式的改变；

6）锅炉结焦、积灰；

7）风量的变化；

8）煤质变化及除渣的影响；

9）燃烧不稳；

10）设备故障及错误操作；

11）锅炉吹灰。

在诸因素中影响汽温的最大因素是燃烧工况，因此稳定汽温必须首先稳定燃烧。当遇有上述情况时，应加强汽温的监视和调整。

第三节　锅炉的燃烧调节

一、燃烧调节的目的

炉内燃烧过程的好坏，不仅直接关系到锅炉的生产能力和生产过程的可靠性，而且在很大程度上决定了锅炉运行的经济性。进行燃烧调节的目的是：在满足外界电负荷需要的蒸汽数量和合格的蒸汽品质的基础上，保证锅炉运行的安全性和经济性。具体可归纳为：①保证正常稳定的汽压、汽温和蒸发量；②着火稳定、燃烧完全，火焰均匀充满炉膛，不结渣、不烧损燃烧器和水冷壁，过热器不超温；③使机组运行保持最高的经济性；④减少燃烧污染物排放。

燃烧过程的稳定性直接关系到锅炉运行的可靠性。如燃烧过程不稳定将引起蒸汽参数发生波动；炉内温度过低或一、二次风配合不当将影响燃料的着火和正常燃烧，是造成锅炉灭火的主要原因；炉膛内温度过高或火焰中心偏斜将引起水冷壁、炉膛出口受热面结渣并可能增大过热器的热偏差，造成局部管壁超温等。

燃烧过程的经济性要求保持合理的风煤配合，一、二次风配合和送引风配合，此外，还要求保持适当高的炉膛温度。合理的风煤配合就是要保持最佳的过量空气系数；合理的一、二次风配合就是要保证着火迅速，燃烧完全；合理的送引风配合就是要保持适当的炉膛负压、减少漏风。当运行工况改变时，这些配合比例如果调节适当，就可以减少燃烧损失，提高锅炉效率。

对于煤粉炉，为达到上述燃烧调节的目的，在运行操作时应注意燃烧器的出口一、二、三次风速、风率，各燃烧器之间的负荷分配和运行方式，炉膛风量、燃料量和煤粉细度等各方面的调节，使其达到较佳数值。

二、影响炉内燃烧的因素

1. 煤质

锅炉实际运行中，煤质往往变化较大。但任何燃烧设备对煤种的适应总有一定的限度，因而运行煤种的这种变动对锅炉的燃烧稳定性和经济性都将产生直接的影响。

煤的成分中，对燃烧影响最大的是挥发分。挥发分高的煤，着火温度低，着火距离近，燃烧速度和燃尽程度高。但烧挥发分高的煤，往往是炉膛结焦和燃烧器出口结焦的一个重要原因。与此相反，当燃用煤种的挥发分低时，燃烧的稳定性和经济性均下降，而锅炉的最低稳燃负荷升高。

煤的发热量低于设计值较多时，燃料使用量增加。对直吹式制粉系统的锅炉，磨煤机可能要超出力运行，一次风量增加，煤粉变粗；对中储式制粉系统，煤粉管内的粉流量大，为避免堵粉，也需要提高一次风速。一次风速的增大和煤粉变粗都会对着火产生不利影响，尤其在燃用挥发分低的劣质煤时。发热量低的煤往往灰分都高，也会使着火推迟、炉温降低，燃烧不稳和燃尽程度变差。灰熔点低时还会产生较严重的炉膛结焦、燃烧器结焦问题。

水分对燃烧过程的影响主要表现在水分多的煤，水汽化要吸收热量，使炉温降低、引燃着火困难，推迟燃烧过程，使飞灰可燃物增大。水分多的煤排烟量也大，q_2 损失增加。此外，水分过高还会降低制粉系统的出力和其工作的安全性（磨煤机堵煤、煤粉管堵粉等）。

2. 切圆直径

对于四角布置切向燃烧的锅炉，切圆直径对着火稳定、燃烧安全、受热面汽温偏差等具有综合的影响。适当加大切圆直径，可使上邻角过来的火焰更靠近射流根部，对着火有利，对混合也有好处，炉膛充满度也较好。当燃用挥发分较低的劣质煤时，希望有比较大的切圆直径；但是燃烧切圆直径过大，一次风煤粉气流可能偏转贴墙，以致火焰冲刷水冷壁，引起结焦和燃烧损失增加。这是必须避免的。当燃用易着火或易结焦的煤以及高挥发分煤时，则应适当减小切圆直径。大的切圆可将炉内余旋保持到炉膛出口甚至更远，使煤粉气流的后期扰动强化，对煤粉的燃尽十分有利，但其消极作用是加大了沿炉膛宽度的烟量偏差和烟温偏差，易引起过热器、再热器的较大热偏差及超温爆管。

燃烧切圆直径的大小主要取决于设计时确定的假想切圆的大小及各气流反切的效果。但运行调整也可对其发生一定影响，其中较常用的手段是改变二、一次风的动量比和喷嘴的停用方式。前者通过改变上游气流总动量（产生偏转的因素）与下游一次风刚性（抵抗偏转的因素）的对比影响一次风粉的偏转；后者则是通过在某种程度上改变补气条件来影响切圆直径。当燃烧器喷口结焦时，出口气流的几何射线偏转，切圆往往变乱，也会使燃烧切圆的直径和形状变化。

3. 煤粉细度

煤粉越细，单位质量的煤粉表面积越大，加热升温、挥发分的析出着火及燃烧反应速度越快，因而着火越迅速；煤粉细度越小，燃尽所需时间越短，飞灰可燃物含量越小，燃烧越彻底。当煤粉比较细（$R_{90} < 10\%$）时，煤粉细度变化对飞灰可燃物的影响不大，但当煤粉细度变粗，超过某一数值（$R_{90} > 15\%$）的时候，飞灰可燃物迅速增大，煤粉细度越大，其对飞灰可燃物的影响也越显著。因此，为了提高燃烧的稳定性和经济性，严格控制煤粉细度是十分必要的。

4. 煤粉浓度

煤粉炉中，一次风中的煤粉浓度对着火稳定性有很大影响。不论何种煤，在煤粉浓度的一定范围内，着火稳定性都是随着煤粉浓度的增加而加强的。图7-4所示是国内研究人员的近期试验结果。图中着火指数定义为喷入试验炉内的风粉气流能维持稳定着火的最低炉温。由图可知，随着煤粉浓度的增加，各种煤的着火指数都降低，着火容易。对于高挥发分的褐煤，煤粉浓度的影响有一临界值。但随着煤质变差，这一临界值增加，甚至不出现。就是说，煤粉浓度的增加对劣质煤的着火总是有利的。

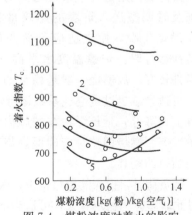

图 7-4　煤粉浓度对着火的影响
1—永安无烟煤；2—峰峰贫煤；3—安源煤；
4—大同烟煤；5—霍林河褐煤

5. 锅炉负荷

锅炉负荷降低时，燃烧率降低，炉膛平均温度及燃烧器区域的温度都要降低，着火困难。当锅炉负荷降到一定数值时，为稳定燃烧必须投油助燃。同一煤种，在不同的锅炉中燃烧，其最低稳燃负荷可能有较大的差别；对同一锅炉，当运行煤质变差时，其最低负荷值便要升高，燃用挥发分较高的煤时，其值则可降低。

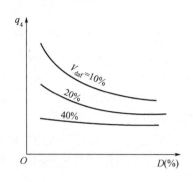

图 7-5　锅炉负荷对燃烧损失的影响

随着负荷的增加，炉温升高，对燃烧经济性的影响一般是有利的。但负荷的这个影响与煤质有关。燃烧调整试验表明，挥发分高的煤，飞灰可燃物很低，负荷对燃烧损失的影响也很小，对 $V_{daf} > 40\%$ 的烟煤，不论负荷怎样调整，燃烧热损失（主要是 q_4）的变化都不是很大。但对于挥发分低的煤，负荷对燃烧损失的影响就大，如图 7-5 所示。

6．一、二次风的配合

一、二次风的配合特性也是影响炉内燃烧的重要因素。二次风在煤粉着火前过早地混入一次风对着火是不利的，尤其是对挥发分低的难燃煤种更是如此。因为这种过早的混合等于增加了一次风率，使着火热量增加，着火推迟。如果二次风过迟混入，又会使着火后的煤粉得不到燃烧所需氧气的及时补充。故二次风的送入应与火焰根部有一定的距离，使煤粉气流先着火，当燃烧过程发展到迫切需要氧气时，再与二次风混合。如果不能恰当地把握混合的时机，那么与其过早，不如迟些。

7．一次风煤粉气流初温

提高煤粉气流初温可减少煤粉气流的着火热，提高炉内的温度水平，使着火提前。提高煤粉气流初温的直接办法是提高热风温度。热风温度对炉内烟温的影响关系如图 7-6 所示。由图可见，随着热风温度的升高，炉膛温度升高得很快，煤粉着火提前。

三、负荷与煤质变化时燃烧调节的原则

1．不同负荷时的燃烧调整

负荷变化是运行中最常遇到的工况改变，必须及时调整送入炉膛的燃煤量和空气量，改变燃烧工况，使之适应负荷变化的需要。高负荷运行时，炉膛温度水平高，着火与混

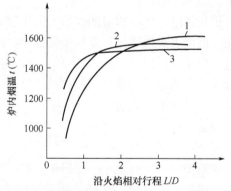

图 7-6　热风温度对炉内烟温的影响
1—热风温度 310℃；2—热风温度 340℃；
3—热风温度 390℃

合条件较好，故燃烧一般是稳定的，但易产生炉膛和燃烧器结焦、过热器局部超温等问题。可适量减少过量空气系数运行，这样既可以减少排烟热损失，又可使炉内温度提高，烟气流速降低，延长煤粉在炉膛内的停留时间，使未完全燃烧损失增加极少，从而提高锅炉效率。燃烧调整时应确保燃烧火焰中心位置不偏斜，适当增大一次风速，拉大着火点离喷口的距离。

低负荷时，投入的燃料量少，因此，炉膛温度水平低，火焰充满度差，燃烧不稳定，经济性也较差。为稳定着火，可适当增大过量空气系数，降低一次风率和一次风速，煤粉应当磨制得更细些。低负荷时应尽可能集中火嘴运行，并保证最下排燃烧器的投运。低负荷运行的锅炉适当减少炉膛负压，可减少漏风、提高炉膛温度，且利于稳定燃烧，减少不完全燃烧

热损失。但需要注意的是，如果运行不当，会导致炉膛向外喷火伤人，并恶化卫生环境。

典型的 100MW 锅炉机组在运行时具体要求如下：

(1) 低负荷时应当解除热负荷自动，注意煤种变化，减少负荷扰动；

(2) 调整时，风粉的调整应逐渐进行，小幅度调整，并及时调节风量；

(3) 在保证一次风管不堵塞的情况下，尽量减少风量，保持氧量在 3.5%～4.5%；

(4) 禁止打开炉底排渣门，关闭炉本体的所有检查孔和打焦孔，炉膛负压保持不要太高；

(5) 减温水应小幅度调整，防止过热器发生水塞；

(6) 若给粉机故障造成缺角燃烧时，应立即增加其他给粉机转速，尽量关小故障给粉机一次风门，必要时可投油助燃；

(7) 制粉系统运行再循环应开至 100%，在保持制粉系统满足出力的情况下尽量关小排粉机入口调节门，关小冷风门，保持制粉系统稳定；

(8) 禁止大幅度降低粉位及吹灰工作；

(9) 运行的制粉系统发生故障，应先将制粉系统停止，然后再启动备用制粉系统；

(10) 保持燃油系统在良好的备用状态，确保燃烧不稳时及时投油助燃。

2. 煤质变化时的燃烧调整

无烟煤、贫煤的挥发分较低，燃烧时的最大问题是着火。燃烧调整的原则是采用中间储仓式热风送粉系统，提高煤粉气流的初温，减少着火热，加快着火；采用适当的燃烧器区域热强度或者在燃烧器区域敷设卫燃带以提高燃烧器区域的温度，加快燃煤的着火；利用较低的一次风率和一次风速，减少煤粉气流的着火热；还要注意一、二次风的混合要迟些，其混合要在一次风煤粉气流着火之后，否则相当于增加了一次风率，不利于着火；可以采用较细的煤粉，煤粉颗粒越小，越有利于低挥发分煤的着火、燃烧和燃尽；要求锅炉的负荷不能太低，否则炉内温度水平低，得不到足够的着火热源而出现不稳定，甚至可能熄火，或者要稳定着火和燃烧，必须投油助燃；也要求比较高的过量空气系数，以减少热损失。

挥发分高的烟煤，一般着火不成问题，需要注意燃烧的安全性，可适当减少二次风率并多投一些燃烧器分散热负荷，以防止结焦。为提高燃烧效率，一、二次风的混合应早些进行。煤质好时，应降低过量空气系数运行。

3. 良好燃烧工况的判断与调节

正常稳定的燃烧说明风、煤配合恰当，煤粉细度适宜，此时火焰明亮稳定。高负荷时火色可以偏白些，低负荷时火色可以偏黄些，火焰中心应在炉膛中部，火焰均匀地充满炉膛，但不触及四周水冷壁，着火点位于离燃烧器不远处。火焰中没有明显的星点（有星点可能是煤粉分离现象、煤粉太粗或炉膛温度过低），从烟囱排出的颜色呈浅灰色。如果火焰白亮刺眼，表明风量偏大或负荷过高，也有可能是炉膛结渣。二、一次风动量配合不当会造成煤粉的离析。如果火色暗红闪动则有几种可能：其一是风量偏小；其二是送风量过大或冷灰斗漏风量大，致使炉温太低。此外，还可能是煤质方面的原因，如煤粉太粗或不均匀、煤水分高或挥发分低时，火焰发黄无力，煤的灰分高致使火焰闪动等。

低负荷燃油时，火焰应白橙光亮而不模糊。若火焰暗红或不稳，说明风量不足，或油压偏低，油的雾化不良。若有黑烟缕，通常表明根部风不足或喷嘴堵塞。火焰紊乱说明油枪位置不当或角度不当，均应及时调整。

四、燃料量和风量的调节

1. 配置中间储仓式制粉系统的锅炉

中间储仓式制粉系统的特点之一是制粉系统出力变化与锅炉负荷并不存在直接的关系，在锅炉负荷变化不大时，改变给粉机转速就可以改变进入煤粉燃烧器的煤粉量。当锅炉负荷变化较大，改变给粉机转速不能满足调节幅度时，应先投、停给粉机作粗调节，再以改变给粉机转速作细调节。但应当尽量对称投、停给粉机，以免破坏炉内燃烧工况。调节给粉机转速时，给粉量的增减应当缓慢，幅度不宜过大，尽量避免造成燃烧大幅度波动，尽量使同层给粉机的下粉量一致，便于配风。

需要投备用燃烧器的给粉机时，应先开启一次风门至所需开度，对一次风管进行吹扫，待风压正常后方可启动给粉机给粉，并开启二次风门，观察着火情况是否正常。在停用燃烧器时，则应先停止给粉机，并关闭二次风门，让一次风继续吹扫数分钟后再关闭，以防止一次风管内产生煤粉沉积。为防止停用的燃烧器过热而烧坏，应保持一、二次风门的微小开度，以冷却燃烧器喷口。

给粉机转速的正常调节范围不宜过大，若调节得过高，不但因为煤粉浓度过大易引起不完全燃烧，而且也易使给粉机过负荷而发生故障；若调节得太低，在炉膛温度不太高的情况下，由于煤粉浓度低，易发生炉膛灭火。

锅炉负荷变化时，在调整给粉机转速的同时，调整送引风量，保持汽压、汽温的稳定，增加负荷时，应先增加风量，随之增加给粉量；减负荷时，先减给粉量，随之减少风量，减少炉内机械、化学未完全燃烧热损失。运行中维持合适的氧量值来控制炉内送风量，维持炉膛负压在规定范围内来控制引风量。氧量和炉膛负压值的设定可以在操作器上自动或者手动进行。

2. 配置直吹式制粉系统的锅炉

由于直吹式制粉系统无中间储仓，它的出力大小直接影响锅炉蒸发量。若锅炉负荷变化不大，则可以通过调节运行中制粉系统出力来满足。当锅炉负荷增加，要求制粉系统出力增加时，应先开大磨煤机及一次风机的进口挡板，增加磨煤机的通风量，利用磨煤机内存煤量作为增负荷开始的缓冲调节。然后再增加给煤量，同时开大相应的二次风门。反之，当锅炉负荷降低时，则应减少给煤量和磨煤机通风量以及相应的二次风量。在调节给煤量和风门开度时，应注意辅机的电流变化、挡板的开度指示等，防止发生电流超限和堵管等异常情况。

当锅炉负荷有较大变动，即需启动或者停止整套制粉系统时，须考虑到燃烧工况的合理性，如投运燃烧器应当均衡，保持炉膛四角燃烧器风、粉配合均匀，防止火焰偏斜等。

第四节　汽包水位的控制与调节

一、汽包水位控制与调节的重要性

汽包水位是汽包运行中一个重要的监控参数，它反映锅炉蒸汽负荷与给水量之间的平衡关系。维持汽包水位在一定范围内是保证锅炉和汽轮机安全运行的必要条件。汽包水位过高会影响汽包内汽水分离装置的工作，造成出口蒸汽水分过多，使过热器结垢而烧坏，严重时会导致汽轮机进水；汽包水位过低，会破坏锅炉的水循环，甚至引起爆管。

二、影响水位变化的主要因素

锅炉运行中，汽包水位是经常变动的。引起水位变化的原因之一是锅炉负荷的变化，另一个是锅炉燃烧工况的变化。当上述两个因素发生变化时，将使物质平衡遭到破坏，即给水量与送汽量不平衡，或者工质状态发生变化（锅炉压力变化时，工质饱和温度和比体积随之改变），两者都能引起水位变化。

1. 锅炉负荷

在锅炉负荷扰动下，水位变化曲线如图 7-7 所示。当锅炉负荷（蒸汽流量）突然增加时，如果不考虑汽包水面下汽泡容积的变化，水位呈直线下降，如图中曲线 1 所示。如单独考虑水面下汽泡容积的变化，由于饱和压力下降使蒸发强度增加，水面下汽泡容积迅速增加，水位迅速上升，因蒸发强度的增加是有一定限度的，在一定压力下会达到平衡，故因汽泡容积增加而引起的水位变化可以用曲线 2 表示。实际水位变化是曲线 1 和曲线 2 的合成，即图中的曲线 3。从曲线上可以看出，在燃烧率不变的条件

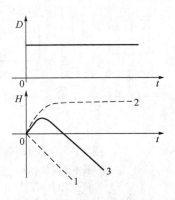

图 7-7　蒸汽流量对汽包水位的影响

下，当蒸汽流量变化时，汽包水位的变化具有特殊的形式：当蒸汽流量突然增加时，虽然锅炉的给水量小于蒸发量，但开始阶段水位不仅不下降，反而迅速上升；反之，当蒸汽流量减少时，水位反而先下降，这种现象称作虚假水位。这是因为在负荷变化的初始阶段，汽压的变化使汽包水面下汽泡的体积变化很快，它对水位的变化起着主要的影响作用，因此，水位随汽泡体积增大而上升。当汽泡的容积与汽包的压力相适应而达到稳定后，水位的变化就由物质平衡的关系决定，这时水位就随蒸汽流量的增加而下降。

实际上虚假水位只有在锅炉工况变动较大，速度较快时才能明显察觉出来。在锅炉出现熄火和安全阀起座等情况下，虚假水位相当大，处理不当就会发生水位事故。在负荷突然增加而出现虚假水位时，应当首先增加风、煤量，强化燃烧，恢复汽压，然后再适当加大给水量，满足蒸发量的需要。如果虚假水位严重，不加限制就会造成满水事故。这时，可先适当减少给水，待水位开始下降时，再加强给水，恢复正常水位。

2. 燃烧工况

在锅炉负荷未变的情况下，炉内燃烧工况变动多是由于燃烧不良，给粉不稳定引起的。燃烧工况变动不外乎燃烧加强和减弱两种情况。当燃烧增强时，锅炉水汽化加强，工质体积膨胀，使水位暂时升高。由于产汽增加，汽压升高，相应的饱和温度提高，锅炉水中的汽泡数量又有所减少，水位又下降，燃料量增加时，水位的波动如图 7-8 所示。

三、给水调整

给水调整的任务是使水量适应锅炉的蒸发量，维持汽包水位在允许的范围内变化。高压锅炉汽包的正常水位一般在汽包中心线以下 150mm，正常变化范围为 ±50mm。给水调整最简单的调节办法是根据汽包水

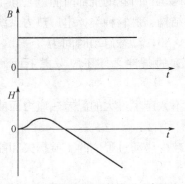

图 7-8　燃烧率对汽包水位的影响

位的偏差 ΔH 调整给水阀开度，在自动控制中就是采用单冲量自动调节器，如图 7-9（a）所示。

单冲量调节的主要问题是，当锅炉负荷和压力变化时，由于水容积蒸汽含量和蒸汽比体积变化而产生虚假水位时，调节器会指导给水调节阀朝错误的方向动作。所以，它只能用在水容量相对较大或负荷相当稳定的锅炉上。

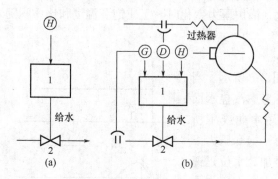

图 7-9　给水自动调节示意
(a) 单冲量调节；(b) 三冲量调节
1—调节机构；2—给水阀

完善的给水调节系统是三冲量调节系统，如图 7-9（b）所示。这种系统中增加了蒸汽流量信号 D 和给水量信号 G。此系统给水量的调节，综合考虑了蒸发量与给水量相平衡的原则，又考虑了水位偏差的大小，所以，既能够补偿虚假水位的反应，又能纠正给水量的扰动。

单元机组的锅炉通常都配备有单冲量给水调节系统和三冲量给水调节系统两种。在锅炉启动和低负荷运行时，投入单冲量调节系统；当锅炉转为正常运行时，给水调节即自动切换，投入三冲量给水自动调节系统。

第五节　锅炉的启动

锅炉由静止状态转变成运行状态的过程称为启动。锅炉的启动分为冷态启动、热态启动两种。有的锅炉把启动分成冷态自动、温态启动和热态启动三种。所谓冷态启动，是指锅炉在没有表压，其温度与环境温度相接近的情况下的启动。这种启动通常是新锅炉、锅炉经过检修或者经过较长时间停炉备用后的启动。温态启动和热态启动则是指锅炉还保持有一定表压、温度高于环境值情况下的启动。温态启动时，锅炉的压力和温度值比热态启动时低。这两种启动是锅炉经过较短时间的停用后的重新启动，启动的工作内容与冷态启动大致相同，只是由于它们还具有一定的压力和温度，所以它们是以冷态启动过程中的某中间阶段作为启动的起始点，而起始点以前冷态启动的某些内容在这里可以省略或简化，因此它们的启动时间较短。

锅炉的启动时间，对单元制机组是指从点火到机组并网运行所花的全部时间。它除了与启动前锅炉状态有关以外，还与锅炉机组的形式、容量、结构、燃料种类、电厂热力系统的形式及气候条件等有关，通常单元机组冷态启动时间为 6～8h，温态启动时间为 3～4h，热态启动时间为 1～2h。锅炉启动时间的长短，除上面提到的条件之外还应考虑下面两个原则：

（1）使锅炉机组各部件逐步和均匀地得到加热，使之不致产生过大的温差热应力而威胁设备的安全；

（2）在保证设备安全的前提下，尽量缩短启动时间，减少启动过程中的工质损失和能量提失。

锅炉的启动过程是一个不稳定的变化过程，启动过程中锅炉工况的变动很复杂。例如：

各部件的工作压力和温度随时在变化，启动时各部件的加热不均匀；金属体中存在着温度场，会产生热应力，特别是像汽包、联箱等厚壁部件的上、下、内、外壁温差要严格控制，以免产生过大的热应力而使部件损坏。启动初期炉膛的温度低，在点火后的一段时间内，燃料投入量少，燃烧不易控制，容易出现燃烧不完全、不稳定，炉膛热负荷不均匀，可能出现灭火和爆炸事故。在启动过程中，各受热面内部工质流动尚不正常，容易引起局部超温，如水循环尚未正常时的水冷壁、断续进水的省煤器等，都可能有引起管壁超温损坏的危险。因此，锅炉启动是锅炉机组运行的一个重要阶段，必须进行严密监视，以保证锅炉安全。

一、单元机组的联合启动

单元机组通常多采用滑参数启动，即联合启动。滑参数启动是在启动锅炉时就启动汽轮机，即锅炉的启动与暖管、暖机和汽轮机的启动同时或基本上同时进行。在启动过程中，锅炉送出的蒸汽参数逐渐升高，汽轮机就用这些蒸汽来暖机、冲转、升速、带负荷，直至锅炉蒸汽参数达到额定值时，汽轮机也带到满负荷或带到设定的负荷。由于汽轮机暖机、冲转、升速、带负荷是在蒸汽参数逐渐变化的情况下进行的，所以这种启动方式称为滑参数启动。

单元机组采用滑参数启动有如下优点：

（1）缩短了启动时间，增加了运行调度的灵活性。因为滑参数启动时，蒸汽管道的暖管和汽轮机的启动与锅炉的升温、升压过程同时进行，所以启动用时比锅炉和汽轮机独立启动必然大大缩短。

（2）提高了启动过程的经济性。启动时间的缩短必然减少启动过程中的燃料消耗量和工质损失，同时机组在启动过程中就发电，必然使经济性有所提高。

（3）增加了机组的安全可靠性。滑参数启动时，整个机组的加热过程是从较低的参数下开始的，因此各部件的受热膨胀比较均匀。对锅炉而言，可使水循环工况和过热器冷却条件得到改善；对汽轮机而言，由于开始进入汽轮机的是参数低的蒸汽，体积流量大，因而汽轮机的主汽门和调节汽门均可基本上全开，这不但减少了节流损失，而且汽轮机通流部分蒸汽充满度好，流速提高，使汽轮机各部分能得到均匀而迅速的升温，热应力工况得到了改善。

由于滑参数启动方式的特点，汽轮机对部件的加热要求更为严格，因此，滑参数启动时，锅炉的启动不但要考虑锅炉的安全，而且也应以汽轮机的加热要求作为依据，确定锅炉的升温、升压过程。

单元机组的联合启动分为真空法和压力法两种。

1. 真空法滑参数启动

真空法滑参数启动前，从锅炉至汽轮机进口蒸汽管道上的阀门全部打开，沿路的空气门和疏水门则全部关闭。

在锅炉进水完毕以后，汽轮机投入油系统，利用盘车装置低速回转汽轮机，以便在蒸汽进入汽轮机时转子能得到均匀加热。启动循环水泵、凝结水泵，并投入相应的系统，然后投入冷凝器的真空泵（抽气器）抽真空。由于蒸汽管道上的阀门全开，故真空可以一直抽到锅炉汽包，从而将锅炉受热面内的空气同时抽走。

锅炉点火后，产生的蒸汽立即由过热器经主蒸汽管道通往汽轮机，然后排入冷凝器。这样，从投入点火燃烧器锅炉产生蒸汽起，就开始了暖管和汽轮机的暖机。

在较低的压力下蒸汽开始对汽轮机冲转后，停止盘车。随着锅炉的升温、升压，汽轮机转速也逐步加快。当汽轮机转速接近临界值时，稍关电动主汽门，待压力上升至足够使汽轮机通过临界转速后，全开电动主汽门，使其迅速通过临界转速，然后逐步升到额定转速。

当汽轮机达到额定转速时，发电机已同步，即可并入电网，开始带负荷。此后就是锅炉继续升温、升压，相应地增加汽轮发电机组的电负荷过程。等到汽轮机前的蒸汽参数达到额定数值时，汽轮机也带到额定负荷。

真空法滑参数启动，由于汽轮机冲转、升速初期蒸汽压力很低，因此有时盘车停止后，可能产生汽轮机的转速波动，损伤汽轮机。同时，由于冲转汽轮机的蒸汽温度也很低，而且湿度较大，容易引起水冲击伤害叶片，因此，目前已很少采用这种启动方法。

2. 压力法滑参数启动

压力法滑参数启动，是指待锅炉所产生的蒸汽具有一定的压力和温度后，才开始冲转汽轮机，然后再转入滑压运行。这种启动方法在锅炉点火前也可以对系统通过冷凝器抽真空，这时汽轮机主汽门关闭，过热器、汽包及蒸汽管道的真空通过分路系统由冷凝器抽真空建立。在汽轮机冲转前，锅炉产生的蒸汽通过启动旁路进入冷凝器。汽轮机升速过程中，也用此旁路平衡汽量，待汽轮机并网后，旁路关闭，此后汽轮机进入滑参数运行。

压力法滑参数启动，开始冲转汽轮机时的蒸汽压力较高，并且汽温有一定的过热度。冲转参数的提高对汽轮机升速、通道湿度控制较好，可以消除转速波动和水冲击对汽轮机的损伤。

二、锅炉的冷态启动过程

50MW 机组冷态启动通常采用压力法滑参数启动，锅炉从点火到满负荷需要经升火、起压、冲转、并网及升负荷几个阶段。

（一）锅炉启动前的准备

锅炉在点火启动前，必须进行详细而全面的检查，从而明确锅炉设备是否具备启动条件，应采取什么措施，保证锅炉在启动过程中及投入运行后安全可靠。

1. 锅炉本体的检查

炉膛本体的检查内容有：检查炉膛、烟道内无工具和杂物，受热面清洁无积灰、积粉和附焦，炉管外形完整，各喷燃器完整，角度正确，各一、二次风喷口无结焦、堵塞、变型现象；检查一切正常，确认炉内无人，关闭各人孔门、检查孔；各部膨胀指示器完整无卡涩，刻度清晰，指针应指示在零位；各管道的支吊架完好，吊杆与弹簧无断裂，各处补偿器应正常，炉顶遮板与炉墙护板应完整无损，蒸汽管道铁皮罩齐全、牢固，阀门管道保温良好；所有楼梯、平台、栏杆完整，走道畅通，照明充足，各消防设备器材齐全；吹灰器无损坏变形现象，设备齐全，保护罩完整；控制部分接线良好，操作按钮完整齐全，进退限位调试完毕；冷灰斗内无杂物，冲渣喷嘴、淋水管完好无损，排渣门开关灵活在关闭位置，碎渣机处于良好备用状态，灰沟畅通无杂物；火监冷却风机（1、3 号角油枪配风风机）外形完整，电动机接线良好，控制柜完好，送电正常；安全阀、向空排汽门及附件完整良好，就地压力表齐全，排汽管道连接牢固；各疏水门、空气门、各仪表一次门手轮齐全，门杆无弯曲；就地所有表计完整，指示正确；汽包电接点水位计和双色水位计投入良好，照明充足，水位清晰，指示正确。

2. 风烟系统的检查

风烟系统检查的主要内容有：风门、挡板与管道连接良好，连杆不弯曲，操作把手和手轮有明显的开关方向和开度指示，并与实际相符，伺服机手动、电动切换把手，应切向"电动"位置；除尘器和烟道保温完好，无漏风现象，内部无杂物，各防爆门和人孔门严密无损；引、送风机电动机接地线完好，防雨罩完整牢固，事故按钮完好，联轴器安全罩牢固，各地脚螺栓坚固，温度计齐全，调节挡板圆环在轨道内；风机无倒转现象，入口门在关闭位置；引、送风机各电动执行机构灵活好用，连杆连接良好，固定销无脱落现象，伺服机手动、电动切换把手切至电动位置；引、送风机轴承油位在 1/2～2/3 之间，油质良好，油面镜清晰无堵塞现象，轴承密封不漏油；引、送风机轴承冷却水畅通；风机外壳严密不漏，各保温完好，周围无妨碍运行的杂物。

3. 汽水系统的检查

汽水系统检查的主要内容有：就地双色水位计云母片清晰，电源及照明良好，已投入运行；放水门不漏，所有汽水阀门完整，手轮齐全，门杆无弯曲，开关方向指示与实际相符；电动门手动、电动切换把手应切至电动位置；冬季大气温度低于 0℃时联系热工投入仪表管路伴热，以防冻结；所有汽水管道保温完整齐全；定排系统各电动门接线良好，就地控制盘送电，各操作按钮齐全，显示正确。

4. 转动机械的检查与试运转

转动机械的联轴器应有防护置，地脚螺栓不能松动，轴承内油位正常、油质良好，轴承冷却水位打开并畅通，电器设备正常。

转动机械启动前应进行盘车，证明无卡涩现象才能试运转。试运转时应无摩擦、撞击异声，转动方向要正确，轴承温度、机械振动和窜轴要符合规定，轴承应无漏地、甩油现象，电动机电流指示要正常，温度不超过允许值。

对新安装或经大修后的锅炉，以及转动机械的电气设备进行过检修时，在锅炉启动前还应对其作动态联动试验，证明其动作正常。

5. 燃料的准备

对煤粉锅炉，制粉系统应处于准备状况。原煤仓应有足够的煤量，中间仓储式制粉系统的粉仓应有足够的粉量。

6. 锅炉上水

(1) 锅炉上水的要求：

1) 锅炉点火前的检查工作完毕，可向锅炉进水；

2) 检修后的锅炉，上水前记录各膨胀指示器一次；

3) 所有的进水是合格的除氧水，进水温度 30～70℃（未冷却的锅炉上水温度与汽包壁上水温度之差不大于 40℃）；

4) 进水要缓慢均匀，进水时间夏季 2～3h，冬季 3～4h，保证汽包壁温差不大于 40℃；

5) 若炉内已有水，须经化验水质合格后，可进水或放水至汽包水位－100mm，否则应放水后再进合格水。

(2) 锅炉上水方式。

1) 锅炉低压反上水。关闭定排总门及定排联箱输水门，连排与定排联络门，省煤器放水一、二次门，开启省煤器再循环门，开启底部上水门，开启定排单元门及 1～16 号排污门，开启向空排汽门将定排系统切为低压上水系统。启动疏水泵，用底部上水门控制进水速度，汽包水位至点火水位（－100mm）时，汇报值长，停止疏水泵，关闭底部上水门及定排单元门、1～16 号排污门。

2）锅炉低压正上水。关闭定排总门、定排联箱输水门、连排与定排联络门、定排单元门及 1～16 号排污门，关闭省煤器再循环门，开启省煤器放水一、二次门，底部上水门，启动疏水泵，用底部上水门控制进水速度，汽包水位至点火水位（－100mm）时，汇报值长，停止疏水泵，关闭省煤器放水一、二次门，底部上水门，开启省煤器再循环门。

3）给水泵上水。关闭给水泵操作台所有电动门、调节门，联系汽轮机启动给水泵，压力正常后，启动小旁路上水，用小旁路调节门控制上水速度。汽包水位至点火水位（100mm）时，汇报值长，联系汽轮机停止给水泵，关闭小旁路电动门、调节门、给水总门，开启省煤器再循环门。

7. 投炉底加热

（1）投入蒸汽加热。

1）锅炉应上水完毕，水压试验合格，水质经化验合格后可投入炉底加热。

2）开启加热母管及加热联箱的疏水门，关闭 1、2 号炉至 3 号炉底部加热总电动门。

3）联系邻炉缓慢开启自用蒸汽一次门，微开二次门，充分疏水暖管后关闭母管后疏水门，维持母管压力≤4.9MPa。

4）微开加热联箱进汽总门，充分疏水暖管后关闭加热联箱疏水门。

5）逐个开启水冷壁下联箱各加热门，开启各阀门时应缓慢均匀，防止发生水冲击。

6）蒸汽加热投入后，应加强对汽压和汽包上、下壁温差的监视。

7）汽压升至 0.196MPa 关闭所有空气门，开启过热器疏水门。

8）大修后第一次启动汽压升至 0.29MPa，冲洗水位计一次，通知热工冲洗仪表管路，汽压升至 0.3～0.49MPa 通知检修热紧螺栓。

9）汽压升至 0.49MPa 时，做好点火前的各种准备工作。

（2）停止蒸汽加热。

1）联系邻炉，准备停止蒸汽加热。

2）关闭水冷壁下联箱各加热门、加热联箱进汽总门。

3）通知邻炉关闭自用蒸汽一、二次门，开启加热母管和加热联箱的疏水门。

4）汇报班、值长，停止蒸汽加热并做好记录。

（3）注意事项。

1）蒸汽加热投入后，锅炉水位上升超过＋200mm 时，可开启事故放水门降至－100mm。

2）大修后蒸汽加热投入前后，均应全面记录膨胀一次，注意各处膨胀是否均匀正常。如发现不正常应调整底部加热门，膨胀小的应适当开大。

3）加热母管及加热联箱疏水门，平时不用时处于开启状态，以便泄掉因各加热门不严而升高的压力。

4）投入时如发生振动，应立即关小加热总门。

（二）辅机启动

（1）检查抗燃油箱油位正常，启动滤油泵运行。

（2）检查主油箱油位正常，启动交流润滑油泵运行，油系统打油循环。油循环期间注意主油箱油位，油位低时联系检修补油，油位失去监视停止油循环。

（3）润滑油系统油循环正常后启动排烟风机运行。

（4）发电机充风压 0.03MPa，启动空侧交流密封油泵运行，做联动试验正常后投空侧直流密封油泵做备用，注意压差阀的动作情况。

（5）启动氢侧交流密封油泵运行，做联动试验正常后投氢侧直流密封油泵备用，注意平衡阀的动作情况。检查各部正常后，进行发电机风压试验，试验合格后发电机充氢。

（6）发电机充氢完毕，启动顶轴油泵运行，油压 8～14MPa，投入电动盘车，正常后停止顶轴油泵运行，测量大轴弯曲正常。

（7）抗燃油油质合格后，启动供油泵运行，油压 14.5MPa，系统无泄漏。投入供油泵连锁、电加热器连锁和冷却油泵自动。

（8）润滑油油质合格后，向保安油系统充油，启动高压启动油泵运行，停止交流润滑油泵运行。与有关专责联系，做调节系统静止试验和其他保护试验。

（9）检查凉水塔放水门在关闭位置，开启凉水塔补水门，进行凉水塔补水。

（10）启动上水泵运行，除氧器上水投加热，给水泵通水暖泵。

（11）轴封系统暖管、疏水。

（12）启动循环水泵运行，凝汽器通循环水。

（13）凝汽器补水至 1000mm 后，启动凝结水泵运行，凝结水开始循环。

（14）启动射水泵运行，凝汽器抽真空，真空升至－0.014MPa，汇报值长，锅炉进行点火。

（三）锅炉的点火与升压

（1）通知炉零米值班工投入炉底水封及渣斗淋水。

（2）通知电除尘值班工，投入放灰系统（灰斗加热应在点火前 12h 投入）。

（3）用蒸汽吹扫 1～4 号油枪畅通达到投入条件，试验点火枪打火良好，将油压调至 2.0MPa，备好点火油及火把。

（4）校对汽包双色水位计与电接点水位计指示偏差不大于±30mm，否则应联系检修处理，并与 CRT 画面上的水位计进行校对。

（5）粉仓无粉时联系临炉启动绞龙向本炉输粉至 1.5m。

（6）通知巡检工检查引、送风机，接到"可以启动"的通知后，投入总连锁，启动甲或乙引、送风机运行，并启动火检风机运行，投入火检风机连锁。调整引、送风量不小于 30%额定风量，全开各一、二次风门，维持炉膛负压为－100～－150Pa，吹扫炉膛 5min。

（7）调整预热器出口风压至 400～600Pa，将各二次风门调至点火位置，维持炉膛负压－30～－50Pa，投入Ⅰ、Ⅱ组给粉机电源，开启燃油电磁阀，联系热工投入 FSSS 中的Ⅰ级保护，投入水位保护。

（8）对角点燃两油枪（1、3 号或 2、4 号），适当调整二次风挡板，调整引、送风量，维持炉膛负压为－30～－50Pa，适当开启向空排汽，注意燃烧情况，油嘴燃烧雾化良好，检查油枪无漏油现象，燃烧雾化不良的油枪应及时调整或更换。

（9）开启电动主闸门前疏水，进行一段暖管。

（10）点火 30min，按先投后停原则，切换另外两只油枪。

（11）根据汽包壁温差和水位情况进行下联箱排污，使各部受热均匀，尽快建立水循环，控制汽包上、下温差不超过 40℃，汽包水温上升速度不大于 1℃/min。

（12）按化学要求开启连排、加药、取样一次门。

（13）根据汽压、汽温情况，投入另两只油枪。保持过热蒸汽温度升速率不大于 1.5℃/min。过热蒸汽压力升速率不大于 0.05MPa/min。

（14）汽压升至 0.15～0.2MPa 时，冲洗水位计，关闭各空气门。

（15）汽压升至 0.3～0.49MPa 时，通知检修热紧螺栓，热工冲洗表管，关闭过热器疏水门。

（16）凝汽器真空达−0.03MPa 轴封送汽。

（17）凝汽器真空达−0.05MPa 以上时，开启Ⅰ、Ⅱ级凝汽器疏水减温水门，投凝汽器疏水，关闭锅炉向空排汽门。注意汽轮机排汽温度的变化，当排汽温度高于 65℃时投入后缸喷水。

（18）根据汽包水位情况，关闭省煤器再循环门，锅炉上水，注意给水压力、除氧器水位调整。

（19）当主汽压力达到 0.6～0.8MPa、主汽温度达 200℃以上时，稍开电动主闸门，暖管 5min 后全开电动主闸门。停止锅炉底部加热。

（20）调整总风压至 1500Pa，油枪燃烧稳定，对角投入下层两台给粉机，其操作如下：开启一次风挡板，吹扫 5min，启动给粉机运行，开启给粉机下粉挡板，控制下粉量。投入 FSSS 的Ⅱ级保护。

（21）根据汽温上升情况投入Ⅱ级减温水。

（22）汽压升至 1.0～1.2MPa，汽温 250～300℃，蒸汽过热度＞50℃，将汽包水位保持在−50mm，燃烧稳定，汇报值长，准备冲转。

（23）汽轮机从冲转到全速需要 45min，冲转期间保持汽压、汽温稳定。

（24）机组并列后负荷 3～5MW，保持汽压 1.5MPa，汽温 340℃，稳定汽压 50min。

（25）检查各部膨胀指示器并做好记录，若发现异常情况，须查找原因，待消除后继续升压、升温，严格按照滑参数曲线进行，升温速度 1～1.5℃/min，控制升压速度小于 0.05MPa/min。

（26）若粉仓内无粉，可用绞龙输粉，若需制粉应符合下列条件：

1）对流过热器后烟温达 350℃以上。

2）预热器出口热风温度达 150℃以上。

3）四只油枪运行，炉膛燃烧良好。

（27）根据汽温上升情况投入Ⅰ、Ⅱ级减温器。

（28）燃油制粉应加强对炉膛负压、各段烟温、烟压、火焰监视器等表计的监视，同时经常检查排烟颜色及排烟温度，若发现异常，应立即停止制粉。

（29）待粉仓粉位达 2m 以上，燃烧稳定，预热器出口风温达 160℃以上，可对角投粉，其操作如下：（给粉机投运后，投入燃烧丧失保护分开关）

1）开启一次风挡板，吹扫 5min。调整总风压为 150Pa。

2）开启给粉机。

3）开启给粉机下粉挡板，控制下粉量。

（30）增加引、送风量，调整二次风挡板，根据负荷及燃烧情况投入上层给粉机运行。负荷升至 10MW，汽温升至 380℃，压力升至 2.5MPa，稳定 50min，将给水小旁路切换至大旁路运行。达到投入"炉膛无火"保护投入条件后，投入"炉膛无火"保护分开关。

（31）根据汽温、汽压上升情况，对角投入下层两台给粉机，汽温升至 450℃，汽压升至 4.8MPa，负荷升至 20MW，稳定 20min。

（32）根据风量情况及时并入另一台引风机运行。

（33）根据负荷情况逐渐投入上层 1～4 号给粉机，相应调整引、送风量。汽温升至 500℃，压力升至 7.0MPa，负荷至 30MW，稳定 20min，将大旁路切换至主给水运行。对角停止两只油枪运行。

（34）负荷升至 35MW，根据情况启动另一套制粉系统。

（35）炉膛燃烧稳定，负荷至 35MW，停止全部油枪运行，投入电除尘运行，负荷 50MW，汽压维持 9.3MPa，温度 536℃。

（36）联系热工投入有关保护和自动。

（37）操作结束后，对锅炉进行一次全面检查后汇报班长、值长，做好记录。

三、锅炉的热态启动过程

（1）汽轮机启动时若高压缸内缸的下缸温度在 150℃以上，称为热态启动，自点火至冲转不超过 1.5h。

（2）锅炉热态启动前的检查和准备与冷态启动检查相同。

（3）锅炉控制升压速度不大于 0.05MPa/min，升温速度不大于 3℃/min，汽包壁温差 <40℃。

（4）锅炉点火后水位保持在零位。

（5）锅炉点火后根据汽温、汽压情况及时投入给粉机运行。

（6）机组并列后升至汽轮机起始负荷，升温、升压速度按滑参数启动曲线进行。

第六节　锅炉的停运及保养

锅炉机组从运行状态逐步转入停止向外供汽、停止燃烧，并逐步减温、减压的过程，叫做停炉。锅炉机组的停炉通常分为正常停炉和事故停炉两种。

锅炉设备的运行连续性是有一定限度的，当锅炉运行一定时间后，为了恢复或提高锅炉机组的运行性能，预防事故的发生，必须停止运行，进行有计划的检修。另外，当外界负荷减少，为了使发电厂和电网的运行比较经济、安全，经计划调度，也要求一部分锅炉停止运行，转入备用。上述两种情况下的锅炉停运，都同于正常停炉。

无论是锅炉外部还是内部的原因发生事故，如不停止锅炉设备的运行就会造成设备的损坏或危及运行人员的安全，而必须停止锅炉机组的运行，这种情况的停炉叫做事故停炉。根据事故的严重程度，若需要立即停炉，称为紧急停炉；若事故不甚严重，但为了安全不允许锅炉机组继续长时间运行下去，必须在一定时间内停止运行，这种停炉称为故障停炉。故障停炉的时间，应根据故障的大小及影响程度决定。

锅炉的停炉过程是一个冷却过程。因此，在停炉过程中应注意的主要问题是使机组缓慢冷却，防止由于冷却过快而使锅炉部件产生过大的温差热应力，造成设备损坏。

锅炉停炉降压、减温冷却的时间，与锅炉设备的运行状况、结构形式、锅炉尺寸等因素有关，应根据锅炉具体情况予以规定。

锅炉的正常停炉方式有两种：一种是额定参数停炉，另一种是滑参数停炉。

锅炉停止运行后,若在短时间内不再参加运行时,应将锅炉转入冷态备用状态。锅炉机组由运行状态转入冷态备用时的操作过程完全按照正常停炉程序进行。冷态备用锅炉的所有设备都应保持在完好状态下,以便可以随时启动,投入运行。

锅炉在冷态备用期间的主要问题是防止腐蚀,在此期间所受的腐蚀主要是氧化腐蚀。所以,减少溶解在水中的氧和外界漏入的氧,或者减少氧气与受热面金属接触的机会就能减轻腐蚀。锅炉冷态备用期间采用的各种保养方法就是为了达到这一目的。

冷态备用锅炉保养时采用的防腐保养方法,应当以简便、有效和经济为原则,并能适应运行的需要使其可在较短的时间内就能投入运行。

锅炉停用期间的防腐保养方法有多种,应根据锅炉冷态备用的不同情况和有关条件选用合适的保养方法。现场采用的一些防腐方法主要有湿式防腐(包括压力防腐和联氨防腐)和干式防腐。

当锅炉停止运行转为备用,如备用时间不太长并且承压部件无检修任务时,大多采用压力防腐。压力防腐又称充压防腐,其要点是在锅炉中保持一定的压力(高于大气压力)和高于100℃的锅炉水温度,防止空气进入锅炉,达到防腐目的。

在锅炉停止运行适当的时间后,进行锅炉的换水,换水的目的是促使锅炉水品质合格。根据化学人员鉴定结果,当锅炉水品质合格后,停止换水并将各管路系统与其他锅炉隔绝。在汽压和过热器管壁温度降到较低数值后(可根据具体设备作出规定),即可通过给水管路向锅炉上水充压,使整个锅炉充满水。由于压力防腐方法简便,故应用较为普遍。

长期备用的锅炉采用联氨防腐效果较好。联氨(N_2H_4)是较强的还原剂,联氨与水中的氧或氧化物反应后,生成不具腐蚀性的化合物,从而达到防腐的目的。

干式防腐是指放尽锅炉水以后,先将锅炉内部和外部清理干净,然后按每立方米的锅炉容积中放置一定数量的具有吸湿能力的干燥剂,例如无水氯化钙 $CaCl_2$、生石灰、硅胶等,保持锅炉金属表面的干燥状态。干燥剂装在布袋内或无盖的器皿中放入锅内。锅炉在保养期内应处于密闭状态,然后定期(例如每隔一个月)进行检查并更换干燥剂。

一、停炉前的准备

(1) 接到值长的停机命令后,通知各专责值班员,做好停炉的准备工作。

(2) 进行停机前的全面检查,并做好设备缺陷记录。

(3) 检查了解原煤仓存煤情况,根据检修时间,及时通知燃料停止上煤。

(4) 大、小修时应将粉仓烧空,大修应将原煤仓烧空。

(5) 检查燃油系统,吹扫油枪,备足点火油和火把,试验电子点火枪良好。

(6) 上、下校对水位计一次。

(7) 锅炉进行全面吹灰除渣一次。

(8) 准备好停炉操作票。

二、滑参数停炉

(1) 从额定负荷降到零需要 4min。锅炉降压速度不大于 0.05MPa/min,降温速度不大于 1.5℃/min。

(2) 解除压力自动,用 20min 时间,逐渐将负荷减至 40MW,压力降至 8.0MPa,温度降至 500℃,稳定 40min。

(3) 根据停炉时间和粉仓粉位情况,及时停止制粉系统运行。制粉系统停止前关闭下煤插板，将给煤机煤走净，抽粉 1h 后方可停止磨煤机，并清理木块分离器。

（4）逐渐减少给粉机出力，及时调整风量和二次风门开度保持燃烧稳定。负荷降至 40MW 以下，解除给水自动并加强汽包水位的调整，及时切换给水管道运行。

（5）负荷降至 30MW，投入油枪运行，应通知值长，停止电除尘运行。

（6）根据负荷情况，从上到下逐渐对角停止给粉机运行并相应调整引、送风量，停止给粉机时先关闭给粉机下粉挡板，吹扫一次风管 10min 后，停止给粉机运行，关小一次风门，适当关小相应的二次风门。

（7）在滑停过程中如果汽包壁温差大于 40℃，应减慢降压速度或停止降压。

（8）汽压降至 2.0MPa，汽温降至 300℃，汇报值长，减负荷至零，发电机解列，汽轮机打闸后，锅炉熄火，停止甲、乙组给粉机电源，关闭减温水总门及各分门，关闭主汽门。

（9）锅炉熄火后调整总风量大于 30%，炉膛负压在 $-100\sim-150$Pa 通风 5min，关闭送、引风机入口、调节挡板，停止送、引风机运行。解除总连锁、炉膛安全保护、水位保护，关闭风烟系统各风门及炉本体各风门。

（10）通知化学关闭连排、加药门及各取样门，关闭渣斗淋水及本体所有孔门。（冬季执行防冻措施）

（11）汽包水位上至 +250mm，停止上水，关闭所有给水门，开启省煤器再循环门。

三、停炉后的冷却

（1）停炉后仍保持汽包水位，低至 -100mm 时，可联系汽轮机进行补水。停炉 6h 后，可开启引风机挡板，缓慢进行自然通风。

（2）停炉 8h 后可打开除渣门、人孔门、看火孔、打焦孔逐渐加强自然通风，若需加速冷却时，可在汽包壁温差不超过 40℃ 的情况下，在停炉 10h 后启动引风机运行。

（3）在锅炉尚有压力，动力设备未切断电源时，不允许停止对锅炉的监视。

（4）严格监视粉仓温度，温度高时及时投入 CO_2 或蒸汽灭火。

（5）在冷却过程中，保持汽包壁温差不大于 40℃。

四、停炉后的保护

锅炉停炉后采用湿式防腐、干式防腐两种，停炉后无检修工作，并且备用时间不超过 15 天，根据车间指示及化学要求可采用湿式防腐。锅炉湿式防腐又分为加药（联氨）防腐、压力防腐。

1. 加药防腐

（1）当锅炉汽压降至 0.5MPa，联系汽轮机启动给水泵，关闭电动主汽门旁路一、二次门，向锅炉进水，将水进满，通知化学人员添加保护性的化学药品，维持 0.5MPa 压力不得下降。

（2）锅炉再次启动时，应将药液全部排尽，然后重新进水。升压后，应开启向空排汽门及过热器各疏水门，防止将氨溶液带入凝汽器使铜管受到腐蚀。

2. 压力防腐

当锅炉汽压降至 0.5MPa 时，联系邻炉投入底部加热维持压力 $0.3\sim0.5$MPa，并保持汽包水位 ±150mm，每天白班开启过热器疏水门对过热器疏水 2h。

3. 干式防腐

（1）干式防腐用于长期备用的锅炉或锅炉进行大小修时。锅炉达热放水的条件后，进行全面放水，锅炉热放水的条件为：

  1）汽压 0.5MPa；

  2）汽包壁温差不大于 30℃；

  3）汽包水侧壁温不大于 150℃。

  （2）锅炉热放水的方法。

  1）全开下联箱各排污门及下降管各排污门、省煤器放水门及过热器各疏水门。开启事故放水门。

  2）通知热工，化学进行仪表管、取样管放水。

  3）当汽轮机高压给水母管解列后开启给水操作台电动门、调节门、手动门及减温水操作台各疏水门。

  4）开启各水位计放水门。

  5）压力降至 0.2MPa，开启向空排汽门及各空气门。

  6）严密关闭锅炉所有人孔门，检查孔及各风烟挡板。

五、锅炉防冻

  （1）冬季锅炉处于备用状态，如不能投底部加热，当锅炉水温度低于 15℃时，应进行放水，必要时可将锅炉水全部放掉。

  （2）通知热工人员开启各仪表管排污门，通知化学开启取样门。

  （3）投入各蒸汽伴热装置，适当开启减温器、给水操作台各疏水门，连排调节门。

  （4）事故放水门每 3h 定期进行冲洗一次。

  （5）室外各转机冷却水不准关得太小。

  （6）汽包壁温差升至 40℃时适当开大底部加热，降至 20℃时及时关小底部加热。

  （7）无邻炉加热，锅炉不准解除备用，压力降到 0.15MPa 以下时，应向总工申请，锅炉点火升压防冻。

  （8）电除尘冲灰水只进行节流，不准关闭。

第八章

循环流化床锅炉的原理和结构

流化床燃烧起初主要应用于化工领域，20世纪60年代开始，流化床被应用于煤的燃烧，并且很快成为三种主要的燃烧方式之一。燃料的另外两种主要燃烧方式，一种是固定床燃烧，又称层燃，包括固定炉排、链条炉等；另外一种是悬浮燃烧，如煤粉炉中煤粉的燃烧。固定床燃烧是将燃料均匀分布在炉排上，空气以较低的速度自下而上通过燃料层使其燃烧。悬浮燃烧则是先将煤磨成细粉，然后用空气通过燃烧器送入炉膛，在炉膛空间作悬浮状燃烧。流化床燃烧是介于两者之间的一种燃烧方式。在流化床燃烧中，燃料被破碎到一定粒度，燃烧所需要的空气从布置在炉膛底部的布风板送入，燃料既不固定在炉排上燃烧，也不是在炉膛空间内随气流悬浮燃烧，而是在流化床内进行一种剧烈的、杂乱无章的、类似于流体沸腾的流态化燃烧。

为了保护环境和实现可持续发展，地方小火电中的层燃炉、煤粉炉都将被淘汰，取而代之的将是循环流化床锅炉，许多大电站也对循环流化床锅炉技术产生了兴趣。我国是世界上以煤为主要一次能源的国家，大力发展高效、清洁的循环流化床锅炉，具有重要而深远的战略意义。可以预见，未来几年将是循环流化床燃烧技术飞速发展的重要时期。

第一节　循环流化床锅炉概况

一、循环流化床锅炉的基本工作过程

当流体向上流过颗粒床层时，其运动状态是变化的。流速较低时，颗粒静止不动，流体只在颗粒之间的缝隙中通过。当流速增加到某一速度之后，颗粒不再由布风板所支持，而全部由流体的摩擦力所承托。此时，对于单个颗粒来讲，它不再依靠与其他临近颗粒的接触而维持它的空间位置，相反地，在失去了以前的机械支撑之后，每个颗粒可以在床层中自由运动；就整个床层而言，具有了许多类似流体的性质。这种状态就被称作流态化。

如图8-1所示，当气体通过布风板自下而上穿过固体颗粒随意填充状态的床层时，随着气流速度的增加，固体颗粒分别呈现固定床、鼓泡流化床、湍流流化床、快速流化床和气力输送状态。

如图8-2所示，当风速较低时，燃烧层固定不动，表现为层燃的特

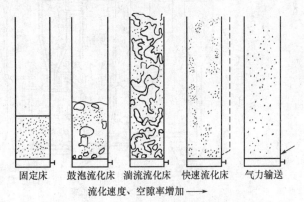

固定床　鼓泡流化床　湍流流化床　快速流化床　气力输送

流化速度、空隙率增加 ——→

图8-1　不同气流速度下固体颗粒床层的流动状态

点。当风速增加到一定值时，布风板上的燃料颗粒将被气流"托起"，从而使整个燃料层具有类似流体沸腾的特性。此时，除了非常细而轻的颗粒床会均匀膨胀之外，一般还会出现气体的鼓泡这样明显的不稳定性，形成鼓泡流化床燃烧（又称沸腾燃烧）。当风速继续增加，超过多数颗粒的终端速度时，大量未燃尽的燃料颗粒和灰颗粒将被气流带出流化层和炉膛。为使这些燃料颗粒燃尽，可将它们从燃烧产物的气流中分离出来，送回并混入流化床继续燃烧，进而建立起大量灰颗粒的稳定循环，这就形成了循环流化床燃烧。循环流化床的上升段通常运行在快速流化床状态下。如果空气流速继续增加，将有越来越多的燃料颗粒被气流带出，而气流与燃料颗粒之间的相对速度则越来越小，以至难以保持稳定的燃烧。当气流速度超过所有颗粒的终端速度时，就成了气力输送。但若燃烧颗粒足够细，则用空气通过专门的管道和燃烧装置送入炉膛使其燃烧，这就是燃烧颗粒的悬浮燃烧。

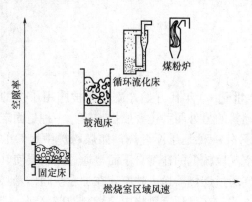

图 8-2　燃烧方式与风速的关系

二、循环流化床锅炉的基本结构

循环流化床锅炉可分为两个部分：第一部分由炉膛（流化床燃烧室）、气固分离设备（分离器）、固体物料再循环设备（返料装置、返料器）和外置换热器（有些循环流化床锅炉没有该设备）等组成，上述部件形成了一个固体物料循环回路；第二部分为尾部对流烟道，布置有过热器、再热器、省煤器和空气预热器等，与常规火炬燃烧锅炉相近。

图 8-3 所示为鲁奇公司的带有外置流化床热交换器的循环流化床锅炉系统示意。燃料和脱硫剂由炉膛下部进入锅炉，燃烧所需的一次风和二次风分别从炉膛的底部和侧墙送入，燃料的燃烧主要在炉膛中完成。炉膛四周布置有水冷壁，用于吸收燃烧所产生的部分热量。由气流带出炉膛的固体物料在分离器内被分离和收集，通过返料装置送回炉膛，烟气则进入尾部烟道。

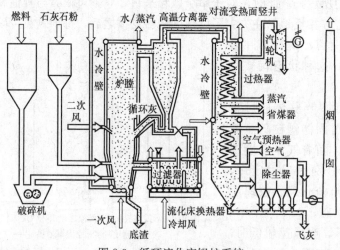

图 8-3　循环流化床锅炉系统

1. 炉膛

炉膛的燃烧以二次风入口为界分为两个区。二次风入口以下为大粒子还原气氛燃烧区，二次风入口以上为小粒子氧化气氛燃烧区。燃料的燃烧过程、脱硫过程、NO_x 和 N_2O 的生成及分解过程主要在燃烧室内完成。燃烧室内布置有受热面，它完成大约 50% 燃料释放热量的传递过程。流化床燃烧室既是一个燃烧设备，也是一个热交换器、脱硫、脱氮装置，集流化过程、燃烧、传热与脱硫、脱硝反应于一体。所以，流化床燃烧室是流化床燃烧系统的主体。

2. 分离器

循环流化床分离器是循环流化床燃烧系统的关键部件之一。它的形式决定了燃烧系统和锅炉整体布置的形式和紧凑性，它的性能对燃烧室的空气动力特性、传热特性、物料循环、燃烧效率、锅炉出力和蒸汽参数、对石灰石的脱硫效率和利用率、对负荷的调节范围和锅炉启动所需时间以及散热损失和维修费用等均有重要影响。

国内外普遍采用的分离器有高温耐火材料内砌的绝热旋风分离器、水冷或汽冷旋风分离器、各种形式的惯性分离器和方形分离器等。

3. 返料装置

返料装置是循环流化床锅炉的重要部件之一。它的正常运行对燃烧过程的可控性、对锅炉的负荷调节性能起决定性作用。

返料装置的作用是将分离器收集下来的物料送回流化床循环燃烧，并保证流化床内的高温烟气不经过返料装置短路流入分离器。返料装置既是一个物料回送器，也是一个锁气器。如果这两个作用失常，物料的循环燃烧过程建立不起来，锅炉的燃烧效率将大为降低，燃烧室内的燃烧工况变差，锅炉将达不到设计蒸发量。

流化床燃烧系统中常用的返料装置是非机械式的。设计中采用的返料器主要有两种类型：一种是自动调整型返料器，如流化密封返料器；另一种是阀型返料器，如"L"阀等。自动调整型返料器能随锅炉负荷的变化，自动改变返料量，不需调整返料风量。阀型返料器要改变返料量则必须调整返料风量，也就是说，随锅炉负荷的变化必须调整返料风量。

4. 外置换热器

部分循环流化床锅炉采用外置换热器。外置换热器的作用是，使分离下来的物料部分或全部（取决于锅炉的运行工况和蒸汽参数）通过它，并将其冷却到 500℃ 左右，然后通过返料器送至床内再燃烧。外置换热器内可布置省煤器、蒸发器、过热器、再热器等受热面。

三、循环流化床锅炉的特点

循环流化床锅炉技术在较短的时间内能够在国内外得到迅速发展和广泛应用，是因为它具有一般常规锅炉所不具备的优点。

（1）燃料适应性广。这是循环流化床锅炉的主要优点之一。循环流化床锅炉中按质量百分比计，燃料仅为床料的 1%～3%，其余是不可燃的固体颗粒，如脱硫剂、灰渣或砂。循环流化床锅炉的特殊流体动力特性使得气－固和固－固混合非常好。因此，即使是很难着火燃烧的燃料，进入炉膛后由于很快与灼热的床料混合，所以能被迅速加热至高于着火温度，这就决定了循环流化床锅炉不需辅助燃料而燃用任何燃料。循环流化床锅炉既可燃用优质煤，也可燃用各种劣质燃料，如高灰煤、高硫煤、高灰高硫煤、高水分煤、煤矸石、煤泥，以及油页岩、泥煤、石油焦、尾矿、炉渣、树皮、废木头、垃圾等。它的这一优点，对充分利用劣质燃料具有重大意义。

（2）燃烧效率高。国外循环流化床锅炉的燃烧效率一般高达99％。我国自行设计、投运的流化床锅炉燃烧效率也可高达95％～99％。该炉型燃烧效率高的主要原因是煤粒燃尽率高。煤粒燃尽率分三种情况分析：较小的颗粒（<0.04mm）随烟气一起流动，在飞出炉膛前就完全燃尽了，在炉膛高度有效范围内，它们燃烧的时间是足够的；对于较大一些的煤粒（>0.6mm），其终端速度高，只有通过燃烧或相互摩擦而碎裂，其直径减小时，才能随烟气逸出，较大颗粒则停留在燃烧室内燃烧；对于中等粒度的颗粒，循环流化床锅炉通过分离装置将这些颗粒分离下来，送回燃烧室进行循环燃烧，给颗粒燃尽提供了足够的时间。运行锅炉的实测数据表明，该型锅炉的炉渣可燃物仅有1％～2％，锅炉效率可达88％～90％。在燃烧优质煤时，燃烧效率与煤粉锅炉持平；燃烧劣质煤时，循环流化床锅炉的燃烧效率约比煤粉炉高5％。

（3）燃烧污染物排放量低。向循环流化床内直接加入石灰石、白云石等脱硫剂，可以脱去燃料在燃烧过程中生成的SO_2。根据燃料中含硫量的大小确定加入的脱硫剂量，可达到90％的脱硫效率。

另外，循环流化床锅炉燃烧温度一般控制在800～950℃的范围内，这不仅有利于脱硫，而且可以抑制氮氧化物的形成。由于循环流化床锅炉普遍采用分段（或分级）送入二次风，这样又可控制NO_x的产生。在一般情况下，循环流化床锅炉NO_x的生成量仅为煤粉炉的1/4～1/3，标准状态下NO_x的排放量可以控制在$300mg/m^3$以下。因此，循环流化床燃烧是一种经济、有效、低污染的燃烧技术。与煤粉炉加脱硫装置相比，循环流化床锅炉的投资可降低1/4～1/3。这也是它在国内外受到重视，得到迅速发展的主要原因之一。

（4）负荷调节性能好。煤粉炉负荷调节范围通常在70％～110％，而循环流化床锅炉负荷调节幅度比煤粉炉大得多，一般在30％～110％。即使在20％负荷情况下，有的循环流化床锅炉也能保持燃烧稳定，甚至可以压火备用，这一特点对于调峰电厂或热负荷变化较大的热电厂来说，选用循环流化床锅炉作为动力锅炉非常有利。此外，由于截面风速高和吸热控制容易，循环流化床锅炉的负荷调节速度也很快，一般可达4％/min～5％/min。

（5）燃烧热强度大，炉膛截面积小。炉膛单位截面积的热负荷高是循环流化床锅炉的主要优点之一。循环流化床锅炉燃烧热强度比常规锅炉高得多，其截面热负荷可达3～6MW/m^2，是链条炉的2～6倍。其炉膛容积热负荷为1.5～2MW/m^3，是煤粉炉的8～11倍，所以循环流化床锅炉可以减小炉膛体积，降低金属消耗。

（6）炉内传热能力强。循环流化床炉内传热主要是上升的烟气和流动的物料与受热面的对流传热和辐射传热，炉膛内气－固两相混合物对水冷壁的传热系数比煤粉炉炉膛的辐射传热系数大得多，一般在50～450W/（$m^2 \cdot K$）。如果床内（炉膛内或炉膛外）布置有埋管，可更大幅度地节省受热面金属耗量，为循环流化床锅炉的大型化提供了可能。

（7）灰渣综合利用性能好。循环流化床锅炉燃烧温度低，灰渣不会软化和黏结，活性较好。另外，炉内加入石灰石后，灰渣成分也有变化，含有一定的$CaSO_4$和未反应的CaO。循环流化床锅炉灰渣可以用于制造水泥的掺合料或其他建筑材料的原料，有利于灰渣的综合利用。同时低温烧透也有利于提取灰渣中的稀有金属，这对于那些建在城市或对环保要求较高的电厂采用循环流化床锅炉十分有利。

在实际运行中，循环流化床锅炉与常规煤粉炉相比还存在一些问题：

（1）自动化水平要求高。由于循环流化床锅炉风烟系统和灰渣系统比常规锅炉复杂，各炉型燃烧调整方式有所不同，控制点较多，所以采用的计算机自动控制系统比常规锅炉复杂得多。

（2）循环流化床锅炉部件的磨损和腐蚀严重。由于循环流化床锅炉内的流速高、颗粒浓度大，炉膛内物料浓度是煤粉炉的十至几十倍，为控制 NO_x 的排放而采用分级燃烧，炉膛内存在还原性气氛的区域等因素，会造成受热面与吊挂管的磨损与腐蚀，膜式水冷壁的变截面处和裸露在烟气冲刷中的耐火材料砌筑部件亦有磨损。研究表明，磨损与风速成正比，与浓度成正比。

（3）厂用电率高。循环流化床锅炉的分离循环系统比较复杂，布风板及系统阻力增大，锅炉自身耗电量大，约为机组发电量的 7％，导致运行费用增加。

此外，为实现优化运行，循环流化床锅炉还有许多问题需要解决。例如：需要发展效率高、体积小、阻力低、磨损轻和制造运行方便的循环物料分离装置；循环流化床内固体颗粒的浓度选取；炉内受热面的布置和温度控制；运行风速的确定等。

第二节　循环流化床锅炉的基本概念

（一）床料与床压

锅炉启动前，布风板上先铺有一定厚度、一定粒度的固体颗粒，称作床料。床料一般由燃煤、灰渣、石灰石粉等组成，有的锅炉床料还掺入砂子、铁矿石等成分，甚至有的锅炉冷态、热态调试或启动时仅用一定粒度的砂子做床料。不同的锅炉，床料的成分、颗粒粒径和筛分特性也不一样。静止床料层的厚度一般为 350～600mm。

（二）物料

所谓物料，主要是指循环流化床锅炉运行中，在炉膛及循环系统内燃烧或载热的物质。它不仅包含床料成分，而且包括锅炉运行中给入的燃料、脱硫剂、返送回来的飞灰以及燃料燃烧后产生的其他固体物质。分离器捕捉分离的通过回料阀返送回炉膛的物料叫循环物料，而未被捕捉的细小颗粒一般称作飞灰，炉床下部排出的较大颗粒叫炉渣（也称作大渣），因此飞灰和炉渣是炉内物料的废料。

（三）燃料颗粒的有关概念

1. 颗粒堆积密度与颗粒真实密度

将固体颗粒不加任何约束自然堆放时单位体积的质量称为颗粒堆积密度。单个颗粒的质量与其体积的比值称为颗粒真实密度。

2. 空隙率

固体颗粒自然堆放时，颗粒之间空隙占颗粒堆放总体积的份额称为空隙率，也可以称为固定床空隙率。在颗粒浓度很高的流化床气固两相流系统中，气相所占体积与两相流总体积之比，称作床层空隙率或者流化床空隙率。

3. 燃料筛分

进入锅炉的燃料颗粒的直径一般是不相等的。通过一系列标准筛孔尺寸的筛子，可以测定出燃料颗粒粒径的大小和组成特性。燃料颗粒粒径的范围即称作燃料筛分。如果燃料颗粒粒径范围较大，称作宽筛分；粒径范围较小，称作窄筛分。宽筛分和窄筛分是相对而言的，但燃料的筛分对锅炉运行的影响很大。一般来说，一旦锅炉确定，其燃料筛分基本也就确定了，而当煤种变化时其筛分也有所变化。通常，对于挥发分较高的煤，粒径允许范围较大，筛分较宽；对于挥发分较低的无烟煤、煤矸石，一般要求粒径较小，相对筛分较窄。国内目前运行的循环流化床锅炉，其燃料粒径要求一般在 $0.1～15mm$，这些燃料粒径要求范围较大，均属宽筛分。

4. 燃料粒比度

燃煤循环流化床锅炉，不仅对入炉煤的筛分有一定的要求，而且对各粒径的煤颗粒占总量的百分比也有一定要求。例如，某台 220t/h 中循环流化床锅炉燃用劣质烟煤，筛分为 $0～10mm$，其中直径小于 $1mm$ 的颗粒占 60% 左右，$1.1～8mm$ 的颗粒占 30% 左右，$8～10mm$ 占 10% 左右。各粒径的颗粒占总量的份额之比称作粒比度。因此，这台 220t/h 锅炉燃料的粒比度就为 60：30：10。当然，燃煤颗粒组成特性曲线（参见第三章）可以直观地反映入炉煤的各粒径颗粒占总量的百分比。对锅炉设计和运行来说，燃煤颗粒特性曲线比燃煤筛分、粒比度更直观更确切，是选择制煤设备和锅炉运行的重要参数。

（四）临界流化速度

通常将床层从固定状态转变到流化状态（或者沸腾状态）时，按照布风板面积计算的空气流速称为临界流化风速。工业应用的燃煤流化床锅炉，其正常运行的流化速度均要大于临界流化速度。如果没有特殊注明，所谓的流化速度是指热态时的速度。在循环流化床锅炉运行中，对应于临界流化速度的一次风风量称为临界流化风量。

临界流化速度不仅与固体颗粒的粒度和密度有关，还与流化气体的物性参数（密度和黏度）有关。因此，在锅炉运行中，当床温变化时，气体的密度和黏度都发生变化，临界流化速度也会发生变化；在其他条件不变时，颗粒粒径增大或者颗粒密度增大时，临界流化速度也会增大。

临界流化速度和临界流化风量是循环流化床锅炉的重要参数。不同型号的锅炉或锅炉床料（物料）发生变化时，其临界流化速度和临界流化风量是有差别的。

在实际燃煤流化床锅炉中，由于燃煤一般为宽筛分，燃煤粒度范围较宽，一些大颗粒不容易流化，为了防止大颗粒沉积发生结渣，必须保证布风板上全部风帽小孔之上的料层均处于流化状态，实际运行最低风速应当大于临界流化速度。对于实际运行的流化床，为使床层达到充分流化的流化风速通常应为临界流化风速的 $2～3$ 倍左右。

（五）颗粒终端速度

固体颗粒在流体中下落时，共受到三个力的作用，即重力、浮力和摩擦阻力。重力和浮力之差是使颗粒发生下落的动力，摩擦力则是阻碍颗粒运动的力，其方向与颗粒运动的方向相反。

当固体颗粒在静止空气中作初速度为零的自由降落时，由于重力的作用，下降速度逐渐增大，同时阻力也逐渐增大。当速度增加到某一定值时，颗粒受到的阻力、重力和浮力达到平衡，颗粒以等速运动，这个速度称为颗粒的终端速度。

（六）物料循环倍率

图 8-4 所示为循环流化床锅炉的原理示意图。由图可见，循环流化床锅炉存在一个物料循环闭路，由炉膛、分离器以及回料器及其管路组成。物料循环倍

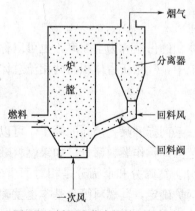

图 8-4 循环流化床锅炉原理示意

率是指由分离器捕捉下来且返送回炉内的物料量与给进的燃料量之比。这个概念反映了物料循环的多少。在循环流化床锅炉中，锅炉燃料量容易控制，而循环物料量受很多因素的影响，主要有：

（1）一次风量。一次风量的大小直接影响物料回送量。一次风量过小，炉内物料的流化状态将发生变化，燃烧室上部物料浓度降低，进入分离器的物料量也相对减少。这样不仅影响分离器的分离效率，也必然降低分离器的捕捉量，回送量也自然减少。

（2）燃料颗粒特性。运行中煤的颗粒特性发生变化也将影响回料量的多少。如果入炉煤的颗粒较粗，且所占份额较大（与设计值比），在一次风量不变的情况下，炉膛上部的物料浓度降低，其结果与一次风过小相同。

（3）分离器效率。即使煤的颗粒特性达到要求，一次风量也满足设计条件，而物料分离器效率降低，也将使回料量减少。

（4）回料系统。循环流化床锅炉回料系统若不稳定可靠，即使物料分离器分离捕捉到一定的物料量，也将不能稳定及时回送炉内，影响循环倍率。回料系统对返送量的影响主要取决于回料阀的运行状况，回料阀内结焦、堵塞以及回料风压力过低都将使循环倍率减小。因此，在锅炉运行中不应忽视对回料系统的监视、检查和调整。

（七）夹带和扬析

夹带和扬析是两个不同的概念。夹带一般是指在单一颗粒或者多组分系统中，气流从床层中携带走固体颗粒的现象。当气流穿过由宽筛分床料组成的流化床层时，一些终端速度小于床层表观速度的细颗粒将陆续从气固两相混合物中被分离出去并被带走，这一过程称为扬析。换言之，扬析是指从床层中有选择性地携带一部分细颗粒的过程。

第三节　循环流化床锅炉的工作原理

一、循环流化床锅炉的床层阻力

循环流化床锅炉某段床层的总压降包括气流流动时的摩擦阻力、气体的重位压头、物料重力引起的压力降和物料颗粒与管壁的冲击、摩擦以及颗粒间的摩擦与碰撞造成的压力损失等四项。研究表明，与物料重力引起的压力降相比，其他各项要小一个数量级以上，可近似忽略。于是，在床层内高度为 Δh 的任意两点间的压降计算式表示为

$$\Delta p = \rho_p g (1 - \bar{\varepsilon}) \Delta h \quad (8\text{-}1)$$

式中　$\bar{\varepsilon}$——床层截面平均空隙率。

根据大量的试验结果，一般认为压降主要与气速、固体颗粒循环流率、固气密度比、床径和粒径比等因素有关系。试验表明，在循环物料流率 G_s 不变的条件下，床层压降随运行风速 u_0 的增加而下降。这是因为，在同一循环物料流率条件下，风速越大，床内的颗粒浓度越小，因为床内压降与速度成反比关系，如图8-5所

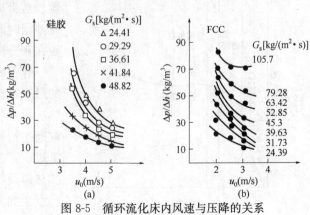

图8-5　循环流化床内风速与压降的关系

（a）硅胶；（b）FCC

示。另外，在相同气流速度下，随循环物料的增加，床层压降增加，变化规律近似线性，如图8-6所示。

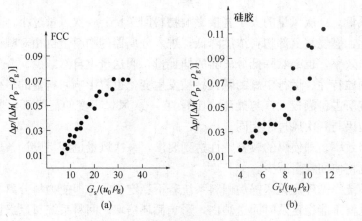

图 8-6　循环物料流率与压降的关系

(a) FCC；(b) 硅胶

二、煤的燃烧

循环流化床的主要特征是燃料颗粒离开炉膛后，经循环灰分离器和回送装置不断地送回炉内燃烧。根据结构形式的不同，循环流化床的燃烧区域也有差别。对于带高温循环灰分离器的循环流化床锅炉，燃烧主要发生在三个区域：锅炉下部密相区（二次风口以下）、炉膛上部稀相区（二次风口以上）和高温循环灰分离器区；对于采用中温循环灰分离器的循环流化床锅炉只有炉膛上、下两个燃烧区域。所谓燃烧份额是指燃料在各燃烧区域所释放出的热量占燃料燃烧释放总热量的百分比。

（1）炉膛下部密相区。这是一个充满灼热物料的大"蓄热池"，是稳定的着火源。新给入的燃料及从高温循环灰分离器收集的未燃尽焦炭被送入此区域，由一次风将这些物料流化。燃料挥发分的析出和部分燃烧发生在该区域。

（2）锅炉上部稀相区。被输送到这里的焦炭和一部分挥发分富氧燃烧，大多数燃烧反应都发生在这个区域。

（3）高温循环灰分离器区。未燃尽的焦炭颗粒被带出炉膛进入该区域，由于焦炭颗粒在此停留时间较短，而此处氧浓度又较低，故焦炭在灰分离器中的燃烧份额很小。

煤在流化床内的燃烧是流化床锅炉所发生的最基本也是最重要的过程。它涉及流动、传热、化学反应以及相关的物理化学过程。当煤粒通过给料机构给入流化床后，将依次发生如下过程：①煤粒得到高温床料的加热并干燥；②热解及挥发分析出燃烧；③某些煤种的煤粒会发生颗粒膨胀和一级破碎现象；④焦炭燃烧并伴随二级破碎和磨损现象。图 8-7 所示是上

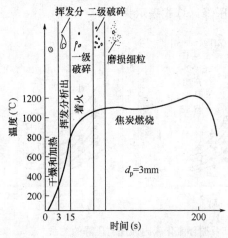

图 8-7　煤粒在流化床中的燃烧过程

述诸过程的示意图。

实际上，在流化床内煤粒的燃烧过程也不能简单地以上述步骤绝对地划分各阶段，往往有时几个过程同时进行，如挥发分和焦炭的燃烧存在明显的重叠现象。另外，煤粒的燃烧也不是独立的，煤粒之间、煤粒与床料之间也会互相影响。因此，循环流化床内煤粒的燃烧是一个错综复杂的过程。

1. 煤粒的加热和干燥

循环流化床锅炉燃用煤种一般水分较大，燃用泥煤时其水分甚至超过40％。循环流化床内的物料绝大部分是灼热的灰渣，可燃物很少。由于燃料量只占床料的极小部分，大约为1％～3％，当煤粒给入循环流化床锅炉床层之后，立即被大量灼热的物料所包围并被迅速加热到接近床温，一般加热速率能够达到100～1000℃/s。煤粒粒径越大，加热速率越低，加热时间越长。在这个阶段，煤粒受到加热，蒸干水分。

2. 热解及挥发分析出和燃烧

热解过程是煤粒受到高温加热后分解并产生大量气态可燃物的过程。煤的热解是煤燃烧过程的一个重要初始阶段，并对后续过程有很大影响。热解产物挥发分由焦油和可燃气体组成，其值可占燃烧总放热量的40％左右。挥发分极易着火燃烧，燃烧后放出大量的热量，这样就迅速加热了煤粒，使煤粒温度迅速升高，有利于着火；另外，挥发分的析出改变了煤粒的空隙结构，改善了焦炭的燃烧反应特性。

挥发分的析出量与析出时间与煤质、颗粒尺寸、床温和颗粒的加热时间等因素有关。对于组织结构松软的煤种（烟煤、褐煤和油页煤等），或者煤粒粒径较小时，煤粒一进入循环流化床就能析出绝大部分挥发分；对于组织结构坚硬（无烟煤、石煤等）或颗粒较大的煤粒，进入循环流化床锅炉后挥发分的析出较慢，甚至与焦炭的燃烧过程同时进行。

挥发分析出后，达到相应的着火温度即开始燃烧。对于粒径较小的煤粒，挥发分析出非常快，释放出来的挥发分立即在煤粒周围燃烧，同时迅速将煤粒加热到着火温度，煤粒立即燃烧。因此，这些细煤粒的燃烧时间非常短，一般从给煤口进入炉床到炉膛出口就可以燃尽，无需经过循环灰分离器再返送回炉膛。事实上，一般分离器也无法收集粒径过小的燃尽灰粒。但是对于那些不参与物料再循环也未被烟气携带出炉膛的较大颗粒，其挥发分析出就慢得多。由于大颗粒基本上沉积于炉膛下部，给氧量又不足，因此，大颗粒析出的挥发分往往有很大一部分在炉膛中部燃烧。由于大煤粒仅停留在炉膛内燃烧，其停留时间较长，大大超过了所需的燃尽时间，因此，大颗粒的燃尽也不是问题。但是，如果运行中一次风调整不当或者排渣间隔时间过短、排渣时间过长，就有可能把未燃尽的炭粒排掉，使炉渣含碳量增大。中等粒径的煤粒参与外循环，一般一次难以燃尽，需要多次循环之后方可燃尽。

3. 焦炭的着火与燃尽

在流化床锅炉条件下挥发分析出与燃烧同焦炭燃烧过程存在一定的重叠，即在初期以挥发分析出与燃烧为主，后期以焦炭燃尽为主。煤中挥发分的析出时间约在1～10s，而挥发分的燃烧时间小于1s。焦炭的燃尽时间比挥发分的燃烧时间大两个数量级，也就是说焦炭的燃烧过程控制着煤粒在流化床中的整个燃烧过程。

焦炭燃烧过程包括传质和化学反应的串联环节。第一个环节是气流中的氧气扩散到达焦炭颗粒表面，由于煤粒中挥发分析出后剩余的焦炭具有大量的空隙，氧气也会扩散到这些空隙内。第二个环节是扩散到焦炭表面及其空隙内的氧气与炭发生化学反应生成二氧化碳或者一氧化碳。此外，由于流化床锅炉中大多燃用中灰和高灰煤，所以焦炭表面燃烧后灰在其表面留下一层灰层，所以氧气要想与焦炭中的炭反应还必须要通过焦炭表面的灰层扩散到炭粒表面。

4. 煤粒的破碎和磨损

在循环流化床锅炉实际运行中，煤颗粒在炉内的燃烧过程是十分复杂的。煤粒在进入高温流化床后，煤粒中的挥发分开始析出。由于热解的作用，颗粒物理化学特性发生急剧的变化，对于有些高挥发分煤，煤粒在挥发分析出过程中首先变成塑性体，煤中的小孔被破坏，因此在挥发分开始析出时颗粒的表面积最小。此后煤粒又由塑性体转化为固体。对于大颗粒来讲，由于温度的不均匀性，颗粒表面最早经历这一转化过程，即在颗粒内部转化为塑性体时，颗粒外表面可能已固化。因此，随着热解的进行以及热解产物的滞留，颗粒内部要膨胀，压力升高，一旦压力升高超过一定值，已固化的颗粒表面可能会破碎。对于低挥发分的劣质煤，塑性状态虽不明显，但颗粒内部的热解产物需要克服致密的孔隙结构才能从煤中逸出，因此颗粒内部亦会产生比较高的压力导致煤粒破碎。上述煤颗粒中析出挥发分时由于在颗粒内部产生很高压力而导致的颗粒破碎称作一级破碎。当焦炭燃烧时，如果燃烧处于动力控制燃烧或者动力－扩散控制燃烧工况，焦炭内部的小孔增加，从而使焦炭内部的连接力削弱。此时，如果作用在焦炭上的气动力大于其内部连接力，焦炭就会产生破碎，这个过程称作二级破碎。如果煤粒处于动力控制燃烧工况，即整个焦炭均匀燃烧，所有内部的化学键急剧瓦解断裂，导致二级破碎。此时，整个焦炭颗粒同时破裂，称作渗透破裂。

煤粒的破碎主要是在煤热解期间，由挥发分析出所产生的热应力的不均匀和内部压力造成的。煤粒投入高温床后，煤粒外表层不能承受内部挥发分析出造成的压力和颗粒的热应力，破碎也就发生了。

相对较大的颗粒与其他颗粒机械作用产生细颗粒的过程称作磨损。在燃烧存在的情况下磨损会加剧，这是因为焦炭颗粒中含有不同反应特性的显微组分聚集体，使得焦炭表面的氧化和燃烧不均匀，在焦炭表面燃烧较快的某些部分形成联结细颗粒之间的"连接臂"，在床料的机械作用下这些"连接臂"受破坏的结果。这个过程称作有燃烧的磨损或者燃烧辅助磨损。

煤粒破碎的直接结果是在煤粒投入床内后很快形成大量的细小粒子，特别是一些可扬析的粒子的产生会影响锅炉的热效率。此外，煤粒的破碎也显著改变了给煤的粒度分布。单用原始的燃料粒度分布预计煤的燃烧过程，会偏离实际情况。煤粒的破碎会使流化床内的燃烧分配（即密相区的燃烧份额和稀相区的燃烧份额）偏离设计工况，进而影响到流化床锅炉的运行。但是另一方面，破碎可以增加挥发分析出的速率，减少挥发分析出的时间，对煤的早期着火和燃烧有一定好处。

大颗粒因磨损而产生的微小颗粒的粒径大多小于 $100\mu m$，循环灰分离器一般不易将其从烟气中分离出来，这是锅炉机械不完全燃烧热损失的主要部分。但是，由于因为磨损而使煤粒外表面的灰壳减薄，有利于燃烧的进一步进行。脱硫剂也会在其外表面形成一个产物层，会影响脱硫剂的有效性。从这个意义上来说，流化床锅炉中煤粒的磨损有利于燃烧和脱硫的进行。

三、炉内传热

循环流化床的传热主要包括循环流化床层内部的传热和循环流化床床层与受热面之间的传热。循环流化床内部的传热包括固体物料之间的导热和固体颗粒与气体之间的传热。由于床层内部的大量颗粒强烈混合，物料之间的有效导热能力很高，使得床内温度分布近似均匀。另外，固体颗粒与气体之间的传热以对流为主，由于颗粒的总表面积很大，因此两者之间的热量交换也很强烈。在对受热面的传热中，循环流化床锅炉与传统煤粉炉有着本质的区别。在传统锅炉中，烟气总固体颗粒浓度较低，炉膛内烟气温度较高，烟气对受热面的换热以辐射为主。而在循环流化床锅炉中，由于固体颗粒的浓度较高，而烟气温度仅有 850～900℃，使得对流换热和辐射换热处于同等重要的地位。在循环流化床锅炉中，由于炉内不同高度固体颗粒的浓度不同，所以不同区段的传热方式也不尽相同，如图 8-8 所示。由图可见，沿炉膛高度方向随着固体颗粒在气固两相混合物中所占份额 $(1-\varepsilon)$ 的减少，传热方式由炉膛下部颗粒的对流换热为主转变为颗粒对流换热和辐射换热同等重要，继而转变为炉膛上部的颗粒和气体的辐射换热为主。由于循环流化床密相区一般不布置埋管，因此其传热过程主要发生在稀相区，因此，大部分炉膛受热面布置在炉膛上部。

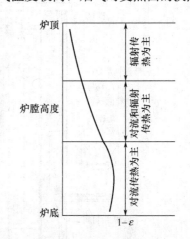

图 8-8　沿炉膛高度传热方式随固体颗粒浓度的变化（Pyroflow 型）

四、循环流化床锅炉的 SO_2 污染控制

流化床燃烧一般是把经过破碎的石灰石随燃煤送入流化床密相区，以实现在燃烧中脱硫的目的。石灰石在炉内脱硫可以分成煅烧和固硫两个阶段。

1. 煅烧

石灰石的主要成分是碳酸钙，流化床的密相区温度为 850～900℃，此时碳酸钙与二氧化硫直接反应的速度很慢，而先受热分解（煅烧）转变为活性更高的氧化钙，即

$$CaCO_3 \longrightarrow CaO + CO_2 - 183kJ/mol$$

2. 固硫

碳酸钙分解时，逸出的 CO_2 在生成的 CaO 颗粒上留下大量的孔隙，SO_2 和 O_2 通过这些微孔向颗粒内部扩散，并与 CaO 发生反应生成硫酸钙，即

$$CaO + SO_2 + \frac{1}{2}O_2 \longrightarrow CaSO_4$$

这就是脱硫反应，一般情况下，碳酸钙煅烧的分解速率大于氧化钙固硫的反应速率，因此，石灰石固硫实际上是属于固体氧化钙与二氧化硫和氧气的气固反应。

研究表明，上述石灰石脱硫反应在一定温度下可以得到最高的脱硫效率，这一温度称为最佳反应温度。在循环流化床锅炉中，由于独特的设计和运行条件，整个循环流化床锅炉的主循环回路运行在脱硫的最佳温度范围内（850～900℃），此外，由于固体物料在炉内的停留时间大大延长，通常平均停留时间可达数十分钟，加上炉内强烈的湍流混合都十分有利于循环流化床锅炉的燃烧脱硫过程。在 Ca/S 为 1.5～2.5 时，脱硫效率通常可达 90%。

第四节　循环流化床锅炉的主要设备

循环流化床锅炉的受热面布置与煤粉炉大致相似，两者的主要区别在于燃烧系统及设备。循环流化床锅炉的燃烧系统和设备主要包括燃烧室、布风装置、点火启动装置、物料循

环系统、给料系统、风烟系统、汽水系统、除渣除灰系统等，如图 8-9 所示。不同厂家生产锅炉的烟风系统和汽水系统差别不大，因此，在介绍循环流化床典型结构一节中进行介绍。

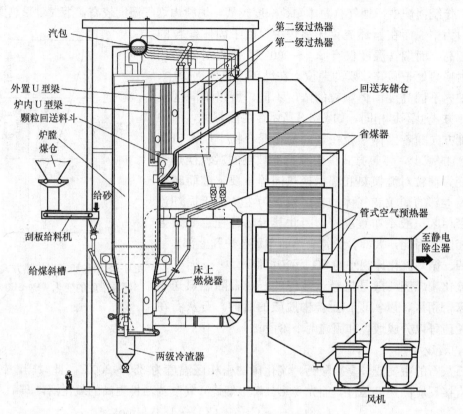

图 8-9　FW 公司循环流化床锅炉布置图

一、燃烧系统

（一）燃烧室结构形式

为了控制循环流化床内燃烧污染物的排放，除将整个炉膛温度控制在 850～950℃ 以利于脱硫剂的脱硫反应之外，还往往采用分级燃烧方式，即将占全部燃烧空气比例 50%～70% 的一次风，由一次风室通过布风板从炉膛底部进入炉膛，在炉膛下部使燃料最初的燃烧阶段处于还原性气氛，以控制 NO_x 的生成，其余的燃烧空气则以二次风形式在上部位置送入炉膛，保证燃烧的完全进行。这样，循环流化床锅炉被分成两个区域：二次风口之下为密相区，二次风口之上为稀相区。

目前，炉膛一般采用立式方形炉膛，其横截面形状通常为矩形，炉膛四周由膜式水冷壁围成。这种结构的炉膛常常与一次风室、布风装置连成一体悬吊在钢架上，可以上下自由膨胀。立式方形炉膛的优点是密封好，水冷壁布置方便，锅炉体积相对较小，锅炉启动速度快。这种结构的缺点是水冷壁磨损较大。为了减轻水冷壁受热面的磨损，目前已投运的锅炉均在炉膛下部密相区水冷壁内侧衬有耐磨耐火材料，厚度一般小于 50mm，高度根据锅炉容量大小和流化状态确定，一般在 2～4m 范围内，如图 8-10 所示。

随着锅炉容量的增加，出现了多种炉膛结构。图 8-11（a）所示为采用具有共同尾部烟道的双炉膛结构，图 8-11（b）所示为采用裤衩腿形设计的炉膛结构，图 8-11（c）所示为在单一炉膛内采用全高度带有开孔的双面曝光膜式壁分隔墙。

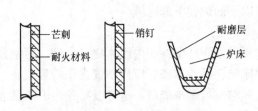

图 8-10　水冷壁内衬防磨简图

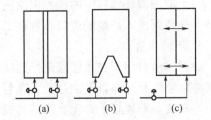

图 8-11　大型循环流化床锅炉的炉膛结构

在循环流化床锅炉中，由于空气分为一、二次风送入，在二次风口以下的床层如果截面积保持与上部区域相同，则流化风速会下降，特别是在低负荷时会产生床层停止流化等现象，所以循环流化床锅炉的二次风口以下区域采用较小的横截面积。

设计时，截面收缩可以采用两种不同的方法：第一种方法是下部区域采用较小的截面，在二次风口送入位置采用渐扩的锥形扩口，扩口角度小于 45°；第二种方法是在炉膛布风板上就呈锥形扩口，这有助于在布风板附近区域提高流化风速，以减小床内分层和大颗粒沉底的可能性。一般可以使床层下部和上部的流化风速相等，并且使床层下部密相区在低负荷情况下仍然保持稳定的流化。

炉膛是循环流化床锅炉的一个主要部件，进入炉膛的物料有燃料、脱硫剂和循环物料，进入炉膛的空气有一次风和二次风，输出炉膛的物料和气体有炉膛底部的排出灰渣、炉膛上部输入分离器的循环物料和烟气。因此，炉膛需要开设燃料入口、脱硫剂入口、排渣口、循环物料进口、一次风及二次风进口、炉膛出口等孔口。另外，还需在锅炉上开设炉门、防爆门、观察孔、测量孔等。这些开孔的数量和位置必须恰当，以保证循环流化床锅炉的安全经济运行。

1. 燃料入口

燃料入口一般位于炉膛下部敷设耐火材料的还原区，力求离二次风入口远些，以便使细煤粒在被高速气流带走前能增加停留时间。为了防止炉内高温气体从燃料入口返吹，燃料入口处压力应当大于炉膛压力。燃料入口个数与燃料挥发分、炭的反应活性等燃料特性以及炉内横向混合程度有关，每个燃料入口相对应的床面积约为 $9 \sim 24 m^2$。一般燃料反应活性高，挥发分高取低值；反之取高值。

2. 脱硫剂入口

由于脱硫剂量少、粒度细，可以用气力输送喷入炉膛，也可在燃料入口或循环物料入口加入。

3. 一次风口和二次风口

一次风通常由布风板底部送入，由于需要克服的阻力较大，需用高压风机输入。二次风入口在炉膛下部铺设耐火材料部分的上方，可以单层送入，也可以多层送入。二次风阻力较小，所需风机压力也相对较低。

4. 炉膛出口

炉膛出口在炉膛上部，可采用直角转弯型，这样可以增加转弯对颗粒的分离作用，使炉内固体颗粒浓度增加，颗粒在床内停留时间延长。

5. 循环物料进口

为了增加循环物料中的碳和未反应脱硫剂在炉内的停留时间，一般将由分离器分离下来的循环物料回送入炉膛的进口布置在二次风口以下的炉膛下部区域。

6. 炉膛排渣口

炉膛排渣口用于在床层底部排放床料。这样一方面可保持床内固体物料存量，另一方面可保持颗粒尺寸分布，不使过大的颗粒聚集在床层底部。排渣阀应当布置在床的最低处，排渣管可布置在布风板上并设有窗式挡板防止大颗粒团堵塞排渣口，也可以布置在炉壁靠近布风板处。

燃料颗粒小而均匀，排渣口的个数可与燃料入口数目相同，对颗粒尺寸较大的燃料可适当增加排渣口个数。灰渣温度接近床温，在其后面一定设有冷渣器以回收部分热量。

7. 炉膛上部的观察孔、防爆门和炉门等开孔

循环流化床锅炉中的观察孔、防爆门和炉门等开孔可根据需要设定。由于设置这些开孔时必须穿过水冷壁，需要水冷壁"让管"。在"让管"时，注意要向炉膛外"让管"，而炉膛内不能有任何突出的受热面，否则会引起严重的磨损。

（二）布风装置

流化床锅炉燃烧所需要的一次风由风机、风道、风室、布风板、调节挡板和测量装置等组成。布风板作为布风装置具有很重要的作用：一是支撑静止的燃料层；二是给通过布风板的气流以一定阻力，使其在布风板上具有均匀的气流速度分布，为取得良好的流化工况准备条件；三是以布风板对气流的一定阻力，维持流化床层的稳定，抑制流化床层的不稳定。目前流化床锅炉采用的布风装置主要有两种形式，风帽式和密孔板式。我国流化床锅炉中使用最广泛的是风帽式布风装置。风帽式布风装置由风室、布风板、风帽和隔热层组成。图8-12示出了典型的风帽式布风装置结构。

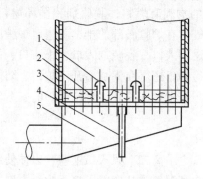

图 8-12　风帽式布风装置结构
1—风帽；2—隔热层；3—花板；
4—冷渣管；5—风室

由风机送入的空气从位于布风板下部的风室通过风帽底部的通道，从风帽上部径向分布的小孔流出，由于小孔的总截面积远小于布风板面积，因此，小孔出口处的气流速度和动能很高。气流进入床层底部，使风帽周围和帽头顶部产生强烈的扰动，并形成气流垫层，使床料中煤粒与空气均匀混合，强化了气固间热质交换过程，延长了煤粒在床内的停留时间，建立了良好的流化状态。

1. 布风板

流化床锅炉炉膛下部密相区的炉算称作布风板。按照冷却条件不同，布风板一般有非冷却式和水冷式两种。

非冷却式布风板又称作花板，花板的作用是支撑风帽和隔热层，并初步分配气流。花板的形状一般为矩形，通常是由厚度为 12～20mm 的钢板，或者厚度为 30～40mm 的铸铁整块或分块组合而成。非冷却式布风板上的开孔也就是风帽的排列应以均匀分布为原则，因此开孔节距通常是等边三角形的，节距的大小取决于风帽的大小、风帽的个数以及小孔的气流

流速。典型的非冷却式布风板结构如图 8-13 所示。当花板采用多块钢板拼结时，必须焊接或者螺栓连接成整体，以免受热变形，产生扭曲、漏风和隔热层裂缝。为及时排除床料中沉积下来的大颗粒和杂物，在花板上开设若干个大孔，以便于安装冷渣管。

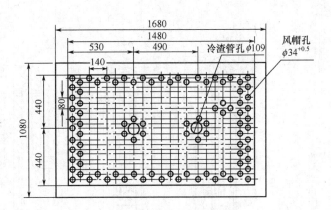

图 8-13　花板结构

大型循环流化床锅炉一般采用热风点火，要求启动时间短、变负荷快，采用水冷式布风板有利于消除热负荷快速变化对循环流化床锅炉造成的热膨胀不均匀等不利影响。另外，采用床下点火时必须使用水冷风室和水冷式布风板。水冷式布风板常采用膜式水冷壁拉稀延伸形式，在管与管之间的鳍片上开孔，布置风帽，如图 8-14 所示。

2. 风帽

我国发展循环流化床锅炉初期，多采用大直径风帽，这类风帽会造成流化质量不良，飞灰带出量很大。目前趋向于采用直径为 40～50mm 的小直径风帽。风帽一般分为有帽头和无帽头两种形式，如图 8-15 所示。

带有帽头的风帽结构如图 8-15（a）和（b）所示，这种风帽阻力大，但是气流的分布均匀性较好。连续运行时间较长后，一些大块杂物容易卡在帽沿底下，不易清除，冷渣也不易排掉，积累到一定程度，风帽小孔将被堵塞，导致阻力增加，进风量减少，甚至引起灭火，需

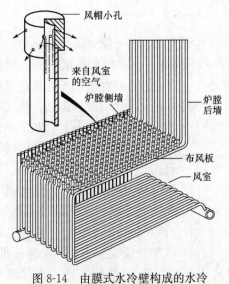

图 8-14　由膜式水冷壁构成的水冷风室和水冷式布风板

要停炉清理。无帽头风帽结构如图 8-15（c）、（d）所示，这种风帽阻力较小，制造容易，但气流分配性能略差。

由于风帽的帽头直接浸埋在高温床料中，正常运行时风帽中有空气流通，可以得到冷却，但在压火时没有空气冷却，容易烧坏。风帽应采用耐热铸铁铸造。当采用热风点火时，由于点火期间流过高温烟气，风帽常用耐热不锈钢制造，但是耐热不锈钢风帽抗磨损性能较差。

循环流化床锅炉运行中炉膛底部往往会有一些大的渣块，为使这些渣块有控制地排出床外，可以采用定向风帽。定向风帽的特点是：布风均匀；采用开大孔喷口可以防止堵塞；喷口布置不是垂直向上而是朝一定的水平方向，喷口定向射流有足够的动量，能有效地将沉积在床层底部的大颗粒灰渣及杂物沿规定方向吹至排渣口排出。定向风帽有两种结构形式，即单口定向风帽和双口定向风帽，如图 8-16 所示。

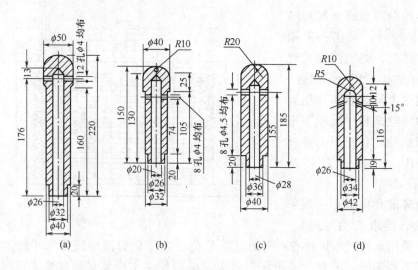

图 8-15　常用风帽结构形式

（a）、（b）有帽头风帽；（c）、（d）无帽头风帽

风帽小孔面积的总和与布风板有效面积的比值，称作开孔率。对于循环流化床锅炉，开孔率一般在 4%～8%。从风帽小孔喷出的空气速度称为小孔风速。布风板有效面积、风帽数量、开孔数一定时，小孔风速与小孔直径和开孔率是一一对应的。开孔率和小孔风速是设计的重要参数。小孔风速越大，气流对床层底部颗粒的冲击力越大，扰动就越强烈，从而有利于粗颗粒的流化，热交换就越好，冷渣含碳量就可以降低，且在低负荷时仍可稳定运行，负荷调节范围较大。但风帽小孔风速过大时，风帽阻力增加，所需风机压力增大，风机电耗增加。反之，小孔风速过低，容易造成颗粒沉积，底部流化不良，冷渣含碳量增大，尤其当负荷降低时，往往不能维持稳定运行，造成结渣灭火。所以，小孔风速的选择，应根据燃煤特性、颗粒筛分特性、床层阻力、负荷调节范围和风机电耗全面综合考虑。

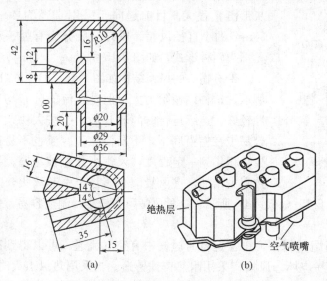

图 8-16　典型的定向风帽结构

（a）双口风帽；（b）单口风帽及安装示意

为了避免对颗粒产生较大的摩擦阻力，在流化床的四周墙壁处，风帽小孔直径需要增大。在排渣口处由于排渣管占去了几个风帽的位置，该部位的风帽直径需要增大。为防止给煤口附近由于给煤集中而产生流化不良和缺氧现象，该处的风帽小孔开孔面积也需要增大一些，因此，在实际设计中通常采用的是变开孔率的布风板。

3. 耐火保护层

耐火保护层一般为 100～150mm 厚，如图 8-17 所示。耐火保护层布置在花板上，以防止花板受热变形、扭曲，耐火层距小孔的距离为 15～20mm。大于 20mm 时，风帽之间容易形成结渣，小于 15mm 时，又容易造成小孔堵塞。在涂抹密封层、绝缘层和耐火层时，要用胶布保护小孔，待耐火层干燥后再把胶布取下，并逐个清理小孔，确认没有堵塞之后，整个布风板才可以投入使用。

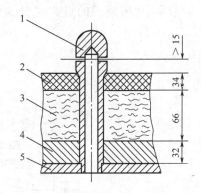

图 8-17　隔热层结构
1—风帽；2—耐火层；3—绝热层；
4—密封层；5—花板

4. 一次风室和风道

为了使布风板上方的气流速度能够分布均匀，要求布风板对气流有一定的重整阻力。布风板下气流分布越均匀，所需的重整阻力越小。因此，应使风室中的气流能够在出口有较好的分布，以便在一定的布风板压降下使布风板上的气流分布更为均匀。

常见的几种风室布置方式如图 8-18 所示，图 8-18 (a) 所示的结构比较简单；图 8-18 (b) 所示为循环流化床锅炉最常用的等压风室，其结构特点是具有倾斜的底面，这样能够使风室的静压沿深度保持不变，有利于提高布风的均匀性；图 8-18 (c) 所示结构增加了导流板，使气流的分布更均匀，但由于导流板的存在，落渣管必须穿过导流板而引出，在结构上变得较为复杂，而且增加了风室的阻力。

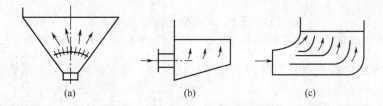

(a)　　　　　(b)　　　　　(c)

图 8-18　常见的风室布置方式

风道是连接风机与风室的部件。气流流过风道和风室时，因为壁面摩擦、气流的转向以及风道或者风室截面积的变化等带来一系列的压降，这个压降与布风板的压降不同，后者是为维持稳定的流化床层所必须的，而风道和风室的压降全然是一种损失。因此，在风道和风室的布置过程中，除了应满足布风板要求的进入布风板的气流特性之外，还必须尽可能地减少风道和风室的压力损失，从而减少风机的电耗。

目前，循环流化床锅炉中普遍采用等压水冷风室，如图 8-14 所示。水冷壁后墙到风室延伸到风室顶部位置后转 90°向前形成布风板上的水冷壁，然后向下构成风室的前墙，再向后转 90°构成风室的下水冷壁。锅炉左右两侧水冷壁向下延伸构成风室的水冷壁，风室后面与风道连接。

（三）点火方式和点火装置

循环流化床的冷态启动通常需要用燃油或者燃用天然气的燃烧器，该燃烧器称作启动燃烧器。锅炉点火时，启动燃烧器先投运，加热惰性床料，在流态化的状态下将惰性床料加热到一定温度，然后逐渐投煤，相应减少燃烧器的燃油量或者燃气量，直到最后停止启动燃烧器运行，并将床温稳定在 850～950℃ 的范围内，这就是循环流化床锅炉的点火过程。

循环流化床锅炉的点火又分为床上点火、床内点火和床下点火三种方式，如图 8-19 所示。

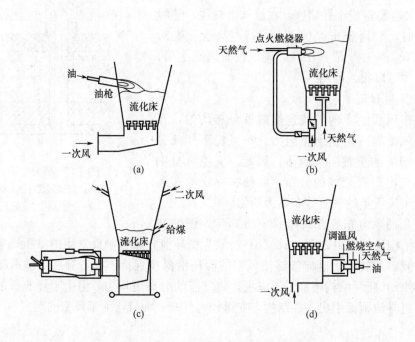

图 8-19　床上、床内和床下点火方式示意

（a）床上油枪点火；（b）床内天然气点火；（c）床下热风点火；（d）床下油气预燃室点火

床上点火和床内点火费时、费力，效率低。因此，目前循环流化床锅炉大都使用床下点火。

图 8-20 所示为 ALSTOM 公司在美国 Nucla 电站 110MW 循环流化床锅炉上采用的床下点火装置。

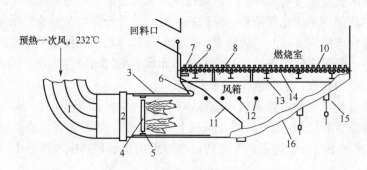

图 8-20　启动燃烧器的床下布置

1—一次风道；2—膨胀节；3—绝热层；4—启动燃烧器；5—启动燃烧器调整装置；

6—风箱折焰角；7—裂缝位置；8—膨胀槽；9—风帽；10—布风板绝热保护层；

11—回漏床料返送管；12—起吊位置；13—支撑结构；14—水冷布风板；

15—回漏床料收集装置；16—回漏床料

图 8-21 所示为福斯特惠勒公司布置在一次风道内的启动燃烧器外形示意。在循环流化床锅炉冷态启动时，风道燃烧器先将一次风加热至 700~800℃，高温一次风进入水冷风箱，再通过布风板将惰性床料流化，并在流态化的条件下对床料进行均匀加热。与启动燃烧器床上或者床内布置相比，热风加热使床内温度分布十分均匀，再加上床内强烈的湍流混合和传热过程，对床料的加热十分迅速，炉膛散热损失也很小，可大大缩短启动时间，节省启动用燃料。

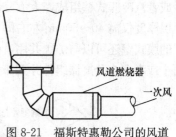

图 8-21　福斯特惠勒公司的风道燃烧器外形示意

二、物料循环系统

物料循环系统是循环流化床锅炉独有的系统，亦属于锅炉燃烧系统范畴，是锅炉本体的一个组成部分。该系统主要包括物料分离器、立管和回料阀等部分，如图 8-22 所示。其作用是将烟气携带的物料分离下来并返回炉内形成循环床燃烧。物料循环系统是循环流化床锅炉一个非常重要的系统，它直接影响锅炉的燃烧、传热和运行稳定。

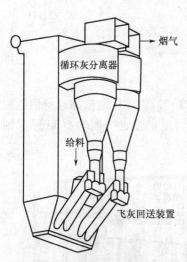

图 8-22　物料循环系统示意

（一）循环灰分离器

循环灰分离器是循环流化床的关键部件之一，主要作用是将大量高温固体物料从气流中分离出来，送回燃烧室，以维持燃烧室的快速流态化状态，保证燃料和脱硫剂多次循环，反复燃烧。循环流化床分离器机构的性能将直接影响整个循环流化床锅炉的总体设计、系统布置和锅炉的运行性能。

根据分离器机理的不同，可以将其分为惯性分离器和旋风分离器两类。旋风分离器根据其工作条件的不同又可以分为高温、中温和低温三种，目前最为常见的是高温旋风分离器。有时为了满足锅炉运行调整的需要，可采用惯性分离器及旋风分离器的组合形式。

1. 高温旋风分离器

高温旋风分离器结构简单，分离效率高，广泛应用于循环流化床锅炉，其典型结构有：

（1）高温绝热旋风分离器。如图 8-23 所示，高温绝热旋风分离器内有防磨层和绝热层，分离器体积较大，目前很多循环流化床锅炉采用这种类型的旋风分离器。受旋风分离器最大尺寸的限制，大容量的循环流化床锅炉必须配用多个分离器。旋风分离器的工作温度较高，需用的耐火和保温材料较厚，启动时间长，而且相对来说散热损失也较大，如果燃烧组织不良，还会在旋风分离器内产生二次燃烧。

（2）水冷、汽冷高温旋风分离器。整个分离器设置在一个水冷或者汽冷腔室内，这种类型的旋风分离器是由 Foster Wheeler 公司提出的。采用这种旋风分离器不需要很厚的隔热层，仅在水冷壁的防磨层之间衬以少量隔热材料，这样可以节省材料、降低散热损失并缩短启动时间。但是这种分离器制造复杂、成本高。图 8-24 所示为一蒸汽冷却的旋风分离器。

（3）方形分离器。方形分离器最大的结构特点是其外形为方形，可以由加工相对容易的水冷或者汽冷膜式壁组成，大大降低了加工成本。另一方面，由于采用了膜式壁结构，其内部耐火层厚度仅需 40～50mm 左右即可，提高了系统启动的灵活性，体积也相对减少。再者，分离器的膜式壁还可以与炉膛共用，使系统更为紧凑。方形分离器基于其结构特点，可方便地实现两个或者多个分离器组件并列布置，结构紧凑，一种典型的布置方式如图 8-25 所示。

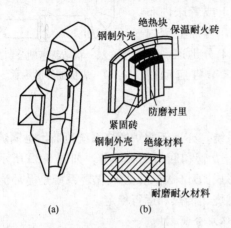

图 8-23　高温绝热旋风分离器

（a）旋风筒；（b）筒壁结构

图 8-24　蒸汽冷却的
旋风分离器

2. 惯性分离器

惯性分离器利用某种特殊的通道使介质流动的路线突然改变，固体颗粒依靠自身惯性脱离气流轨迹从而实现气固分离。根据分离元件结构的不同，常见的惯性分离器有 U 形梁惯性分离器和百叶窗式惯性分离器。

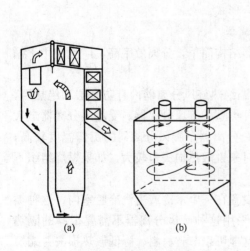

图 8-25　方形分离器布置示意图

（a）分离器布置；（b）分离器结构

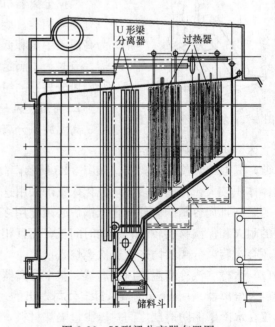

图 8-26　U 形梁分离器布置图

（1）U形梁分离器。B&W公司生产的第三代循环流化床锅炉采用了U形梁分离器。U形梁布置如图8-26所示，全部U形梁固定在炉膛出口附近顶部的膜式壁上，它与侧墙间的密封采用了如图8-27所示的结构，以防止气体短路。在U形梁底端安装了引流板将分离器流道和底部储灰斗隔开，该引流板保证分离下来的固体颗粒顺利进入灰斗，并阻止气体进入，因此避免了颗粒的二次夹带。该循环流化床锅炉采用U形梁分离器加尾部多管旋风分离器组合设计。

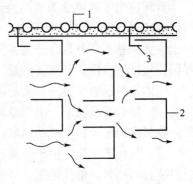

图 8-27　U形梁分离器图
1—侧墙膜式壁；2—U形梁；3—密封板

（2）百叶窗分离器。百叶窗分离器是一种惯性分离器，其基本结构如图8-28所示，主要部分是一系列平行排列的对来流气体呈一定倾角的叶栅。其基本原理是，从入口来的含尘气流依次流过叶栅，当气流绕流叶片时，尘粒因惯性作用撞击在叶栅表面并反弹而与气流脱离，从而实现气固分离，被净化的气体从另一侧离开百叶窗分离器，被分离的尘粒集落到叶栅的尾部。为了提高分离效率，一般在分离器尾部抽引部分气体，夹带分离下来的尘粒进入高效分离器（旋风分离器）中进行再次除尘。

3. 分离器的主要性能指标

分离器的性能指标有分离效率、阻力、烟气处理量、投资费用和运行费用。其中，分离器的分离效率和阻力两项指标尤其重要。

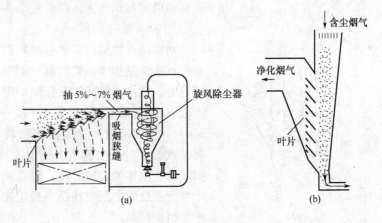

图 8-28　百叶窗分离器
（a）水平入口；（b）垂直入口

（1）分离效率。分离器的分离效率指含尘烟气通过分离器时，捕集下来的物料量占进入分离器的物料量的百分比。分离效率反映分离器分离气流中固体颗粒的能力，它除了与分离器结构尺寸有关外，还取决于固体颗粒的性质、气体的性质和运行条件等因素。分离效率还与颗粒的直径有关，粒径越大，分离效率越高。

（2）阻力。分离器的阻力指气流通过分离器时的压力损失，通常分离器的阻力以分离器前后管道中气流的平均全压差来表示。分离器的阻力不仅取决于自身的结构，还与运行条件有关。阻力与速度的平方成正比。阻力系数与分离器的结构尺寸有关，结构一定，则阻力系数为常数。

（二）物料回送装置

循环流化床锅炉最基本的特点之一就是大量固体颗粒在燃烧室、分离机构和回送装置（有些炉型还包括外置式换热器）所组成的固体颗粒循环回路中循环。循环流化床锅炉物料回送装置的基本任务是将分离器分离下来的高温固体颗粒稳定地送回压力较高的燃烧室内，并保证气体反窜进入分离器的量为最小。

固体物料返料装置应当满足以下基本要求：

（1）物料流动稳定。由于循环的固体物料温度较高，返料装置中又有充气，在设计时应保证物料在返料装置中流动通顺、不结焦。

（2）气体不反窜。由于分离器固体物料出口处的压力低于炉膛固体颗粒入口处的压力，返料装置将物料从低压区送到高压区，必须有足够的压力来克服负压差，既起到气体的密封作用，又能将固体颗粒送回床层。对于旋风分离器，如果有气体从返料装置反窜进入，将大大降低分离效率，从而影响物料循环和整个循环流化床锅炉的运行。

（3）物料流量可控。循环流化床锅炉的负荷调节很大程度上依赖于循环物料量的变化，这就要求返料装置能够稳定地开启或关闭固体颗粒的循环，同时能够调节或自动平衡固体物料流量，从而适应锅炉运行工况变化的要求。

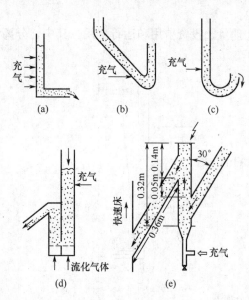

图 8-29　回料阀

(a) L 阀；(b) 换向阀；(c) J 阀；

(d) U 阀；(e) N 阀

物料回送装置主要包括立管和回料阀两部分。立管的作用主要是形成足够的压差来克服分离器与炉膛之间的压差，防止气体反窜。回料阀则起到启闭和调节固体颗粒流动的作用。

1. 回料阀的分类

回料阀有机械阀和非机械阀两大类。机械阀靠机械构件动作来达到控制和调节固体颗粒流量的目的。但由于循环流化床锅炉中的循环物料温度较高，阀需在高温下工作，一般在 800～850℃，阀内流过的又是固体颗粒，机械装置在高温状态下会产生膨胀，加上固体颗粒的卡塞，同时由于固体颗粒的运动，对高温下工作的阀会产生严重磨损，所以在循环流化床锅炉中普遍使用非机械回料阀。

回料阀按照结构形态可以分为 L 阀、换向阀、J 阀、U 阀和 N 阀等，见图 8-29。

回料阀按调节方式又可以分为可控阀和流通阀两大类。可控阀是可以调节和控制固体流量的回料阀；流通阀只能进行阀的开启和关闭，阀开启后的固体流量是不可调节的，通过流通阀的固体流量完全由循环回路的压力平衡决定。

对于同一形态的回料阀，如果充气点位置和数目不同，阀的调节特性会有所不同。如 L 阀在合适的一点充气的条件下是可控阀，在多点充气的情况下却为流通阀，U 阀在立管下一点充气的情况下是流通阀，在合适的两点充气的条件下也可以是可控阀。

回料阀按照用途还可以分为循环流化床锅炉回料阀和气力输送阀，L阀、换向阀、J阀、U阀和N阀等都是循环流化床回料阀。

2. 回料阀的原理

回料阀的驱动力来自充气点的压力，如果充气点的压力大于该点固体颗粒向炉膛流动的阻力时，回料阀开启，固体颗粒开始流动，以下分别介绍L阀和U阀的工作原理。

(1) L阀工作原理。L阀由垂直的立管和连接炉膛的短管组成，立管和分离器相连，被分离器收集下来的固体颗粒首先暂存在立管中，立管中的物料由比连接短管中心轴线稍高的充压点的充压气体所控制，当充气压力大于密集的物料流向炉膛的阻力时，L阀打开工作，立管中的物料以移动床方式工作。充压气体流量增大时，物料流量会增大，流化床内密相区的高度会增大，床内物料浓度增大，流化床的物料外循环量增大，物料外循环浓度会在一个新的工况下达到平衡。一般来说，L阀的控制特性较好，充压气体流量较小，但L阀的开启压力较高，这种阀多用于早期的循环流化床锅炉中。

L阀有一点充气和多点充气之分。L阀多点充气时，多点充气的气体流量与物料颗粒流率的相关性较小，即充气流量基本不变时，物料的循环颗粒流率主要因整个物料循环系统平衡压力分布的不同而不同。所以，多点充气L阀是一个流通阀。

(2) U阀工作原理。U阀是一种应用广泛的阀，U阀可以是一点充气，也可以是两点充气或者多点充气。

U阀在一点充气时，充气点可以在立管的正下方，或者在立管的侧面向着炉膛注气，这时，U阀的出口管中物料处于快速流化床或者稀相输送状态，这时的U阀基本具有流通阀的性质，立管中的料位可以自行调节，即立管中物料的高度可以平衡阀的压降以及分离器和炉膛的压力差。当充气量大于某一定值时，U阀打开，当充气量小于某一值时，U阀由于喉部噎塞而关闭。

U阀在两点以上充气时，两点中的一点在出口室的正下方、另一点在立管的侧面，或者在以上两点充气的基础上再多设充气点等。这时的U阀基本具备控制阀的特征。

换向阀和J阀的工作原理与L阀非常相似，都是通过充气压力开启物料颗粒的流动，用调节充气量的方法控制物料颗粒循环流率的大小。

当N阀的中间立管中的充气量达到管内物料颗粒的临界流化速度时，N阀打开，并且随着流化速度的增大，通过N阀的物料颗粒流率增大，当N阀中的充气量小于对应临界流化速度的气体流量时，N阀关闭。N阀是一种流通阀。

3. 回料系统压力平衡

循环流化床的流化速度和固体物料的循环速率是两个重要的运行参数，流化速度主要由平衡通风系统决定，固体物料循环速率主要由回料装置决定，对于流通阀来说，循环流化床、分离装置、立管和回料阀的压力平衡对固体物料循环速率有决定性的影响，立管中压力差增大，固体物料循环速率增大；立管中的压力差减小，固体物料循环速率减小。

在循环流化床物料循环系统中布置的压力测点如图8-30所示。循环流化床的压力差 Δp_{CB}、分离器装置的压差 Δp_{SP}、立管

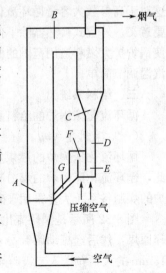

图 8-30 压力测点分布示意图

的压差 Δp_{ST} 和回料阀的压差 Δp_{LS} 分别表示如下

$$\left.\begin{array}{l} \Delta p_{CB} = p_A - p_B \\ \Delta p_{SP} = p_B - p_C \\ \Delta p_{ST} = p_C - p_E \\ \Delta p_{LS} = p_E - p_A \end{array}\right\} \tag{8-2}$$

由式（8-2）可知，物料循环回路四个装置压力差的代数和等于零，即

$$\Delta p_{CB} + \Delta p_{SP} + \Delta p_{ST} + \Delta p_{LS} = 0 \tag{8-3}$$

当物料循环速率变化时，分离装置的进口与排灰口的静压基本保持不变，随着物料循环速率的增大，通过回料阀的压力差和循环流化床的压力差都在增加，立管中的压力差也在增加，即立管中的料位高度在增加，反之亦然。

（三）外置式换热器

外置式换热器一般布置在旋风分离器的下部。分离器捕集到的固体颗粒物料通过排灰管和机械阀使一部分物料直接返回炉膛，另外一部分物料则进入外置式换热器降温后再回到炉

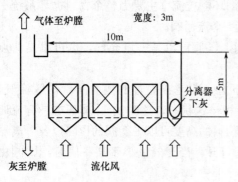

图 8-31　外置式换热器结构示意图

膛。外置式换热器实际上是一个布置有埋管的鼓泡流化床换热器，其结构简图如图 8-31 所示。由图可见，外置式换热器中布置有蒸发受热面、再热器与过热器三种受热面，各受热面间根据温度不同用隔墙隔开以达到最佳传热效果。流化风自布风板下送入，流化风速在1m/s左右。热物料自分离器落入外置式换热器后即与受热面进行换热，加热工质并被冷却后回入炉膛。外置式换热器上部与炉膛之间有一气体旁通管，使外置式换热器上部与炉膛间保持压力平衡以保证换热器中冷物料能顺利回到炉膛。此外，也可以使这一热空气作为二次风送入炉膛提高锅炉效率。通过改变进入外置式换热器的物料量可以调节炉膛温度。在外置式换热器中可布置过热器、再热器和蒸发受热面，这对于高参数大容量循环流化床电站锅炉中解决过热器、再热器受热面布置不下的困难有重要意义。外置式换热器除了便于调节负荷或调节炉温，无需变动循环倍率等因素外，还具有使锅炉扩大燃料适用范围的优点。此外，如果在其中布置过热器或者再热器受热面，可以使汽温调节简单。

三、给料系统

循环流化床锅炉的给料系统包括煤制备系统、给煤系统。

（一）煤制备系统

循环流化床锅炉的燃煤粒径一般在 $0\sim13mm$ 之间，比煤粉炉要求的粒径大得多。因此，循环流化床锅炉的煤粉制备系统远比煤锅炉的制粉系统简单。目前，国内循环流化床锅炉的煤制备系统大多采用破碎设备加上振动筛。

图 8-32 所示是循环流化床锅炉常用的煤制备系统的流程。该系统采用锤击式破碎机破碎原煤，然后经振动筛筛分。一级碎煤机将原煤破碎至 35mm 以下，经过振动筛，将大于13mm 的大颗粒送入二级碎煤机继续破碎，二级碎煤机出口的燃煤全部进入锅炉的入炉煤仓。目前采用较多的碎煤设备是钢棒滚筒磨和锤击式破碎机。

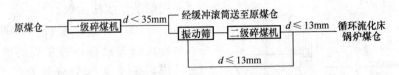

图 8-32　某台 220t/h 循环流化床锅炉煤制备系统流程

（二）给煤系统及主要设备

1．给煤系统及给煤方式

循环流化床锅炉的给煤方式，按给煤位置可以分为床下给煤和床上给煤；按照给煤点处的压力分为正压给煤和负压给煤。目前最常见的给煤方式是正压床上给煤。正压床上给煤是指将煤送入布风板的上方，给煤口处于正压。给煤点可以根据需要布置在循环流化床的不同高度。正压床上给煤方式将燃煤从炉膛下部密相区送入，能立即与温度很高的物料掺混燃烧。为使给煤顺利进入炉内并在炉内均匀分布，一般都布置有播煤风，锅炉运行中应注意播

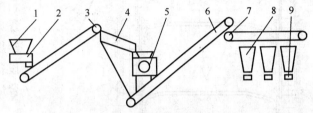

图 8-33　循环流化床锅炉给煤系统原则性布置简图
1—原煤斗；2—送煤机；3—一段带式输送机；4—筛分设备；5—破碎机；6—二段带式输送机；7—三段带式输送机；8—炉前煤仓；9—炉前给煤机

煤风的使用和调整，当负荷，煤质以及燃料颗粒、水分有较大变化时，均应及时调整播煤风。给煤点的数量不能太少，否则容易造成炉内煤分布不均，影响炉内温度分布和燃烧效率，严重时会导致炉内结焦。

循环流化床锅炉的给煤系统一般包括原煤斗、筛分设备、破碎机、送煤机、炉前给煤机和输送设备等。图 8-33 所示为系统的原则性布置简图。

2．给煤机

燃煤循环流化床锅炉，成品煤的筛分一般都较宽，颗粒范围通常在 $0\sim25$mm 之间，而且水分较煤粉炉大得多。成品煤的流动性较差，气力输送比较困难，因此循环流化床锅炉输煤和给煤一般由同一装置完成。目前常用的给煤机械有螺旋给煤机，埋刮板给煤机和皮带给煤机等，其结构可参见煤粉炉的螺旋给粉机、刮板给煤机和皮带给煤机。

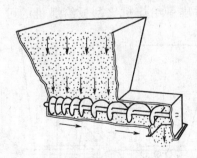

图 8-34　螺旋给煤机示意图

（1）螺旋给煤机。螺旋给煤机的工作原理如图 8-34 所示。螺旋给煤机具有设备简单、价格低、密封性能好等优点，早期的循环流化床锅炉大多数采用螺旋给煤机给煤。因为早期的锅炉容量普遍较小，给煤口少，一般布置在锅炉前墙，这恰好有利于螺旋给煤机布置。螺旋给煤机采用电磁调速改变螺旋转速从而改变给煤量，调节非常方便，但是由于螺旋端部受热以及颗粒与螺杆和叶片之间存在较大的相对运动速度，因此防止变形和磨损是需要解决的两个问题。

随着锅炉容量的不断增大和运行实践的检验，发现螺旋给煤机还存在许多其他问题，不能满足锅炉安全经济运行的要求，如较长螺旋易卡死或扭坏等。因此目前设计的锅炉很少采

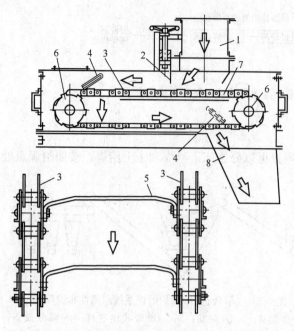

图 8-35　刮板给煤机
1—进煤管；2—煤层厚度调节板；3—链条；4—导向板；
5—刮板；6—链轮；7—上台板；8—出煤管

用螺旋给煤机给煤。

（2）刮板给煤机。如图 8-35 所示，刮板给煤机是一种常规的给煤设备，在煤粉炉上常作为粗粒原煤的给煤设备。它具有运行稳定、不易卡塞、密封严密、可调性能好等优点，而且一般不受长度的限制，如果与冲板式等计量仪器配合，可以制成带计量的刮板给煤机。因此，目前大多数循环流化床锅炉采用这种给煤设备，尤其是当较大容量的锅炉部分给煤点设计在锅炉两侧或后墙，而给煤设备又比较长时，采用刮板给煤机比较合适。

但是一般的刮板输送设备并不完全适合循环流化床锅炉对给煤机械的要求，因为常规刮板给煤机体积一般较庞大，刮板设计不能完全满足 0～10mm 范围的细小颗粒的要求，部分刮板给煤机密封性也比较差。用于循环流化床锅炉的刮板给煤机必须进行特殊改造。

（3）皮带给煤机。皮带给煤机可以长距离输送给煤，结构简单，加料易于控制，也比较均匀，并且价格低廉，操作方便，因此在中小型循环流化床锅炉中也有使用，尤其在负压给煤方式的锅炉上应用比较多。皮带给煤机的缺点是体积较大，易跑偏，需要经常维护，并且一般敞开布置，现场污染严重，当锅炉出现正压操作或不正常运行时，下料口往往有火焰喷出，以致将胶带烧坏。

正压给煤时，需特殊设计，因此在电站循环流化床锅炉上采用得不多。皮带给煤机结构如图 8-36 所示。

给煤机型式的选择，应根据锅炉容量和给煤点的设计及具体的技术要求来确定。从运行情况看，刮板给煤机比螺旋给煤机的可靠性好，密封皮带给煤机比刮板给煤机的可靠性好。

四、除渣除灰系统

（一）除渣系统

在循环流化床锅炉燃烧过程中，床料（或者物料）一部分飞出炉膛参与循环或者进入尾部烟道，一部分在炉内循环。为保证锅炉正常运行，沉积于炉床底部较大粒径的颗粒需要及时排出，或者炉内料层较厚时也需要从炉床底部排出一定量的炉渣。这些炉渣以底渣的形式从炉膛底部的出渣口排出。循环流化床锅炉排出的炉渣温度略低于床温，但仍然具有很大的

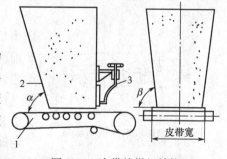

图 8-36　皮带给煤机结构
1—皮带；2—料斗（燃煤仓）；3—插板调节装置

灰渣物理显热，如不加以利用，可造成锅炉效率降低。因此，需要对其进行冷却。冷却灰渣的设备称作冷渣器。通常用冷渣器将灰渣冷却至200℃以下，然后采用刮板输送机将灰渣输送至渣仓内；如果炉渣温度低于100℃，也可以采用链带式输送机械输送，较低温度的灰渣亦可用气力输送方式。

（二）冷渣器

冷渣器的种类很多，目前很多厂家都开发有自己的冷渣器。按照流动介质分，冷渣器可以分为水冷式、风冷式和风水共冷式三种。

1. 水冷式冷渣器

水冷螺旋冷渣器是最常见的水冷式冷渣器（又称水冷绞龙），其结构与螺旋输粉机或螺旋输灰机基本一致，不同的是其螺旋叶片轴为空心轴，内部通有冷却水，外壳也为双层结构，中间有水通过。当850℃左右的炉渣进入螺旋冷渣器后，一边被旋转搅拌输送，一边被轴内和外壳层内流动的冷却水冷却。为了增加螺旋冷渣器的冷却面积，防止叶片过热变形，有的螺旋冷渣器的叶片也制成空心叶片，与空心轴连为一体充满冷却水；有的冷渣器采用双螺旋轴或多螺旋轴结构。图8-37所示为双螺旋轴水冷绞龙的示意。

循环流化床锅炉的灰渣进入该水冷绞龙后，在两根相反转动的螺旋叶片的作用下，作复杂的空间螺旋运动。运动着的热灰渣不断地与空心叶片、轴及空心外壳接触，其热量由在空心叶片、轴及空心外壳内流动的冷却水带走。最后，冷却下来的灰渣经出口排掉，完成整个输送与冷却过程。

2. 风冷式冷渣器

最简单的风冷式冷渣器是单流化床式冷渣器，其结构如图8-38所示。灰渣由冷风流化，并将热量带给冷风。这种形式的冷渣器只能将热渣冷却至灰渣平衡温度，而且停留时间较短，因此，其冷渣能力有限。

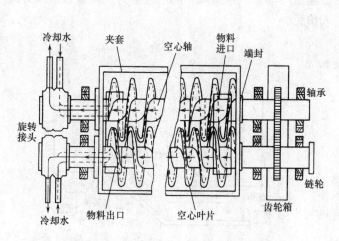

图 8-37　双螺旋轴水冷绞龙结构示意图

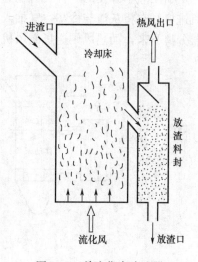

图 8-38　单流化床冷渣器

华中理工大学开发了一种Z型冷渣器，如图8-39所示，其特点是在单流化床上部增加了曲折通道，这样不仅增加了停留时间，而且在曲折通道内部气流扰动加强，传热系数较大，因此可以提高冷却效果。

东南大学开发的多层送风移动床式冷渣器如图 8-40 所示。热渣在冷却空间内与从配风盒出来的冷风接触受到冷却，而渣的流动由栅板控制，冷渣从底部排入输送带。冷风则从总风箱进入若干配风盒，加热除尘后加以利用。由于各级是并联的，故有利于增大传热温差。

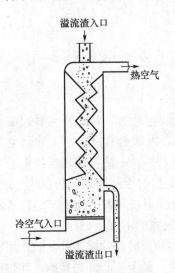

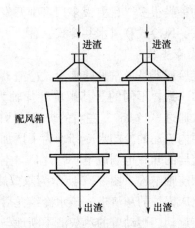

图 8-39　Z 型冷渣器　　　　　　　　　图 8-40　多层送风移动床式冷渣器

浙江大学开发的流化移动叠置式冷渣器如图 8-41 所示。它将流化床和移动床各自的优点结合起来，实行多层次的逆流冷却。冷却风分若干层进入冷却床，并使上部床层流化而下部床层处于移动床工况。热渣首先进入流化床，利用其传热好的特点迅速冷却至 300℃ 左右，然后进入移动床，利用其逆流传热特性进一步冷却。

浙江大学开发的一种气力输送式冷渣器流程图如图 8-42 所示。灰渣出炉后，利用鼓风机进口真空将灰渣与冷却空气抽入一根输渣冷却管，渣被风带到水封重力沉降室或旋风分离器分离下来，而热风则通过鼓风机送入炉膛。

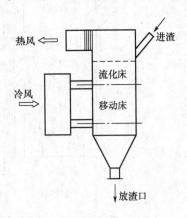

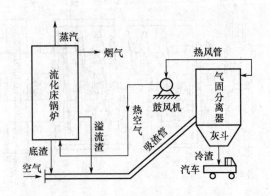

图 8-41　流化移动叠置式　　　　　　图 8-42　气力输送式冷渣器流程图
　　　　冷渣器原理图

3. 风水共冷式冷渣器

对于高灰分的燃料或大容量的流化床锅炉而言，单纯的风冷式流化床冷渣器往往难以满足灰渣的冷却要求。这时，除了采用两级冷渣器串联布置外，还可以采用风水共冷式流化床冷渣器，即在风冷式流化床冷渣器中布置埋管受热面用来加热低温给水（替代部分省煤器）或凝结水（替代部分回热加热器）。这样，可以利用床层与埋管受热面间强烈的热交换作用，大大提高冷却效果，并最大限度地减小冷渣器的尺寸。对于风水共冷式冷渣器，由于灰渣粒度较大，流化速度较高，所以，必须采取严格的防磨措施，以防埋管受热面的磨损。

图 8-43 所示的多室流化床分选冷渣器的冷却床中布置省煤器埋管组，是一种风水共冷式冷渣器。多室流化床冷渣器通常由几个分床组成。第一分床为分选室，其余则为冷却室。从炉膛下部来的炉渣经过输送短管进入冷渣器的分选室。来自回送装置送风机的高压空气注入输送短管，以帮助灰渣送入冷渣器。冷风作为各个分床的流化介质，而且每个冷却床独立配风。为了提供足够高的流化速度来输送细料，对分选室内的空气流速采取单独控制，以确保细颗粒能随流化空气（作为二次风）重新送回炉膛。冷却室内的空气流速根据物料冷却程度的需要，以及维持良好混合的最佳流化速度的需要而定。分选室和冷却室都有单独的

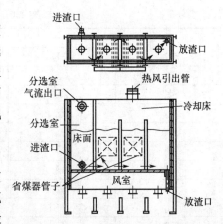

图 8-43　多室流化床分选冷渣器

排气管道，以便将受热后的流化空气作为二次风送回炉膛。返回口一般处于二次风口高度上，那里炉膛风压低，这样的设计可以节省冷渣器的风机压力。在冷渣器内，各床间的物料流通是通过分床间隔墙下部的开口进行的，为了防止大渣沉积和结焦，采用定向风帽来引导颗粒的横向运动。在定向喷射的气流作用下，灰渣经隔墙下部的通道运动至排渣孔。定向风帽的布置应尽可能延长灰渣的横向运动位移量。在排渣管上布置有旋转阀来控制排渣量，以确保炉膛床层压差在一恒定值。

采取分床结构，形成逆流换热器布置的形式，各分床以逐渐降低的温度工况运行，可以最大限度地提高加热空气的温度，使冷却用空气量减少，有利于提高冷却效果。分床越多，效果越明显，但这往往增加了系统的复杂性，通常以 3～4 个分床为宜。

（三）除灰系统

循环流化床锅炉除灰系统与煤粉炉没有大的差别。但采用静电除尘器和浓相正压输灰或负压除灰系统时，应当特别注意循环流化床锅炉飞灰、烟气与煤粉炉的差异，如循环流化床锅炉由炉内脱硫等因素使其烟尘比电阻高，而且除尘器入口含尘浓度大，飞灰颗粒粗等，这些都将影响电除尘器的除尘效率和飞灰输送。因此，对于循环流化床锅炉不宜采用常规煤粉炉电除尘器，必须进行特殊的设计和试验，对于输灰也应考虑灰量的变化以及飞灰颗粒的影响。

第五节　典型的循环流化床锅炉

本文以某 220t/h 循环流化床锅炉为例介绍其整体结构及系统。

一、锅炉概况

锅炉规范见表 8-1，锅炉燃料特性见表 8-2。

表 8-1   某 220t/h 循环流化床锅炉规范

项　　目	数　　值	项　　目	数　　值
最大连续蒸发量（BMCR）	220t/h	排烟温度（BMCR）	～137℃
额定蒸汽温度	540℃	空气预热器入口风温	20℃
额定蒸汽压力	9.8MPa（g）	环境温度	20℃
给水温度（BMCR）	215℃		

表 8-2   某 220t/h 循环流化床锅炉燃料特性

燃料元素分析				
名称	符号	单位	设计煤种	校核煤种
碳	C_{ar}	％	49.8	46
氢	H_{ar}	％	2.56	2.4
氮	N_{ar}	％	0.5	0.87
氧	O_{ar}	％	4.06	3.56
硫	S_{ar}	％	2.34	2.8
灰分	A_{ar}	％	33.74	37.37
水分	M_{ar}	％	7.0	7.0
燃料工业分析				
挥发分	V_{ar}	％	11	10
低位发热量	$Q_{net,ar}$	％	19134	18010
哈氏可磨系数	HGI	—	65.16	

该机组为高温高压循环流化床、自然循环、单炉膛、平衡通风、露天布置锅炉，锅炉的纵剖面图如图 8-44 所示。

锅炉主要部件采用悬吊结构，燃用贫煤，固态排渣，全膜式壁和全钢结构炉架。锅炉由一个膜式水冷壁炉膛，两个汽冷旋风分离器和一个汽包墙包覆的尾部竖井（HRA）组成。在炉膛的中间，沿整个高度布置了一片占炉膛深度约一半的双面曝光水冷屏；在炉膛的上部，沿炉膛宽度方向均匀布置四片屏式过热器。在尾部竖井里从上到下，依次布置有高、低温过热器，省煤器以及空气预热器。在低温过热器和屏式过热器之间、屏式过热器及高温过热器之间布置有两级喷水减温器以控制过热器出口蒸汽温度。炉膛下部燃烧产生的高温烟气夹带着物料通过炉膛向上流动，通过位于炉膛上部后侧的两个出口切向进入汽冷式旋风分离器。粗的物料在旋风分离器内部被分离下来后经过与旋风分离器底部相连的 J 阀回料器，返回位于布风板之上的炉膛密相区，实现循环燃烧。烟气经位于旋风分离器顶部的出口烟道，通过尾部对流竖井前包墙拉稀管进入 HRA。在 HRA 内，烟气向下冲刷并向四壁及其内的尾部受热面放热，最后通过 HRA 下部的连接烟道流经空气预热器后离开锅炉本体。

除锅炉本体外系统还包括燃料和石灰石的供给系统、流化床式选择性冷渣器、除灰除渣系统及仪表控制系统和烟风系统。

二、锅炉整体布置

1. 汽水流程

如图 8-45 所示，锅炉汽水系统回路包括省煤器、锅筒、水冷系统、汽冷式旋风分离器进口烟道、汽冷式旋风分离器、HRA 包墙过热器、低温过热器、屏式过热器、高温过热器

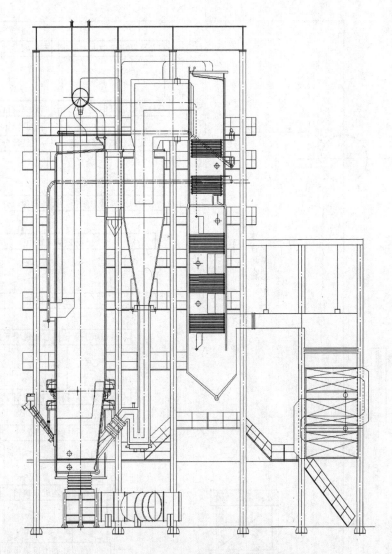

图 8-44　某 220t/h 循环流化床锅炉总图

及其管道。

　　给水首先从锅炉右侧进入尾部烟道省煤器集箱，逆流向上经过三个水平布置的省煤器管组，进入出口集箱，从出口集箱右侧出口通过一根省煤器引出管从锅筒右封头进入锅筒。在启动阶段没有给水流过锅筒时，省煤器再循环系统可将锅炉水从集中下水管引至省煤器进口集箱前管道中，以防止省煤器中静止的水汽化。

　　给水引入锅筒水空间并通过两根集中下降管和下水管连接后墙、两侧墙、分隔墙水冷壁进口集箱。给水向上流经炉膛水冷壁、分隔墙水冷壁时被加热成为汽水混合物。随后经各自的上部出口集箱，通过汽水引出管引入锅筒进行汽水分离，被分离出来的水重新进入锅筒水空间，并进行再循环，被分离出来的干燥蒸汽从锅筒顶部的蒸汽连接管引出。

　　蒸汽从锅筒引出后，由饱和蒸汽引出管分别引入左、右侧汽冷式旋风分离器进口烟道上部集箱，下行经过旋风分离器进口烟道后进入分离器进口烟道下集箱，然后出连接管分别引入左、右侧分离器下部环形集箱，蒸汽上行经过分离器环形管屏进入旋风分离器上部环形集

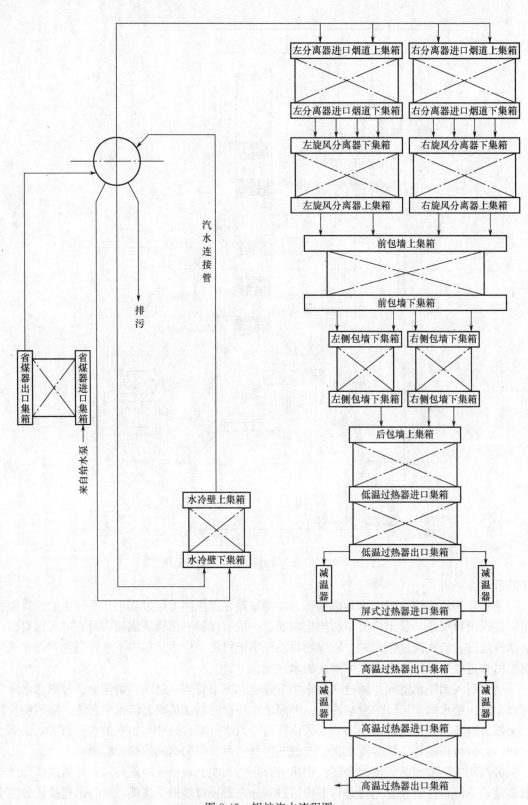

图 8-45 锅炉汽水流程图

箱，最后由连接管回入 HRA 前墙上部进口集箱。在 HRA 中，蒸汽流程为：前包墙过热器→前包墙过热器下集箱→连接管→两侧包墙过热器下集箱→两侧包墙过热器→两侧包墙过热器上集箱→连接管→后包墙过热器上集箱→后包墙过热器→后包墙过热器下集箱（低温过热器进口集箱）。

蒸汽从低温过热器进口集箱出来逆流向上通过水平顺列布置的低温过热器管束进入低温过热器出口集箱，由两根连接管道从两侧将蒸汽从 HRA 后墙引入位于炉膛前墙的屏式过热器进口集箱；连接管道中间布置有第一级喷水减温器，经过屏式过热器进口分配集箱以后，蒸汽进入布置在炉膛上部的 4 片屏式过热器，最后由屏式过热器出口分配集箱汇入屏式过热器出口集箱，在此集箱与位于 HRA 后墙的高温过热器进口集箱之间由两个连接管道连接，在连接管道中间布置有第二级喷水减温器。蒸汽从高温过热器进口集箱引出逆流向上通过水平顺列布置的高温过热器管束垂直进入高温过热器出口集箱。

2. 烟风系统

循环流化床内物料的循环是由送风机（FD，包括一次风机和二次风机）和引风机（ID）启动和维持的。从一次风机鼓出的燃烧空气首先经过暖风器、空气预热器加热，然后分成三路：第一路进入炉膛底部风室，通过布置在布风板之上的风帽使床料流化，并形成向上通过炉膛的固体循环，该管路上还有一台风道点火器，单独配一台点火风机，以克服风道点火器的阻力；第二路由风机直接向冷渣器供风，作为灰渣冷却介质；第三路经给煤增压风机增压后，送至四台气力播煤机。从二次风机鼓出的空气分为二路：第一路作为给煤皮带的密封用风；第二路先经过暖风器、空气预热器后，直接经炉上部的二次风箱送入炉膛。

烟气及携带的固体颗粒离开炉膛后，通过两台旋风分离器进口烟道分别进入两个旋风分离器。在分离器里，粗颗粒从烟气流中分离出来，而气流则通过旋风分离器顶部引出，进入尾部受热面（HRA）后向下流动，经过水平对流受热面，将热量传递给尾部受热面的介质后，烟气通过管式空气预热器进入除尘器去除烟气中的细粒子成分，最后，由引风机（ID）抽进烟囱，排入大气。

J 阀回料器用风机共两台，每台出力 100%，其中一台运行，一台备用。风机为定容式，因此，空气的调节原理是通过旁路将多余空气送入一次风第一路风道内。

在整个烟风系统中均要求设有调节挡板，以便在运行和启停期间进行调节控制。

3. 燃烧过程

在流化床内装料后，冷态启动时，先启动风道点火器，热空气进入风室以后，通过布风板进入流化床，水冷式布风板的鳍片扁钢上设置了许多定向风帽，风帽的合理配置使流化床内布风均匀。为了便于床内细粒子颗粒的流化以及把较大颗粒排向冷渣器，风帽的排列和方向性是经过精心考虑的。布风板上表面及喷嘴末端之间未流化的床料形成了一个绝热层，使布风板在较低温度下运行。

在流化床内，空气与燃料、石灰石混合进行燃烧和脱硫，所形成的固体粒子随气流上升，经位于后墙水冷壁上部的开口进入旋风分离器，在旋风分离器内，粗颗粒被分离下来重新返回炉膛循环燃烧。

一、二次风及二次风的多层布置形成分级配风，通过各级风量的调节使炉膛温度基本均匀，降低 NO_x 的生成量。

4. 省煤器

省煤器布置在锅炉 HRA 烟道内,由三个水平管组组成,管组为单圈顺列布置。给水从底部省煤器进口集箱的右端引入,逆流向上通过水平顺列布置的三级省煤器管束,从上部省煤器出口集箱的右端通过连接管从锅筒封头引入锅筒。

5. 锅筒和锅筒内部设备

锅筒位于炉顶中间,横跨炉宽方向,其结构与一般的煤粉炉类似。锅筒起着锅炉蒸发回路储水器的功能,在它的内部装有分离设备、加药管、给水分配管和排污管。锅筒内径为1600mm,筒身直段长 6.4m(不包括球形封头)。其内设备主要有:48 只卧式汽水分离器,两排平行布置;18 只"W"形立式波形板干燥箱;给水分配管;连续排污管;加药管等。

沿整个锅筒直段上装有弧形挡板,在锅筒下半部形成一个夹套空间。从水冷壁汽水引出管来的汽水混合物进入此夹套,再进入卧式汽水分离器进行一次分离后进入上部空间,蒸汽进入干燥箱,水则贴壁通过排水口和钢丝网进入锅筒底部。钢丝网用来减弱排水的动能,避免二次携带。

蒸汽在干燥箱内完成二次分离,由于蒸汽进入干燥箱的流速低,而且气流方向经过多次突变,蒸汽携带的水滴能较好地黏附在波形板的表面上,并依靠重力流入锅筒的下部。经过二次分离的蒸汽流入集汽室,并经锅筒顶部的蒸汽连接管引出。

分离出来的水进入锅筒水空间,通过防旋装置进入集中下水管,参与下一次循环。

6. 炉膛

炉膛为一个 31090mm(高)×7924.8mm(深)的燃烧室,它由前墙、后墙、两侧墙及分隔墙构成。在炉膛的底部,前墙管拉稀形成风室底部流化床布风板,加上两侧墙水冷壁构成水冷风室;在炉膛顶部,前墙向炉后弯曲形成炉顶,管子与前墙水冷壁出口集箱在炉后相连。在炉膛下部布置有位于同一中心线的三个后墙进口集箱,此集箱也形成风室及布风板的前墙管进口集箱。前墙水冷壁出口集箱为一个,后墙水冷壁出口集箱为三个,每一侧墙设有两个进口和两个出口集箱,在炉膛的中间,沿整个炉膛高度方向布置了一片双面曝光分隔墙,其前端与前墙水冷壁焊接相连。分隔墙进、出口集箱各一个。整个炉膛从结构上分为上、下两部分,以拐点为界,下部纵向剖面由于后墙水冷壁与水平面相交为 83°而成为梯形。在下部密相区的水冷壁及水冷分隔墙上、上部烟气出口附近的后墙、两侧墙以及顶棚处,为了防磨,均敷设有耐磨材料,其厚度均为 25mm(距管子外表面)。从锅筒用两个集中下水管将锅炉水送至各个回路,各下水管的布置如图 8-46 所示。

在布风板以上炉膛前墙处分别设置了四个给煤口和两个石灰石口,在炉膛的前后墙布置有成排的二次风口。冷渣器冷却室排气入口、筛选室排气入口及炉膛流化床排渣口位于炉膛两侧墙。两个炉膛烟气出口位于靠近后墙顶部。

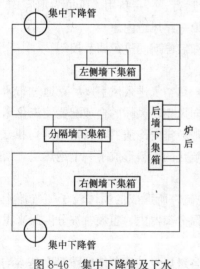

图 8-46　集中下降管及下水连接管布置图

7. 旋风分离器进口烟道

锅炉布置有两个旋风分离器进口烟道,将炉膛的后墙烟气出口与相应的旋风分离器相接,并形成一个气密的烟气通道。

每个旋风分离器进口烟道由膜式壁包覆而成，内敷耐磨材料，上、下集箱各一个。来自锅筒的蒸汽分别由两根蒸汽连接管传递至各旋风分离器进口烟道的入口集箱，蒸汽通过每个回路的管子以平行方式向下流至出口集箱，该出口集箱通过连接管与各自的分离器下部环形集箱相连。

8. 汽冷式旋风分离器

两个结构完全对称的旋风分离器从烟气中分离出粗颗粒后，烟气将细颗粒从顶部带出而后进入 HRA，并使粗颗粒落入 J 型回料器返回炉膛参加再循环。

旋风分离器的上半部分为圆柱形，下半部分为锥形（漏斗形）。烟气出口为圆筒形钢板件，形成一个端部敞开的圆柱体，长度几乎伸至旋风分离器圆柱体一半位置。细颗粒和烟气先旋转下流至圆柱体的底部，而后向上流动，离开旋风分离器，粗颗粒落入直接与 J 型回料器相连的漏斗部位。

旋风分离器为膜式包墙过热器结构，其顶部与底部均与环形集箱相连，旋风分离器管子在顶部向内弯曲，使得在旋风分离器管子和烟气出口圆筒之间形成密封结构。

9. 尾部受热面

尾部对流烟道由膜式包墙过热器组成，包墙过热器以下，HRA 四面由钢板包覆，烟道出口中心线位于 9000 标高处，在 HRA 底部设置灰斗，使得烟气在进入除尘器之前，部分粒子沉积下来，降低烟气的含尘浓度。尾部受热面内有高温过热器、低温过热器和对流省煤器等水平管束，在省煤器下部布置有一、二次空气预热器。

包墙过热器四面均由进口及出口集箱相连，在 HRA 前墙上部烟气进口处，管子拉稀形成进口烟气通道；后墙管的上部向前墙方向弯曲形成 HRA 顶棚。

10. 低温过热器

低温过热器位于 HRA 内，入口集箱即为后包墙出口集箱，低温过热器由一个双圈绕水平管组组成，为顺列、逆流布置。

11. 一级减温器

在低温过热器出口集箱至位于炉膛前墙的屏式过热器进口集箱之间的蒸汽连接管道中装有一级喷水减温器，其内部设有喷管和混合套筒。混合套筒装在喷管的下游处，用以保护减温器筒身免受热冲击。减温水管路上装有温度、流量测量装置，以测量进入减温器的喷水量和减温器前后的温度。

12. 屏式过热器

屏式过热器一共四片，布置在炉膛上部靠近炉膛前墙，过热器为膜式结构。屏式过热器下部布置有耐磨材料，整个屏式过热器自下向上膨胀，在炉膛上部布置有屏式过热器出口集箱。

13. 二级减温器

在屏式过热器出口集箱至位于 HRA 后墙的高温过热器进口集箱之间的蒸汽连接管中装有二级喷水减温器。过热蒸汽温度在二级喷水减温器中进一步得以调整，二级喷水减温器的结构与一级喷水减温器基本相同。

14. 高温过热器

蒸汽从二级喷水减温器出来经连接管流入布置在尾部烟道上部的高温过热器。蒸汽从炉外的高温过热器进口集箱两端引入，与烟气逆向流过高温过热器管束后进入高温过热器出口集箱，再从出口集箱的左端引入主蒸汽管。高温过热器由一个双圈绕水平管组组成。

15. 空气预热器

空气预热器为卧式布置，三回程，位于尾部竖井烟道下方，顺列布置；每两个管箱之间通过连通箱连接起来，形成两个相互独立的通路。不同压力的一、二次风分别通过这两个通道，并与管外流动的烟气进行热交换。一、二次风间隔布置，有利于防止低温腐蚀，且运行中无需调节。烟气和空气呈交叉流动，出口风温为190℃。为了便于检修，最下级空气预热器单独支撑。

三、煤、石灰石供给系统及排渣系统

1. 煤的供给系统

煤为两级破碎，粒度合格的煤先储进炉前煤仓。四台气力播煤装置在炉膛前墙下部沿宽度方向均匀布置，播煤装置设计有足够的裕度。燃料从煤仓进入输煤皮带后，靠重力落入气力播煤装置，播煤装置下部布置三股播煤风将燃料吹入炉膛。给煤口布置在敷设有耐火材料的炉膛下部还原区，远离二次风入口点，从而使细煤在被高速气体夹带前有较长的停留时间，有利于提高燃料的燃烧效率。

播煤风采用经增压风机增压的一次风，给煤口一次风压高于同等高度上炉膛内的压力，以防止炉内烟气反窜。高压力、高速度的播煤风使给煤非常均匀地分布在整个床面，良好的炉内流化状态可使给煤混合良好。同时，高速的气流可避免燃料在播煤槽内停留、堆积和搭桥，保证给煤的畅通。

2. 石灰石给料系统

石灰石入炉采用气力输送，经带计量的自动给料机后由高压空气直接送入炉膛。石灰石入口布置在炉前，共两个。

3. 排渣系统

锅炉底渣经炉膛两侧的选择性排灰冷渣器冷却后，经旋转阀排入输渣系统。飞灰经HRA底部空气预热器灰斗接口及除尘器进入输灰系统。

四、循环物料回送系统

循环物料回送系统的作用是将来自旋风分离器的粗固体颗粒回送至炉膛，它由布置在旋风分离器固体出口和炉膛后墙固体进口之间的两个J型回料器组成。

J型回料器是用钢板卷制而成的，其内壁敷设有耐磨材料和保温材料，以防止高温、高浓度的含尘气流对回料器金属壁面的磨损。

J型回料器能连续稳定地向炉内返送物料，实现返料自平衡，并利用旋风分离器底部出口的物料在立管中建立起来的料位起回路密封作用。回料器返回物料的动力来源于回料器上升段和下降段的料位差。为了保证连续稳定地向炉内返送固体物料，除底部风箱合理配风之外，回料器立管上还设置有四层充气孔，对固体物料进行流化，确保建立良好的物料循环。回料器流化用风由J阀风机提供。

在J阀回料器上还布置有启动用物料补充入口。

五、选择性排灰冷渣器

所排出的床料大多数来自炉膛底部，正是在这里，位于每个侧墙上的排料口将底渣通过管道输送到选择性排灰冷渣器里。每个冷渣器配一个排渣口和一个进渣管，在每个进渣管上

布置有风管，通过风管的定向布置保证渣从炉膛至冷渣器顺利输送，空气由 J 阀回料风提供。

选择性排灰冷渣器在将炉渣送至除渣系统之前将渣中未燃尽的碳粒子进一步燃烧，并将其中的细颗粒送回炉膛，提高石灰石的利用率，同时将剩余的粗颗粒灰冷却到 150℃以下。

冷渣器分为三个小室，沿渣走向分别为选择室和 2 个冷却室，并有各自独立的布风装置。每个小室用分隔墙隔开，这样在进入下一个小室之前，固体流绕墙流过，延长了停留时间，加强了冷却效果。所有空气均来自一次风空气预热器前的一次风道，冷渣器布风装置为钢板式，在布风板上布置有 Γ 型定向风帽。

选择室的排气从炉膛侧墙返回炉膛，冷却室排气在隔墙顶部附近排出，从炉膛侧墙返回炉膛。

冷渣器采用连续排渣的运行方式。

冷渣器中设有自动喷水系统，用于紧急状态下的灰冷却。它由安装在 12 个流化床空气喷嘴（每个小室安装 4 个）里的喷水头组成，冷却水采用工业水，压力为 0.35～0.42MPa，水温小于 33℃。冷渣器上布置有四个床温测点，根据冷却仓床温控制事故喷水，当冷却一仓床温高于 540℃或冷却二仓床温高于 190℃，且持续超温 5min 以上，控制系统自动投入喷水，直至冷却二仓床温低于 150℃。

通过排渣管风的启停，风量的调节，开启、关闭炉膛排渣粗调炉膛的排渣量。冷渣器出口设有旋转阀，精确控制排渣量，保持炉膛床压和冷渣器床压稳定。

六、风道点火器

锅炉在风室底部一次风道内布置有一台油燃烧器，供锅炉启动点火之用，点火用燃料为轻柴油。油燃烧后的高温烟气将一次风加热到 870℃以上，通过布风装置将床内的床料加热至点火温度。燃烧器采用了机械雾化油枪，可使油在燃烧器内充分燃尽，避免在布风装置内发生再燃而烧坏风帽。油枪最大出力为 15％BMCR，燃烧器配有高能点火装置和火焰检测装置。

风道点火器也可以起稳燃作用。同时，风道点火器还可以作为新炉或大修后烧结养护耐火耐磨材料的热源。

七、锅炉构架

该锅炉炉架为栓焊型全钢结构，按半露天布置设计。锅炉共有 8 根主柱。柱角在 500mm 标高处，通过钢筋与基础相连，柱与柱之间有横梁和垂直支撑，以承受锅炉本体及由于风和地震引起的载荷。

锅炉运行时需要巡回检查和检修时需要吊装构件的地方均设有平台扶梯。平台、步道和扶梯有足够的强度和刚度。

锅炉的主要受压件（如锅筒、炉膛水冷壁、旋风分离器、尾部竖井烟道等）均由吊杆悬挂于顶板上，其他部件（如冷渣器、空气预热器、床下点火风道、回料器等）均采用支撑结构支撑在横梁或者地面上。

八、运行原理

循环流化床锅炉运行可靠、经济，并有较好的环保功能。与其他锅炉相同，改变燃料量与空气量可以调节锅炉的负荷。其不同点在于流化床锅炉炉内有由相当数量的床料（石灰石和灰渣等）所形成的流化床层。

对燃烧的稳定性和 NO_x 的排放水平而言，床温有一个允许的变化值；但从脱硫角度来看，床温需要控制在最佳脱硫温度的范围内，超出此范围，则要求显著地增加石灰石耗量来维持正常的排放水平。如果需要灵活地改变负荷，温度就应维持在一个特定的范围之内，这就需要通过分级燃烧和控制悬浮段固体颗粒量来实现。分级燃烧使得下部炉膛的缺氧燃烧有助于将床温维持在一个合适的范围内及较低的 NO_x 排放。

该机组利用燃料和石灰石作为主要床料，在正常运行床温下石灰石被煅烧成氧化钙并放出二氧化碳，其中有一部分氧化钙与燃煤产生的二氧化硫反应生成硫酸钙。

九、膨胀系统

根据锅炉结构布置及支撑系统设置膨胀中心，锅炉的炉膛水冷壁、旋风分离器及尾部包墙全部悬吊在顶板上，由上向下膨胀；整台锅炉沿前、后方向主要设置三个膨胀中心：炉膛后墙中心线、旋风分离器的中心线及 HRA 前墙中心线。炉膛左右方向和尾部受热面通过布置在刚性梁上的限位装置使其以锅炉对称中心线为零点向两侧膨胀。回料器和空气预热器均以自己的支撑面为基准向上膨胀，前、后和左、右为对称膨胀。

十、控制系统

锅炉运行控制采用由美国 Honeywell 公司设计的先进的集散控制系统（DCS）。该系统集控制、显示、保护、报警、管理等功能于一体。锅炉运行调节全部采用键盘或鼠标输入。

第九章

循环流化床锅炉的启动与运行

循环流化床锅炉的研究起步较晚，但发展较快。由于循环流化床锅炉具有外部分离器、飞灰回送系统，较常规流化床锅炉复杂，故循环流化床锅炉的运行也较为复杂。

第一节　循环流化床锅炉冷态特性试验

循环流化床锅炉在安装完毕点火启动前应对燃烧系统，包括送风系统、布风装置、料层厚度和物料循环装置进行冷态试验。其目的在于：

（1）考察送风机的风量和风压是否与铭牌符合，能否满足燃烧所需风量和风压。

（2）测定布风板阻力和料层阻力。

（3）检查床内各处流化质量，冷态流化时如有死区应予以消除。

（4）测定料层厚度、送风量与阻力特性曲线，确定冷态临界流化风量，用以估算热态运行时最低风量，为运行提供参数和参考曲线。

（5）检查物料循环系统的性能和可靠性。

一、布风板阻力特性试验

布风板阻力是指布风板上不铺料层时空气通过布风板的压力降。要使空气按设计要求通过布风板，形成稳定的流化床层，要求布风板具有一定的阻力。布风板阻力由风室进口端的局部阻力、风帽通道阻力及风帽小孔处局部阻力组成。在一定条件下，三者之中以小孔局部阻力为最大，其他两项阻力之和仅占布风板阻力的几十分之一。

测定时，首先将所有的炉门关闭，并将所有排渣管、放灰管关闭严密，启动一次风机后，逐渐开大风门，缓慢地、均匀地增大风量，调整引风机开度，使炉膛负压表示数保持零压，记录风量和风室静压的数据。风量每增加额定值的 $5\% \sim 7.5\%$ 记录一次，一直加大到最大风量。然后从最大风量逐渐减少，并记录相应的风量和风压，用上行和下行数据平均值，作为布风板阻力的最后数据，并绘制除布风板阻力特性。第八章所述的 220t/h 循环流化床锅炉的布风板阻力特性如图 9-1 所示。

一般冷态下风帽小孔风速取 $25 \sim 35$m/s。由于在热态运行时气体体积膨胀，风帽小孔风速增大，但气体密度变小，两者影响总的结果使布风板阻力的热态值大于冷态值。因此，在热态运行时必须考虑气体温度对风帽小孔风速和气体密度的影响而引起的布风板阻力的修正。

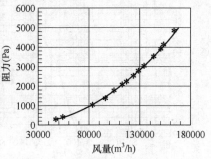

图 9-1　布风板阻力特性

二、布风板均匀性试验

布风板的布风均匀性对料层阻力特性以及运行中的流化质量有直接影响。布风均匀是流化床锅炉顺利点火、低负荷时稳定燃烧、防止颗粒分层和床层结焦的必要条件。因此，在测定布风板阻力特性后，测试料层阻力之前，应进行布风均匀性试验。

试验时先在布风板上平整地铺上粒径为 3mm 以下的灰渣层，厚度约 300～500mm，以能正常流化为准。布风均匀性试验方法有两种：一种是开启引风机、一次送风机，缓慢调节送风门，逐渐加大送风量，直到整个料层处于流化状态，然后突然停止送风，观察料层的平整性。料层平整，说明布风均匀。如果料层表面高低不平，高处表明风量小，低处表明风量大，此时应当停止试验，查明原因及时予以消除。另一种方法是当料层流化起来后，用较长的火耙在床内不停地耙动，如手感阻力较小且均匀，说明料层流化良好；反之，说明布风不均匀或风帽有堵塞，阻力小的地方流化良好，阻力大的地方可能存在死区。

三、床料阻力特性试验

料层阻力是指燃烧空气通过布风板上的料层时的压力损失。对于颗粒堆积密度一定、厚度一定的料层，其床层阻力是一定的。风室静压等于布风板阻力与料层阻力的总和。在布风均匀性试验之后，一般要求对三个以上不同料层厚度（H_0）做料层阻力试验。试验用床料必须干燥，否则会带来很大的试验误差。床料铺好后，将表面平整并量出基准厚度，关好炉门，开始试验。料层阻力特性试验的步骤与布风板阻力特性一样，将风门逐渐加大至全开，又反行至全关。每改变一次风量测取一组数据，最后将上行和下行数据整理，按照式（9-1）求出料层阻力，即

$$\Delta p_b = p_s - \Delta p_d \tag{9-1}$$

式中　Δp_b——料层阻力，Pa；

　　　p_s——风室静压，Pa；

　　　Δp_d——对应于相同风量下的布风板阻力，Pa。

对于某 220t/h 循环流化床锅炉，试验采用 0～3mm 的流化床炉渣，其筛分特性如图9-2所示，静止床料高度约 600mm，料层阻力—风量曲线如图 9-3 所示。

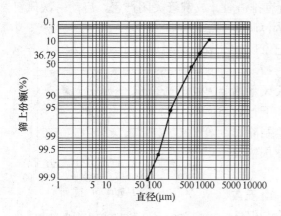

图 9-2　床料阻力特性试验用床料筛分特性

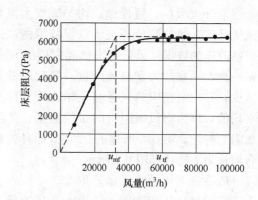

图 9-3　料层阻力特性

四、临界流化风量的确定

床层从固定床状态转变为流态化状态时的空气流速称为临界流化速度，对应于临界流化

速度按布风板通风面积计算的空气流量称为临界流化风量。由于循环流化床锅炉一般使用宽筛分燃料，理论上计算临界流化风量很困难，可以利用料层阻力特性试验结果确定临界流化风量。由料层阻力特性（图 9-3）可见，曲线上近似水平段表明这时床料处于流化状态，图中与固定床和流化床两条压降曲线的切线交点所对应的风速（风量）即为冷态临界流化速度（风量）。由图 9-3 可见，床料的冷态临界流化风量为 $60000m^3/h$ 左右。应当指出，当床截面和物料颗粒特性一定时，临界流化速度与料层厚度无关，即不同料层厚度下测出的临界流化速度基本相同。另外，临界流化速度不仅与固体颗粒的粒度和密度有关，还与流化气体的物性参数（密度和黏度等）有关。因此，在锅炉运行中，当床温变化时，气体的密度和黏度都会发生变化，临界流化速度也会发生变化；在其他条件不变时，颗粒粒径增大或颗粒密度增大时，临界流化速度也会增大。

五、检查物料循环系统的效果和可靠性

在燃烧室布风板上铺好已经准备好的 $0\sim3mm$ 床料，其中 $500\mu m\sim1mm$ 的要占 50% 以上，若粒径过大冷态下不易吹起，会影响试验效果。床料厚度约为 $300\sim500mm$。启动引风机、送风机将风量开到最大，运行 $10\sim20min$ 后停止送风机，此时绝大部分物料将扬析。飞出炉膛的物料经分离器分离后，在料腿中存有一定高度，调试返料阀，调节送风量，通过观察口观察返料阀出灰是否畅通。左右返料阀可逐个开通检查，然后再调节返料阀布风管的风压和风量，如发现返料不畅或有堵塞情况，则应查明原因，消除故障后，再次启动返料阀继续观察返料情况，直到整个物料循环系统物料回送畅通、可靠为止。

对不同容量和结构的循环流化床锅炉，回灰形式可能有所不同。采用自平衡回灰方式时，冷态试验只要观察物料通过回灰阀能自行通畅返回燃烧室即可。对采用自平衡阀回灰的，要注意自平衡阀送风的地点和风量，有必要在自平衡阀送风管上设置转子流量计，就地检测送风量，通过冷态试验确定最佳送风风量，必要时在锅炉试运行阶段对送风位置再作适当调整，以后在运行初始即开启返料阀，确定的风量一般不再变动，这样可尽量减少烟气回窜，防止在返料阀内结焦。

六、给煤量的测定

循环流化床锅炉要求给煤机的最小出力能够满足点火启动的要求。另外，给煤口配有播煤风，一方面可使煤迅速地分布到床层上，另一方面还可防止在该区域形成过度还原性气氛。因此，给煤机单台运行时最小出力应接近于最低流化条件下床温稳定时所需燃煤量。为测定给煤量，需要对给煤机进行标定，即通过试验测定给煤电动机转速与给煤量的关系曲线。对于目前应用较多的螺旋给煤机，由于配有无级调速，控制性能较好，可利用称重法进行标定。

第二节　循环流化床锅炉的启动与停运

本节以第八章所述 $220t/h$ 循环流化床锅炉为例介绍循环流化床锅炉的启动和停炉过程。根据启动时锅炉的状态可以将其分为冷态点火启动、温态启动和热态启动。根据锅炉停运的时间不同可以分为压火备用和停炉。

一、循环流化床锅炉的冷态点火启动

1. 启动前的准备工作

启动前的准备工作一般包括如下步骤：

（1）测压管吹扫系统的投运。

（2）检查并确认所有安全阀水压试验用的塞盖或堵板已经从安全阀中拆除。

（3）检查公用系统，动力、点火用的燃料及主燃料，以及已经处理的给水供给情况，并确信合格可用。

（4）检查所有阀门和挡板运转情况。

（5）检查床下风道点火器及锅炉的所有辅助设备，并且确认有关阀门都处在适当的开启或者关闭位置。

（6）检查锅筒处壁温测量用热电偶的完好状态。

（7）在检查并确认无人在炉内后，关闭所有人孔门及观察孔，并将放在准备投运设备上的所有安全标签去掉。

（8）在机组上水前，将锅炉有关阀门，包括放气阀、疏水阀及仪表用阀门置适当状态。

（9）第一次上水应通过主给水上水管路经省煤器系统向锅炉注入合格的水。

（10）上水时，当相应部件的放气阀冒水时，就关闭其放气阀。上水温度应控制在 $20\sim70℃$ 范围内，且不低于锅筒壁温。

（11）检查锅筒电接点水位计在主控室内的运转情况，并同双色水位计的读数作准确的比较。

（12）检查所有压力计及风压表是否已经标定，其功能是否合适。

（13）检查所有安全连锁装置以保证动作正确。

（14）检验锅筒双色水位计显示的水位清晰可见。

（15）检查所有驱动装置的润滑及冷却系统符合厂家提出的技术要求，在需要冷却的地方，必须获得冷却水。

（16）烟、风道挡板位置处于适当位置，挡板位置在主控室显示，此时，所有燃料、石灰石和其他手操隔绝门和/或滑动闸门挡板应关闭。

2. 吹扫

在对锅炉进行吹扫和点火器点火之前，对风室进行内部检查是十分必要的，其目的是检查床料的漏落情况。所有漏落在风室内的床料都应清除掉，以防止在吹扫时风帽被堵塞。在每次启动前及切断主燃料后的启动前，必须对炉膛、旋风分离器及尾部受热面区域进行吹扫（热态启动除外）。

3. 暖机

（1）确认省煤器进口至集中下降管的两个再循环截止阀处于开启位置。将下列疏水处于关闭状态，然后再开启 1/2 转。

1）旋风分离器下部环形集箱进口连接管疏水阀；

2）前包墙下集箱疏水阀；

3）左右侧包墙、后包墙下集箱疏水阀；

4）屏式过热器进口集箱疏水阀；

5）高温过热器进口集箱疏水阀。

（2）按照床下油点火器产品说明点燃床下油点火器。由观察口观察点火情况，确保燃烧良好（火焰质量）。

（3）按制造厂家说明，用手动方式以最低速度使石灰石给料系统投入运行（包括石灰石给料风机)。在启动前、启动期间和运行期间,核实并监视各旋转设备的运转情况。

(4)监视氧量以便确认是否实现完全燃烧。根据床下油点火器产品要求,将床下油点火器烟道壁面温度控制在 1500℃ 之下。

(5)确认床下油点火器点火后,在最小的燃烧速度基础上,投入自动温度控制系统。

(6)加热床料并使锅炉升压。通过调整床下油点火器的燃烧速度控制锅筒升压、升温速度不超过 50℃/h。

(7)通过调整燃烧将床下油点火器出口烟气温度控制在 980℃ 以下且风室温度在 870℃ 以下。

(8)当机组被加热并且已建立锅筒压力时,检查锅筒金属壁温和水位。

(9)当床温升高到 468℃,同时维持 55240m³/h(标准状态)的燃烧风量。机组加热期间,锅筒水位将上升,利用连续排污阀和给水调速泵使锅筒水位维持在允许范围之内。为维持锅筒水位,必要时可同时使用紧急放水和连续排污。

(10)当锅筒压力达到 0.0069～0.103MPa(表压)时,关闭下列放气阀:

1)饱和蒸汽引出管放气阀;

2)前包墙上集箱放气阀;

3)后包墙上集箱放气阀;

4)屏式过热器出口集箱放气阀;

5)高温过热器出口集箱放气阀。

(11)全关下列疏水阀门:

1)旋风分离器下部环形集箱入口连接管疏水阀;

2)前、后包墙下集箱疏水阀;

3)左、右侧包墙下集箱疏水阀;

4)屏式过热器进口集箱疏水阀;

5)高温过热器进口集箱疏水阀。

(12)此时,高温过热器出口集箱主蒸汽管上的各疏水阀应一直打开,以保证所有蒸汽回路里的水都能被疏走。

(13)在锅筒压力达到约 0.17MPa(表压)后,再借助于短期排污操作,检查锅筒双色水位计的水位指示,在对该双色水位计/水位逐渐进行排污期间,有必要试验低水位燃料切除保护是否起作用,以排除不必要的机组切除。维持双色水位计可见水位。由于系统中水的膨胀,锅筒内水位将上升,根据需要可打开锅筒连续排污阀和紧急放水阀,进行锅筒放水。

(14)将锅筒水位控制于单元自动控制状态。

(15)在升压过程中及正常运行时,要注意维持锅炉水含硅量和含盐量在允许的数值范围内。

(16)继续加热以建立锅筒压力,并且维持 470℃ 的床温,若有必要,在暖机期间向炉膛内投入石灰石以维持床料总量,床料总量的多少根据床压信号确定。

(17)如需要从高温过热器排水时,主蒸汽连接管上的对空排气阀可间断打开,但是锅炉压力达到 3.45MPa(表压)时,才能采用这种方法。

4. 启动(投煤)

下述程序必须结合锅炉和主蒸汽管道一起来完成,从而为锅炉产生的蒸汽保持一条畅通管路。

（1）按制造厂商的说明将除灰系统投入运行。

（2）打开喷水减温器手动截止阀。将汽温控制回路置于自动方式，设定所希望的温度。

（3）启动两台给煤机，并将其出力调至锅炉额定燃料量的15%，运行5min后，关闭给煤机，监视氧量和平均床温以建立一个总体时间趋势概念，在头几分钟时间里，平均床温应总体降低，随后再升高。而氧量一开始维持不变，随后在平均床温升高之前，开始减小。记录将入炉的燃料全部完全燃烧所需的时间周期。在这一时间周期应开始给料起计，一直到出现最高平均床温和最低氧量为止。在上述过程中，应监视各床温热电偶，给料点附近局部温度通常会降低，离给煤点越远，温度越高。

（4）再次启动两台给煤机，并将其出力调至锅炉额定燃料量的15%，再进行一次5min的供料，关闭该给煤机。监视平均床温和氧量，在达到尖峰床温时刻之前，再次以15%出力启动给煤机，然后再进行5min的燃料添加。

（5）重复步骤（3）和（4），使平均床温升高到760℃。在获得平均床温和氧量间良好的对应关系后，随着平均床温的升高，一次给料燃烧率也增加。这实际上会缩短给煤周期。随着给煤量的增加，必须采取相应措施以免给煤量过量，否则，一些指示仪表会显示给煤不成比例，氧量将迅速减少，也许会降至零，平均床温将会连续大幅度上升。

（6）当氧量继续减小，并且当床温升高至790℃时，逐渐开始增加燃烧风量，使之达到55240m³/h（标准状态）以上，与此同时，降低燃烧器温度至540℃，此时，要保持一定的风煤比。

（7）启动时，应维持要求的过热汽温。

（8）当达到合适的汽温和汽压，可进行汽轮机的暖机、冲转和升速。

（9）当汽轮机达到同步转速和给水流量达到稳定后，或者当蒸汽流量大于7%时，关闭省煤器至下降管再循环管路上的截止阀。

（10）当进入汽轮机的蒸汽达到额定蒸汽量的10%时，关闭高温过热器出口集箱及以后管道疏水阀。

（11）当运行条件许可，可将锅筒水位、过热蒸汽温度和风量设置为自动控制。

（12）在逐渐增加燃煤量的同时，逐渐减小点火器出力，直至床温高于830℃且氧量稳定。

（13）关闭点火器的同时，调整燃烧风量、燃煤量以使床温达到约890℃，并维持氧量在4.2%。

（14）在正常运行时，石灰石供给率将随供煤量按比例改变。石灰石与煤量的比值，应按排烟中 SO_2 的浓度进行修正。

（15）投运冷渣器。

（16）备用冷渣器选择仓需维持移动的密封风量，以防止热灰反窜。

（17）此时，通过锅炉主控系统将机组负荷升至100%MCR。

锅炉冷态点火前后24h内主要参数变化曲线如图9-4所示。一般情况下，锅炉从点火到停油燃烧器正常投煤带负荷运行只需6～7h，一次冷态启动约消耗5～7t燃油。

二、循环流化床锅炉的停炉

停炉分为正常停炉和紧急停炉两种情况。

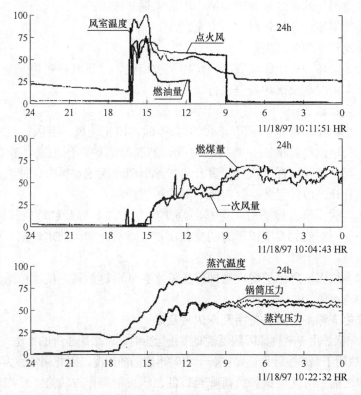

图 9-4　锅炉冷态启动主要参数变化曲线

1. 正常停炉

锅炉正常停炉，就是有计划地检修停炉。其操作步骤是：

（1）逐渐降低负荷，减少供煤量和风量。当负荷停止后，随即停止供煤、进风、引风，关闭主汽门，对蒸汽管路进行疏水。

（2）完全停炉之前水位应保持稍高于正常水位。因为这时炉膛温度很高，锅炉水仍在继续蒸发，如果汽水系统不严密，锅炉水位会逐渐下降，甚至会造成锅炉缺水事故。关闭烟风道挡板，防止锅炉急剧冷却。当锅炉压力降至大气压时，开启放空阀或提升安全阀，以免在汽包内造成负压。

（3）锅炉停炉后，应在蒸汽、给水、排污管路中装置堵板。堵板厚度应保证不会被并联运行的锅炉蒸汽、给水管道内的压力及排污压力顶开，保证与其他运行中的锅炉可靠隔离。在这之前，不得有人进入汽包内工作。

（4）停炉放水后应及时清除受热面水侧的污垢。锅炉冷却后，打开人孔门进行全面检查，及时清除各受热面烟气侧上的积灰和烟垢。根据锅炉停用时间确定其保养方法。

2. 紧急停炉

锅炉紧急停炉，是当锅炉或相关设备发生事故时，为了阻止事故的扩大而采取的应急措施。锅炉在运行中有下列情况之一时，应紧急停炉：

（1）锅炉水位低于水位表的下部可见边缘。

（2）不断加大给水及采取其他措施，但水位仍继续下降。

（3）锅炉水位超过最高可见水位（满水），放水仍见不到水位。

（4）给水泵全部失效或给水系统故障，不能向锅炉进水。

（5）锅炉元件损坏，危及运行人员安全。

（6）水位表及安全阀全部失效。

（7）燃烧设备损坏，炉墙倒塌或者锅炉构架被烧红，严重威胁锅炉安全运行。

（8）其他异常情况危及锅炉安全运行。

紧急停炉的步骤如下：

（1）立即停止给煤，待床温下降至400℃以下时，停止送风、引风。

（2）将锅炉与蒸汽母管隔断，开启放空阀，如这时锅炉汽压很高，或有迅速上升的趋势，可提起安全阀手柄或杠杆排汽，或者开启过热器疏水阀疏水排汽，使汽压降低。

（3）停炉后打开炉门，促使空气对流，加快炉膛冷却。

（4）因缺水事故而紧急停炉时，严禁向锅炉给水，并不得开启放空阀或提升安全阀排汽，以防止锅炉受到突然的温度或压力的变化而扩大事故。如无缺水现象，可采取进水和排污交替的降压措施。

（5）因满水事故而紧急停炉时应立即停止给水，开启排污阀，使水位适当降低，同时开启主蒸汽管上的疏水阀。

三、循环流化床锅炉的压火备用及压火后启动

当循环流化床锅炉由于某种原因需要暂时停止运行时，常采用压火的办法。压火是一种正常的停炉方式，一般用于锅炉按计划还要在若干小时再启动的情况，因此通常称为压火备用。

在压火操作之前，应先将锅炉负荷降至最低。压火的操作方法是：首先停止给煤机，当炉内温度降低至800℃时，停掉引、送风机，关闭风机挡板，以使物料很快达到静止状态，并保持床层温度和耐火层温度不致很快下降。锅炉压火后要监视料层温度，如果料层温度下降过快，应查明原因，以避免料层温度太低，使压火时间缩短。为延长压火备用时间，应使压火时物料温度高些，物料浓度大些，这样静止床料层较厚，蓄热多，备用时间长。料层静止后，在上面洒一层细煤粒效果更好。

压火后的再启动分为温态启动和热态启动两种。

温态启动是指料层温度较高（750℃左右）但料层以上温度却很低（450～500℃）。在这种情况下启动送风机，料层流化后达不到给煤燃烧温度。因此，需要点火后再加热床料，以提高物料温度，达到给煤燃烧温度。温态启动（停炉12h以内）一般只需要2～4h，即可达到锅炉的最低安全运行负荷。此时，限制启动时间的主要因素是过热汽温和床温的上升速度。

热态启动是指启动送风机后，燃烧室温度在650℃以上，可直接向炉内给煤，启动锅炉。热态启动（停炉6h以内）最为方便，一般只需要1～2h。为防止炉温下跌至投煤温度许可值以下，所有启动步骤越快越好。

值得注意的是，在温态或热态启动时，如果在3次脉冲给煤后仍未能使床温升高，应停止给煤，然后对炉膛进行吹扫，以便按正常启动程序重新启动。当床温降至600℃以下，不允许给煤进入炉内，同时应启动点火热烟气发生器使床温上升到600℃以上。

第三节　循环流化床锅炉的运行调整

循环流化床锅炉从点火转入正常给煤后，运行操作人员就要根据负荷要求和煤质情况调

整燃烧工况，以保证锅炉安全经济运行。

一、燃烧调整

循环流化床锅炉汽水部分的运行操作大致和一般煤粉炉类似。但其燃烧调整与其他锅炉完全不同。

循环流化床锅炉在设计和运行时要着重考虑两个问题：一是热量平衡，二是物料平衡。这两个问题决定了循环流化床各燃烧室燃烧份额的分配以及其平衡温度水平。

循环流化床锅炉燃烧室大体上可以分为两个区域：下部密相区和上部稀相区。燃烧过程释放的热量也分为两部分，首先燃料全部进入密相区，挥发分析出并开始着火燃烧，随后固定碳逐渐燃烧。粗颗粒炭的燃烧发生在密相区，而细颗粒焦炭会有一部分被夹带到稀相区燃烧。由于空气是从炉膛不同高度分段送入的，一次风从床下风室由风帽进入密相区，因此在保证料层流化质量的情况下，控制一次风的比例，可以使密相区处于还原性气氛，炭粒不完全燃烧生成一定量的 CO，CO 进入稀相区，与二次风混合进一步燃烧变成 CO_2。通过改变一次风的份额就可以改变密相区的燃烧份额。

当然，燃烧份额除了与一、二次风配比有关之外，还受煤种性质、颗粒粒径和燃料筛分、流化速度、循环物料量、过量空气系数、床层温度以及循环灰分离器效率等因素的影响。煤中挥发分含量越高、煤粒径越小、流化速度越大，密相区燃烧份额越低；床温越高，密相区燃烧份额越大。一般情况下，循环流化床锅炉煤质和筛分特性确定时，多通过调整一、二次风量的配比来改变燃烧份额。

对于密相区，燃烧释放出的热量由三部分吸收，按照其份额多少依次为一次风被加热成烟气带走的热量、循环灰带走的热量、四周水冷壁吸收的热量，这就是热量平衡。

循环灰带走的热量是由循环灰量及返送至密相区的循环灰温度决定的。循环量越大，循环灰温度越低，循环灰能带走的热量越多，这就产生了循环物料的平衡问题。物料循环系统的主要作用是将粒度较细的颗粒捕集并送回炉膛，使密相区的燃烧份额得到有效控制，同时提高主回路中受热面的传热系数，物料循环质量和数量与主回路中的流动、燃烧和传热均有直接关系。循环灰量是由锅炉设计采用的物料携带率决定的，而后者又是由煤的筛分特性、石灰石的破碎程度与添加量、炉膛的设计风速以及循环灰分离器类型决定的。循环灰温度则受锅炉结构的限制，采用高温旋风分离器，回灰如果不进行冷却，循环灰温度与床温相差无几；如果采用循环灰换热器，则循环灰温度可调。

燃烧调整的任务是、调节给煤量，使炉内放热量适应外界负荷的变化；调节送风量，保持合理的风煤比；调节引风量，保持合适的炉膛负压；调节一、二次风量，保持合理的一、二次风配比；控制料层厚度，维持良好的流化质量；控制料层温度，防止和避免结焦。

二、变负荷运行

某 220t/h 循环流化床锅炉变负荷试验曲线如图 9-5 所示，由图可知，在 $50\% \sim 100\%$ MCR 负荷范围内锅炉的升降负荷速率均可达到 6% MCR/min 以上，变负荷速度较快，锅炉最低不投油运行负荷可达 30% MCR，具有较强的负荷适应能力。

循环流化床锅炉运行的负荷调节，以床温为主要参数进行，负荷调节的手段只是改变投煤量和相应的风量。运行时应根据煤种、脱硫需要确定合适的运行温度。为使锅炉能稳定满足负荷要求，必须调整燃烧份额，使炉膛上部保持较高的温度和一定的循环量。负荷变化时通常仅改变风量、风比以及给煤量。

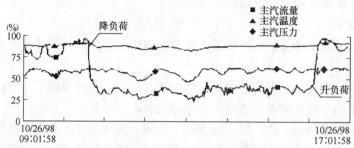

图 9-5　锅炉变负荷试验主要参数记录曲线

1. 风量的调节

正常运行中，一次风量维持炉膛流化状态及一定的床温，同时提供燃料燃烧所必要的部分氧量；二次风补充炉膛上部燃烧所需的空气量，使煤与空气充分混合，保证充分燃烧。在达到满负荷时，一次风占总风量的 55%～65%，二次风占 35%～45%。风量的调节本着一次风调节床温、二次风调节过量空气系数的原则，并兼顾污染物排放的要求。调整一、二次风量前要及时调整引风量，保持风压平衡。

当锅炉负荷降低时，上二次风可随之减少。在负荷从 100% 降至 70% 的过程中，可以仅减少二次风，直至二次风量能满足风口冷却，而播煤风和一次风不变；如果负荷继续降低，一次风量要适当减少，一般为满负荷运行时一次风量的 90% 左右。这样，即使负荷继续降低也能运行。但对于 0～8mm 宽筛分的燃料，为了保证流化正常，循环流化床锅炉的冷态空截面气流速度不能低于 0.7～0.8m/s，按此流速计算的风量为一次风量的下限。为了监视运行情况，一、二次风道和返料阀风道必须装有风量、风压表并应校正。

在锅炉运行中，通过调整一次风量控制床温，调整二次风量将燃烧过剩空气系数控制到合适的值。试验表明，对于某 220t/h 循环流化床锅炉，当锅炉负荷在 200t/h 以上，燃烧过剩空气系数在 1.20～1.25 范围内，锅炉排烟损失与不完全燃烧损失之和较小，锅炉热效率可达到 91.5% 左右，运行经济性较好。

2. 床温的调节

床温是循环流化床锅炉需要重点监视的主要参数之一，床温的高低直接决定了整个锅炉的热负荷和燃烧效果。根据燃用煤种的不同，床温的控制范围一般在 790～911℃ 左右。挥发分高的煤种，床温可以适当地降低；而对于挥发分低的煤种，床温可能要在 900℃ 以上。但不宜过高或过低，过低可能会造成不完全燃烧损失增大，脱硫效果下降，降低了传热系数，严重时会使大量未燃烧的煤颗粒聚集在尾部烟道发生二次燃烧，或者密相区燃烧份额不够使床温偏高而主汽温度偏低；床温过高则可能造成床内结焦，损坏风帽，被迫停炉。一般应保证密相区温度不高于灰的初始变形温度 100～150℃ 或更多。

调节床温的主要手段是调整给煤量和一、二次风量配比。如果保持过剩空气量在合适范围内，增加或减少给煤量就会使床温升高或降低。但此时要注意煤颗粒度的大小，颗粒过小时，煤一进入炉膛就会被一次风吹至稀相区，在稀相区或水平烟道受热面上燃烧，不会使床温有明显的上升。煤粒径过大时，操作人员往往会采用较大的运行风量来保持料层的流化状态，否则会出现床料分层，床层局部或整体超温结焦，这样就会推迟燃烧时间，使床温下降，炉膛上部温度在一段时间后升高。当一次风量增大时，会把床层内的热量吹散至炉膛上部，而床层的温度反而会下降，反之床温会上升。当然，一次风量一旦稳定下来，一般不要频繁调整，否则会破坏床层的流化状态，所以很多循环流化床锅炉都把一次风量小于某一值作为主燃料切除（MFT）动作的条件。但在小范围内调节一次风量仍是调整床温的有效手段。二次风可以调节氧量，但不如在煤粉炉当中那么明显，有时增加二次风后就加强了对炉膛上部的扰动作用，会出现床温暂时下降的趋势，但过一段时间后因氧量的增加，床温总体上会呈现上升势头。在中温分离器的循环流化床锅炉中，往往通过改变返料量来控制床温。在高温分离器的循环流化床锅炉中，由于回料器的灰温与床温相差不大，所以效果不明显。如果突然大量进料则会造成大量正在燃烧的煤颗粒来不及燃尽就被床料掩埋，这时床温会大幅下降。加入石灰石时也会造成床温降低，其原因是石灰石在燃烧时先会吸收一部分热量。床层厚度也会给床温的调节造成很大影响。当床层厚度很低时，蓄热能力不足，床温降低，与此同时炉膛出口温度也升高，这是因为密相区燃烧份额的下降和悬浮空间燃烧放热的增加。床层厚度低还会使整个床层温度十分不均匀，加入煤量多的地方床温会很高，而加入煤量少的地方床温很低，这样极易产生局部结焦，且平均床温水平较低，负荷加不上去。当煤的水分增大时会使床层整体温度水平降低。

一般来说，床温是通过布置在密相区和炉膛各处的热电偶来精确监测的，床温测点位置对床温值影响很大。因为床内料层表面温度最高，而最下面的温度最低，所以床温测点必须布置在合适位置。密相区上、中、下三个高度上布置测温热电偶。点火时由于利用床下点火器产生的热烟气的作用，上部温度不能代表床料温度，要以中下部的温度为准。没有外热源时，密相区上下温度差小于或等于 50～80℃。当温度计异常时，可利用观火孔和临时观察孔以床料颜色判定其温度。据经验判断，当床料颜色发暗红时，床温约为 500℃；当床料颜色为红或亮红时，床温约为 800～900℃；当床料颜色发亮、发白时，床温可能超过 1000℃。

当床温出现波动时，应首先确认给煤量是否均匀，然后再查给煤量的多少。给煤量过多或过少、风量过大或过小都会使燃烧恶化，床温下降。在正常运行调整床温时一定要保持给煤量和风量均匀，遵循"先加风后加煤"和"先减煤后减风"的原则，调节幅度尽量小，要注意根据床温变化趋势，掌握好提前时间量。

3. 给煤量的调节

平稳调节给煤量，防止床温大幅度变化引起结焦和熄火，遵循"少量多次"的调整原则。平常运行时经常检查给煤机运转是否正常，如果有异常立即处理。根据负荷及煤质变化情况及时调整煤量和风量，保持汽温汽压的稳定。加强监视炉温，控制炉温在 850～950℃之间，最低不应低于 800℃。炉温过高时容易结焦，炉温过低时容易熄火。

4. 床压的调节

床压即床层压降，是指布风板处的静压力与密相区与稀相区交界处的压力差。布风板压降一般占炉膛总压降的 20%～25%，少数情况下可适当增减，保证流化质量的要求。在流化风量一定的前提下，它直接反映床层高度。维持相对稳定的床压和炉膛压力，对保证正常运行至关重要。若床压过低，炉内燃烧就变成悬浮式燃烧，给煤量增加时床温迅速升高，而负荷带不上，并且整个床层的温度悬殊很大，极易局部结焦；若床压过高，就需要更多的一次流化风，否则也会导致床料流化不起来，同样会引起局部结焦。另外，水冷风室压力会随床压的升高而升高，一次风系统所承受的压力升高，容易损坏风机及风系统的管道。实践表明，床压过高即床层厚度过高时，还会阻碍回料器的正常回料。床料落在水冷风室中阻碍一次风系统畅通，从而影响一次流化风总量。

正常运行中控制床压的主要手段是调整排渣量。排渣方式多种多样,有的是从底部排渣,有的则是从侧面排渣。在连续排渣情况下,排渣速度是由给煤速度、燃料灰分和底渣份额确定的,并且与排渣设备或冷渣器本身的工作条件相协调。定期排渣时,一般设定床层压力或控制点压力的上限作为开始排底渣的标准。设定床层压力或控制点压力的下限作为停止排渣的标准。

排渣时,排渣量的大小是通过调节排渣风量来控制的。

对于选择性、多仓式流化床冷渣器来说,如何控制好选择仓及其他冷却仓的床压及床温至关重要。各室流化风量从选择仓至各冷却仓依次减小,此风压和风量的值应在实际运行中确定下来。选择仓的流化风量不宜太大,否则会造成大量细颗粒夹带一些大颗粒返回到炉膛,影响渣往后排至冷却仓;风量太小,选择仓内的渣就可能会流化不充分,局部结焦,堵塞选择仓,甚至把排渣管堵死。各冷却仓的风量对床料充分流化和冷却有调节作用,如果发现其床温过高时应适当增大风量,保证最后的冷却仓的排渣温度降到150℃左右,否则会使排渣系统因温度过高变形或烧坏。有时由于排渣温度高于150℃,事故喷水减温器会自动喷水,如果是间断性排渣的话,有可能造成灰渣结块,使各冷却仓因流化不充分而堵塞。

对于底部排渣系统,一些大块或密度比较大的耐磨材料与保温材料或岩石、焦块等会排出来,当这些块太大时可能堵塞排渣管或冷渣器,造成排渣不畅。

对于侧面排渣系统,靠近炉膛两侧给煤机下来的煤可能来不及燃烧即被排渣管排出去,若冷渣器内床温高,就会在里面重新燃烧或结渣;若冷渣器内床温不高,这些煤颗粒就会被排至渣库内,造成飞灰含碳量高。

DG220/9.8-13型循环流化床锅炉配置2台3仓室的风冷冷渣器,每个冷却仓室冷却风均有各自的计量、调节装置。冷渣器亦采用导向喷嘴,有助于渣的顺利排除。炉膛向冷渣器的排渣采用气力控制,通过投、停排渣风达到启、停炉膛排渣的目的,即排渣风的投停相当于机械阀的开关作用,但不存在机械阀的磨损问题。

DG220/9.8-13型循环流化床锅炉可以采取间断排渣方式及连续排渣方式。

间断排渣方式的步骤如下:

(1)根据炉膛床压的高低决定是否排渣,排渣前调整并确认各室冷渣风量,然后开启排渣风。

(2)当冷渣器选择室床温达到700℃或炉膛床压较低时停止向冷渣器排渣,热渣继续在冷渣器内冷却直到达到允许的排渣温度后开启冷渣器排渣阀向输渣系统排渣。

(3)冷渣器内应始终保持一定的床料厚度,这对保证渣的冷却、防止喷嘴磨损十分必要。

(4)排渣风主要起开关排渣的作用,在较宽的排渣风量范围内对排渣速率影响不大,排渣速率主要取决于炉膛床压及冷渣器内的床料厚度。

(5)根据锅炉运行产生渣量的多少(与锅炉负荷、入炉灰量有关),调整排渣的间隔时间和冷渣器排渣控制温度,以便将床压控制在合适的范围。

某时间段内间断排渣方式排渣温度及床压曲线如图9-6所示。

锅炉的渣量较大时可采取连续排渣方式,这时冷渣器内必须始终保持一定的床料高度,以保证渣的冷却时间。连续排渣方式的排渣速度由冷渣器排渣管上的排渣控制阀确定,一般排渣控制阀采用旋转球阀。

5. 汽温的调节

循环流化床锅炉对汽温的控制在汽侧方面与煤粉炉基本相同,在烟气侧因两者燃烧方式存在区别，调节手段有所不同。

一般来说，主汽温度随床温的升高而升高，随床温的降低而降低。由于循环流化床床料蓄热能力很大，当负荷发生大幅度变化时床温变化并不很大，所以循环流化床锅炉的汽温相对来说比较容易控制。当负荷增加时，床温有上升趋势，汽温也上升；当负荷降低时，床温有下降趋势，汽温也随之下降。当然这不是绝对的，这跟机组的结构特点和容量大小有关：如果锅炉过热器以对流过热器为主，负荷升高时，颗粒浓度增大，对流受热面吸热量增加，过热器汽温上升；但辐射式过热器吸热量只与温度水平成正比，只要炉膛上部悬浮空间的温度不上升，其汽温就不会

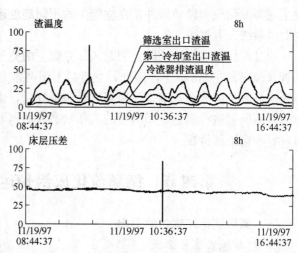

图 9-6　间断排渣方式排渣温度及床压曲线

上升。改变一、二次风的配比也可以改变炉膛内密相区和稀相区的燃烧份额，从而改变床温以达到调节汽温的目的。另外，处于尾部竖直烟道内的高、低温过热器还可以用调节烟气挡板的方法调整汽温，适当关小烟气挡板，汽温下降；反之则上升。

过热器温度主要是通过喷水减温实现的。过热器采用二级喷水减温，第一级为粗调，布置在低温过热器出口与屏式过热器入口管道上；第二级为细调，位于屏式过热器与高温过热器之间的连接管道上。两级喷水减温器调节汽温效果好、结构简单、操作方便，但是会降低循环热效率。

6. 物料循环系统的调节

大部分机组的回料装置都采用非机械 J 阀或 U 阀回料器，靠下料腿与上料腿的料位差实现炉膛至回料器之间的密封。如何使其料位差维持在一定的范围内，使物料能够连续稳定

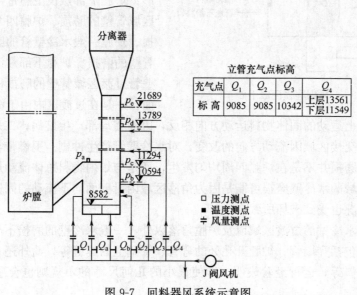

图 9-7　回料器风系统示意图

地回到炉膛，对于床温、床压的控制十分重要。某 220t/h 循环流化床锅炉采用 J 阀回料器，除了底部流化风和松动风外，在立管上的不同高度还布置有充气风，以改善灰的流动性，回料器风系统布置见图 9-7。

通过对回料器的松动风、回料风、立管上的充气风进行优化调整，回料器正常运行时的立管灰位通常在 2m 以下，因此，立管最上面两排充气风可以不投，这样可以避免经立管窜风影响分离器的分离效率。回料器风量调整好后，锅炉运行中无论锅炉负荷是否变化都不需对回料器风量进行调整，回料器的工作状态（回料器立管料位）将随负荷的变化而变化，具有良好的自平衡特性。

第四节　循环流化床锅炉运行常见问题及分析

一、循环流化床锅炉的磨损

（一）布风装置的磨损

循环流化床锅炉布风装置的磨损主要有两种情况。第一种情况是风帽的磨损，其中风帽磨损最严重的区域发生在循环物料回料口附近。其原因主要是较高颗粒浓度的循环物料以较大的平行于布风板的速度分量冲刷风帽。图 9-8 所示为 Nucla 电厂 420t/h 循环流化床锅炉发生风帽磨损的区域，图中还同时给出了炉膛水冷壁管发生磨损的区域。布风装置磨损的另一种情况是风帽小孔的扩大，这类磨损将改变布风板的特性，同时造成固体物料漏至风室。

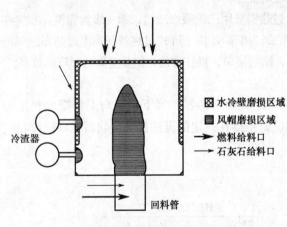

图 9-8　风帽磨损区域平面

（二）受热面磨损

循环流化床锅炉炉内的受热面包括炉膛水冷壁管、炉内受热面和尾部对流烟道受热面等。

1. 炉膛水冷壁管的磨损

炉膛水冷壁管的磨损可分为四种情形：炉膛下部敷设卫燃带与水冷壁管过渡区域管壁的磨损、炉膛四个角落区域的磨损、炉膛一般水冷壁管的磨损以及不规则管壁的磨损。炉膛下部敷设卫燃带与水冷壁管过渡区域管壁的磨损机理包含两个方面：一是在过渡区内由于沿壁面下流的固体物料与炉内向上运动的固体物料运动方向相反，因而在局部产生旋涡；二是沿炉膛壁面下流的固体物料在交接区域因流动方向的改变，对水冷壁管产生冲刷。卫燃带与水冷壁过渡区域内水冷壁管的磨损并不是在炉膛四周均匀发生，而是与炉内物料总体流动形式有关。

炉膛角落区域的水冷壁磨损可能是因为角落区域内沿壁面向下流动的固体物料浓度比较高，同时流动状况也受到破坏所致。

除卫燃带和水冷壁的过渡区域以及炉膛角落以外，一般水冷壁的磨损不严重。

不规则管壁包括穿墙管、炉膛开孔处的弯管、管壁上的焊缝等，此外还有一些炉内的测试元件，如热电偶等。运行经验表明，即使很小的几何尺寸的不规则也会造成局部的严重磨损。

2. 炉内受热面的磨损

炉内受热面的磨损主要是指当循环流化床锅炉布置有屏式翼型管、屏式过热器、水平过热器管屏的炉内受热面时，这些部位受到的磨损。

循环流化床锅炉炉内受热面的防磨措施主要是选择合适的防磨材料（如碳钢和合金钢、耐火材料等）、采用金属表面热喷涂技术和其他表面防磨处理技术、对流受热面管束尽量采用顺列布置或者在管束前加假管等。

3. 对流受热面的磨损

国外一些循环流化床锅炉的运行经验表明，在良好的设计和运行管理条件下，锅炉对流烟道受热面的磨损一般不会成为严重的问题。就国内已经投运的一些循环流化床锅炉而言，对流烟道受热面的磨损仍是一个比较严重的问题。磨损发生的主要部位出现在省煤器两端和空气预热器进口处。

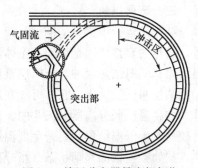

图 9-9 旋风分离器易磨损部位

（三）旋风分离器耐火材料的磨损与破坏

旋风分离器承受着相当恶劣的工作条件，一般温度可达900℃以上，有时温度波动剧烈。对许多耐火材料衬里来说，反复的热冲击和温度循环变化、磨损和挤压剥落有可能导致大面积损坏。旋风分离器易磨损区域如图9-9所示。

二、出力不足

目前，循环流化床锅炉运行中出力不足的问题也很突出，即锅炉额定蒸发量达不到设计值。造成这一问题的原因是多方面的，主要有以下几点。

1. 循环灰分离器效率低

循环灰分离器实际运行效率达不到设计要求是造成锅炉出力不足的重要原因。分离器实际运行效率如果显著低于设计值，会导致小颗粒物料飞灰增大和循环物料量不足，从而造成悬浮段载热质数量（细灰量）及其传热量的不足，使炉膛上、下部温差过大，锅炉出力达不到额定值。循环灰分离器效率的降低还会造成飞灰可燃物含量增加，降低锅炉燃烧效率。

2. 燃烧份额分配不合理

目前投运的部分循环流化床锅炉达不到额定负荷的一个主要原因，就是锅炉设计时燃烧份额的分配不尽合理，或者是设计合理但是运行中由于燃烧调整不当导致燃烧份额未达到设计要求。如果循环流化床锅炉各部分的燃烧份额分配不合理，就必然造成炉内一些部位的温度过高，为了避免结焦，往往减少给煤量或者增大一次风；而另一些部位的温度又太低，受热面吸收不到所需的热量。这些都将导致锅炉负荷降低、出力不足。

3. 燃料颗粒粒径分布与锅炉不适应

循环流化床锅炉要求有合适的燃料颗粒粒径分布或筛分特性。由于燃料制备系统选择不当，未按燃料的破碎特性选择合适的工艺系统和破碎机，或者因煤种变化而影响燃料颗粒的粒径分布，都有可能造成锅炉出力降低。

4. 锅炉受热面布置不合理

循环流化床锅炉稀相区受热面与密相区受热面布置不恰当或有矛盾，特别是烧劣质煤时，如果密相区内受热面布置不足，锅炉负荷高时会引起床温超温，这无形中限制了锅炉负荷的提高。

5. 锅炉配套辅机设计不合理

循环流化床锅炉能否正常运行，不仅取决于锅炉本体，而且与辅机和配套设备是否适应有很大关系。特别是风机，如果其流量、压头选择不当，将影响锅炉出力。为使循环流化床锅炉能够满负荷运行，必须将锅炉本体、锅炉辅机和外围系统及热控系统作为一个整体来考虑，使各部分能协调和优化。

三、床层结焦

结焦是运行中常见的问题，点火或者正常运行中都有可能发生，其原因很多。表面上看，结焦的直接原因是局部或整体温度超过灰熔点或烧结温度。依此标准，常将结焦分为高温结焦和低温结焦两种。当床层整体温度低于灰渣变形温度，由于局部超温或低温烧结而引起的结焦叫低温结焦，它有可能在启动过程中或压火时出现在床内，也有可能出现在炉膛之外，如高温旋风分离器的灰斗内。外置式换热器和返料机构内灰渣中碱金属钾、钠含量较高时较易发生低温结焦。要避免低温结焦，最好的方法是保证易发地带流化良好，颗粒混合迅速，或处于正常的移动状态（指分离器和返料机构内），这样温度均匀，可以防止结焦。有些场合，向床内加入石灰石等补充床料也有助于避免低温结焦。

高温结焦是指床层整体温度水平较高而流化正常时所形成的结焦现象。当床料中含碳量过高时，如未能适时调整风量或返料量来抑平床温，就有可能出现结焦。与疏松的带有许多嵌入的未烧结颗粒的低温焦块不同，从高温焦块表面上看基本上是熔融的，冷却后呈深褐色，并夹杂少量气孔。

无论是高温结焦还是低温结焦都常在点火过程中出现，一旦生成，就会迅速增长。由于烧结是个自动加速过程，因此焦块长大的速度往往越来越快。这样，及早发现结焦并予以清除是运行人员必须掌握的原则。因炽热焦块相对容易打碎，所以一旦严重结焦，应立即停炉，实施打焦和清除小焦块操作，否则，残留的小焦块还将对重新启动后的运行不利。

另一种较难察觉的结焦是运行中的渐进性结焦。此时床温和观察到的流化质量都正常，这时焦块是缓慢生长的。渐进性结焦的主要原因有：①布风系统制造和安装质量不好；②给煤中存在大块；③运行参数控制不当等。为此，要强调指出的是，当给煤粒度超出设计值时，应对大块进行分离和二次破碎后方可入炉。新建机组投运初期，应检查风帽及风帽小孔有无错装或堵塞，炉内分隔墙和耐火层边角处和顶部角度设计是否适当。

为保证安全稳定运行，应在点火过程中注意布风的均匀性，保证流化质量达到规定的要求，并注意在点火过程后期适时排渣。运行中的渐进性结焦，在掌握操作技能、控制入炉颗粒尺寸后，也是可以避免的。

四、循环灰系统故障

循环灰系统中常见的故障有结焦、循环灰分离器耐火材料磨损和破坏、循环分离器分离效率下降、烟气反窜、送灰器堵塞等。其中，循环灰系统结焦及循环灰分离器耐火材料磨损和破坏问题前面已经提及，此处不再介绍。

1. 循环灰分离器效率下降

影响高温旋风分离器分离效率的因素很多，如形状、结构、进口风速、烟温、颗粒浓度与粒径等。已建成的循环流化床锅炉分离器结构参数已定，且一般经过优化设计，故结构参数的影响不再讨论。运行中分离器效率如有明显下降则可考虑以下因素：①分离器内壁严重磨损塌落，从而改变了其基本形状；②分离器有密封不严处导致空气漏入，产生二次携带；③床层流化速度低，循环灰量少且细，分离效率下降。

需强调指出的是，漏风对分离效率有着极其重要的影响。由于在正常状态下分离器旋风筒内静压分布特点为外周高中心低，锥体下端和灰出口处甚至可能为负压，分离器筒体尤其是排灰口处若密封不佳，有空气漏入，就会增大向上流动的气速，并将筒壁上已分离出的灰粒夹带走，严重影响分离效率。

防止分离器分离效率下降的措施主要是：①发现分离器分离效率明显降低时，应先检查是否漏风、窜气，如有则应及时解决；②检查分离器内壁的磨损情况，若磨损严重则须进行修补；③检查流化风量和燃煤的筛分特性，应使流化风量与燃煤的筛分特性相适应，以保证合理的循环物料量。

2. 烟气反窜

送灰器的主要功能是将循环灰由压力较低的分离器灰出口输送到压力较高的燃烧室。同时，还应具有止回阀的功能，即防止燃烧室烟气反窜进入循环灰分离器。一旦出现烟气从燃烧室经送灰器"短路"进入分离器的现象，则说明循环灰系统的正常循环被破坏，锅炉无法正常运行。

送灰器出现烟气反窜的原因主要有：①送灰器立管料柱太低，被回料风吹透，不足以形成料封；②回料风调节不当，使立管料柱流化；③送灰器流通截面较大，循环灰量过少；④飞灰循环装置结构尺寸不合理，如立管截面较大等。

要防止烟气反窜，首先在设计时应保证一定的立管高度，根据循环灰量适当选取送灰器的流通截面；其次在运行中应注意对送灰器的操作。对小容量锅炉，因立管较短，锅炉点火前关闭回料风，在送灰器和立管内充填细循环灰，形成料封；点火投煤稳燃后，待分离器下部已积累一定量的循环灰后，再缓慢开启回料风，注意立管内料柱不得流化；正常运行后回料风一般无须调整；在压火后热启动时，应先检查立管和送灰器内物料是否足以形成料封。对大容量锅炉，立管一般有足够的高度，但应注意回料风量的调节。发现烟气反窜可关闭回料风，待送灰器内积存一定的循环灰后再小心开启回料风，并调整到适当大小。总之，送灰器操作的关键是保证立管的密封，保证立管内有足够的料柱从而维持正常的循环。

3. 送灰器堵塞

送灰器是循环流化床锅炉的关键部件之一。送灰器堵塞会造成炉内循环物料量不足，汽温、汽压急剧降低，床温难以控制，危及正常运行。

送灰器堵塞一般有两种原因：

(1) 由于流化风和回料风量不足，造成循环物料大量堆积而堵塞。特别是 L 型回料阀，由于它的立管垂直段较长，储存量较大，如果流化风量不足，不能使物料很好地进行流化很快就会堵塞。因此，对 L 型回料阀的监控系统要求较高。回料风量不足的原因主要有送灰器下部风室落入冷灰使流通面积减小，风帽小孔被灰渣堵塞造成通风不良、风压不够等。发现送灰器堵塞要及时处理，否则堵塞时间一长，物料中的可燃物质还可能造成超温、结焦，扩大事态，增加处理难度。处理时，要先关闭流化风，利用下面的排放管放掉冷灰，然后再采用间断送风的形式投入送灰器。

(2) 送灰器内循环灰结焦造成堵塞。为避免此类事故的发生，应对送灰阀进行经常性检查，监视其中的物料温度，特别是采用高温分离器的循环灰系统，应选择合适的流化风量和回口料风量，并防止送灰器漏风。

参 考 文 献

[1] 容銮恩，袁振福，刘志敏，等．电站锅炉原理．北京：中国电力出版社，1997.

[2] 黄新元．电站锅炉运行与燃烧调整．北京：中国电力出版社，2003.

[3] 唐必光．燃煤锅炉机组．北京：中国电力出版社，2003.

[4] 容銮恩主编．燃煤锅炉机组．北京：中国电力出版社，1998.

[5] 岑可法，周昊，池作和．大型电站锅炉安全及优化运行．北京：中国电力出版社，2003.

[6] 胡志光．火电厂除尘技术．北京：中国水利电力出版社，2004.

[7] 岑可法，倪明江、骆仲泱，等．循环流化床锅炉理论设计与运行．北京：中国电力出版社，1997.

[8] 朱皑强，芮新红．循环流化床锅炉设备及系统．北京：中国电力出版社，2004.

[9] 林宗虎，魏郭崧，安恩科，等．循环流化床锅炉．北京：化学工业出版社，2004.

[10] 朱国桢，徐洋．循环流化床锅炉设计与计算．北京：清华大学出版社，2004.

[11] 吕俊复，岳光溪，张建胜，等．循环流化床锅炉运行与检修．北京：中国水利水电出版社，2003.

[12] 杨诗成，王喜魁．泵与风机．第二版．北京：中国电力出版社，2004.

[13] 叶涛．热力发电厂．北京：中国电力出版社，2004.

[14] 林文孚．单元机组自动控制技术．北京：中国电力出版社，2003.

[15] 周棋，郭强，等．DG220/9.8-13 型循环流化床锅炉工业性试验研究．动力工程 22（6），2002，10：2048-2053.